教育部高等学校高职高专测绘类专业教学指导委员会“十五”规划教材

摄影测量基础

（第2版）

邹晓军　主编

黄河水利出版社
·郑州·

内容提要

本书系统讲述了摄影测量的作业过程，主要内容包括绪论、影像获取及其基本知识、单张航摄像片解析、航摄立体像对解析、航测立体测图基础、解析空中三角测量基础、数字摄影测量基础、像片纠正与正射影像图、摄影测量外业工作、摄影测量应用简介。

本书强调实际操作基本技能，实用性强。针对专业发展现状，引入了摄影测量的新技术、新方法，对有传承意义的一些基本原理和方法也有相当篇幅的介绍。

本书可作为高职高专学校测绘工程专业摄影测量课程的教材，也可作为专业工程技术人员的参考书。

图书在版编目(CIP)数据

摄影测量基础/邹晓军主编.—2版.—郑州：黄河水利出版社,2012.2 (2021.2 重印)

教育部高等学校高职高专测绘类专业教学指导委员会"十五"规划教材

ISBN 978-7-5509-0203-9

Ⅰ.①摄… Ⅱ.①邹… Ⅲ.①摄影测量学-高等职业教育-教材 Ⅳ.①P23

中国版本图书馆CIP数据核字(2012)第012079号

策划编辑：余甫坤 电话：0371-66025273 E-mail：838739632@qq.com

出版社：黄河水利出版社 网址：www.yrcp.com

地址：河南省郑州市顺河路黄委会综合楼14层 邮政编码：450003

发行单位：黄河水利出版社

发行部电话：0371-66026940、66020550、66028024、66022620(传真)

E-mail：hhslcbs@126.com

承印单位：河南承创印务有限公司

开本：787 mm×1 092 mm 1/16

印张：15

字数：350千字

版次：2008年1月第1版 印次：2021年2月第4次印刷

2012年2月第2版

定价：42.00元

序

我国的高职高专教育经历了十余年的蓬勃发展，获得了长足的进步，如今已成为我国高等教育的重要组成部分，在国家的经济、社会和科技发展中发挥着积极的服务作用，测绘类专业的高职高专教育也是如此。为了加深高职高专教育自身的改革，并使其高质量地向前发展，教育部决定组建高职高专教育的各学科专业指导委员会。国家测绘局受教育部委托，负责组建和管理高职高专教育测绘类专业指导委员会，并将其设置为全国高等学校测绘学科教学指导委员会下的一个分委员会。第一届分委员会成立后的第一件事就是根据教育部的要求，研讨和制定了我国高职高专教育的测绘类专业设置，新设置的专业目录已上报教育部和国家测绘局。随后组织委员和有关专家按照新的专业设置制定了“十五”期间相应的教材规划。在广泛征集有关高职高专院校意见的基础上，确定了规划中各本教材的主编和参编院校及其编写者，并规定了完成日期。为了保证教材的学术水平和编写质量，教学指导分委员会还针对高职高专教材的特点制定了严格的教材编写、审查及出版的流程和规定，并将其纳入高等学校测绘学科教学指导委员会统一管理。

经过各相关院校编写教师们的努力，现在第一批规划教材正式出版发行，其他教材也将会陆续出版。这些规划教材鲜明地突出了高职高专教育中专业设置的职业性和教学内容的应用性，适应高职高专人才的职业需求，必定有别于高等教育的本科教材，希望在高职高专教育的测绘类专业教学中发挥很好的作用。

这里要特别指出，黄河水利出版社在获悉我们将出版一批规划教材后，为了支持和促进测绘类专业高职高专教育的发展，经与教学指导委员会协商，今后高职高专测绘类专业的全部规划教材都将由该社统一出版发行。这里谨向黄河水利出版社表示感谢。

由教学指导委员会按照新的专业目录，组织、规划和编写高职高专测绘类专业教材还是初次尝试，希望有测绘类专业的各高职高专院校能在教学中使用这些规划教材，并从中发现问题，提出建议，以便修改和完善。

高等学校测绘学科教学指导委员会主任
中国工程院院士

宁津生

2005 年 7 月 10 日于武汉

前 言

按照全国高等学校测绘学科教学指导委员会的统一规划，我们编写了《摄影测量基础》，该书是测绘学科教学指导委员会组织的测绘类系列教材中的一本。

本教材针对高职高专教育的特点，努力贯彻“必需、够用、实用”的原则，力求突出实用性、针对性、操作性。教材注意把握专业生产实际，反映了国内生产部门主流的生产方式、作业模式及仪器设备，另外在内容上突出了专业发展方向的全数字摄影测量系统，同时邀请部分有丰富生产实践经验的同志参加编审。针对高职高专学生毕业后从事专业工作的特点，对摄影测量外业工作也作了详尽的介绍。

全书共分10章，第一章、第二章、第六章由武汉电力职业技术学院邹晓军编写，第三章由重庆工程职业技术学院李玲编写；第四、第五章由甘肃林业职业技术学院邹娟茹编写；第七、第九章由河北工程技术高等专科学校郝海森编写；第八章由武汉勘测设计研究院高级工程师王辛之编写；第十章由黄河水利职业技术学院刘广社编写。全书由邹晓军统稿。

本书由武汉大学朱惠萍老师担任主审，武汉大学陶本藻教授复审。他们对本书提出许多建设性宝贵意见，在此表示衷心感谢。

由于编者水平有限，时间仓促，书中难免有不足不妥之处，敬请批评指正。

编 者

2007 年 7 月

目　录

本地形图，工程勘察设计和城镇、农业、林业、铁路、交通等各部门的规划与资源调查用图及建立相应的数据库，而非地形摄影测量是将摄影测量方法用于解决资源调查、变形观测、环境监测、军事侦察、弹道轨道、爆破以及工业、建筑、考古、地质工程、生物和医学等各方面的科学技术问题。按技术处理手段分类，摄影测量可分为模拟摄影测量、解析摄影测量和数字摄影测量，其中模拟摄影测量的成果为各种图件（地形图、专题图等），解析摄影测量和数字摄影测量除可提供各种图件外，还可以直接为各种数据库和地理信息系统提供基础地理信息。

二、摄影测量的发展

摄影测量经历了模拟摄影测量、解析摄影测量和数字摄影测量三个发展阶段。

（一）模拟摄影测量

若从1839年尼普斯和达意尔发明摄影术算起，摄影测量学（Photogrammetry）已有100多年的历史，而1851～1859年法国陆军上校劳赛达特提出和进行的交会摄影测量，则被称为摄影测量学的真正起点。由于当时飞机尚未发明，摄影测量的几何交会原理仅限于处理地面的正直摄影，主要用来作建筑物摄影测量。

最早从空中拍摄地面的照片，是1858年纳达在气球上进行的。飞机发明以后，才使航空摄影测量成为可能。第一次世界大战中第一台航空摄影机问世。由于航空摄影比地面摄影有明显的优越性（如视场开阔、无前景挡后景、可快速获得大面积地区的像片等），使得航空摄影测量成为20世纪以来大面积测制地形图的最有效的快速方法。20世纪30～70年代，各国主要测量仪器厂所研制和生产的各种类型模拟测图仪器都是针对航空地形摄影测量的。这个时期是模拟航空摄影测量的黄金时代。

所谓模拟摄影测量，是用光学方法或机械方法模拟摄影过程，使两个投影器恢复摄影时的位置、姿态和相互关系，形成一个比实地缩小了的几何模型，即所谓摄影过程的几何反转，在此模型上的量测即相当于对原物体的量测。所得到的结果通过机械或齿轮传动方式直接在绘图桌上绘出各种图件来，如地形图或各种专题图。

（二）解析摄影测量

随着电子计算机的问世和计算技术的发展，开辟了解析摄影测量发展的新阶段。1957年，海拉瓦博士提出了利用电子计算机进行解析测图的思想，我国在20世纪60年代初也开始了此项工作。

解析空中三角测量是用摄影测量方法快速、大面积地测定点位的精确方法，它是电子计算机用于摄影测量的第一项成果。它经历了航带法、独立模型法和光束法平差三种方法的发展。在解析空中三角测量的长期研究中，人们解决了像片系统误差的补偿和观测值粗差的自动检测，从而保证了成果的高精度和高可靠性。摄影测量与各种非摄影测量观测值进行严密的整体平差和数据处理已成为一种高精度定位方法，用于大地控制加密、坐标地籍测量、航空和航天摄影测量及非地形摄影测量。特别是由于全球定位系统（GPS）的应用，使摄影测量和遥感中的几何定位变得愈来愈少地依赖于地面控制，便携式GPS接收机也可直接用于实地进行点位坐标测定。

解析测图仪是电子计算机用于摄影测量的另一项成果。限于计算机的发展水平，解析测图仪经历了近20年的研制和试用阶段。直到20世纪70年代中期，随着电子计算机技术的发展，解析测图仪才进入了商用阶段。解析测图仪是世界上首先实现测量成果数字化的仪器。在机助测图软件控制下，将在立体模型上测得的结果首先存储在计算机中，然后再传送到数控绘图机上绘出图件。这种以数字形式存储在计算机中的地图，构成了测绘数据库和建立各种地理信息系统的基础。

解析摄影测量的发展，使它不再受模拟测图仪的限制，而具备了新的活力。它能够通过对所测目标进行各种方式摄影来研究和监测其外形和几何位置，包括不规则物体的外形测量、动态目标的轨迹测量、燃烧爆炸与晶体生长、病灶变化与细胞成长等不可接触物体的测量，应用领域十分广泛。

(三)数字摄影测量

解析摄影测量的进一步发展是数字摄影测量。从广义上讲，数字摄影测量指的是从摄影测量和遥感所获取的数据中，采集数字化图形或数字影像/数字化影像，在计算机中进行各种数值、图形和影像处理，研究目标的几何特性和物理特性，从而获得各种形式的数字产品和可视化产品。这里的数字产品包括数字地图、数字高程模型(DEM)、数字正射影像、测量数据库、地理信息系统(GIS)和土地信息系统(LIS)等。这里的可视化产品包括地形图、专题图、纵横剖面图、透视图、正射影像图、电子地图、动画地图等。

获得数字化图形的方法，是在计算机辅助和计算机控制的摄影测量工作站上借助机助制图软件完成的，也可以直接在更高级的数据库系统下进行数据采集。对采集的数据一般要经过图形编辑工作站上的编辑加工和质量检查。

获得数字影像(数字化影像)的方法，一种是直接用数字摄影机(如CCD阵列扫描仪或摄影机)和各种数字式扫描仪获得的，称为数字影像；另一种则是用各种数字扫描仪对已得到的像片影像进行扫描，称为数字化影像。对数字影像(数字化影像)在计算机中进行全自动化数字处理的方法又称为“全数字化摄影测量”，它包括自动影像匹配与定位、自动影像判读两大部分。前者是对数字影像进行分析、处理、特征提取和影像匹配，然后进行空间几何定位，建立高程模型和获得数字正射影像，所获得的可视化产品则为等高线图和正射影像图。由于这种方法能代替人眼观测立体的过程，故而是一种计算机视觉方法。后者是解决对数字影像的定性描述，并称为数字图像分类，低级的分类方法是基于灰度、特征和纹理等，多用统计分类方法；高级的图像理解则基于知识，构成分类专家系统。由于这种方法目的在于代替人眼识别和区分目标，是一种比定位难度更高的计算机视觉方法，因此全数字化摄影测量是一项高科技研究领域。

20世纪90年代数字摄影测量系统进入实用化阶段，并逐步替代传统的摄影测量仪器和作业方法。我国自行研制的全数字摄影测量系统VirtuoZo(原武汉测绘科技大学)与JX－4A(中国测绘科学研究院)已在我国大规模用于摄影测量生产作业，并在国际上得到应用。

表1-1列出了摄影测量三个发展阶段的特点。

表 1-1　摄影测量三个发展阶段的特点

发展阶段	原始资料	投影方式	仪器	操作方式	产品
模拟摄影测量	像片	物理投影	模拟测图仪	作业员手工	模拟产品
解析摄影测量	像片	数字投影	解析测图仪	机助作业员操作	模拟产品 数字产品
数字摄影测量	像片 数字影像 数字化影像	数字投影	计算机	自动化操作+ 作业员的干预	数字产品 模拟产品

第二节　影像信息学的形成与发展

20 世纪 70 年代,美国陆地资源卫星(Landsat)升空后,遥感技术获得了极为广泛的应用。由于遥感技术在资源勘察和环境监测方面效率很高,很快在全世界得到重视,为多种学科所采用。

遥感技术突破了摄影测量学长期以来过分局限于测绘物体形状与大小等数据的几何处理,尤其是航空摄影测量长期以来只偏重于测制地形图的局面。此外,解析摄影测量,尤其是数字摄影测量对遥感技术发展也起了重大的推动作用。摄影测量中的高精度几何定位和几何纠正、影像匹配理论、自动定位理论、DEM、地形测量数据库和专题图数据库、像片判读和图像分类等,均为遥感技术提供了重要的技术支撑。一个现代的数字摄影测量系统与一个现代遥感图像处理系统已看不出有什么本质差别了。可以说,包括像片判读在内的摄影测量学历史,就是遥感发展的历史,而遥感技术则是传统摄影测量学发展的必然趋势。

正因为如此,早在 1980 年汉堡大会上,国际摄影测量学会正式更名为国际摄影测量与遥感学会(ISPRS)。

摄影测量与遥感技术有机地结合起来,成为地理信息系统(GIS)技术中的数据采集与更新的重要手段;反过来,GIS 是摄影测量与遥感技术数据存储、管理、表达和应用的重要平台。三者之间有机地结合,导致信息科学分支——影像信息科学的形成。

按照王之卓教授的定义,影像信息科学是一门记录、存储、传输、量测、处理、解译、分析和显示由非接触传感器影像获得的目标及其环境信息的科学、技术和经济实体。

可以用图 1-1 形象地概括影像信息学的组成与相互关系。可以看到,影像信息获取、处理、加工和结果表达的整个过程是互相有机地联系起来的,它既包含了模拟法、解析法和数字摄影测量,又包含了遥感与信息系统。图 1-1 中还大略表述了各过程需要掌握的知识和相关课程。

应当说,影像信息学是由摄影测量学、遥感、地理信息系统、计算机图形学、数字图像处理、计算机视觉、专家系统、航天科学和传感器技术等相结合的一个边缘学科。它提供了基于影像认识世界和改造世界的一条途径,因而具有无限的生命力。

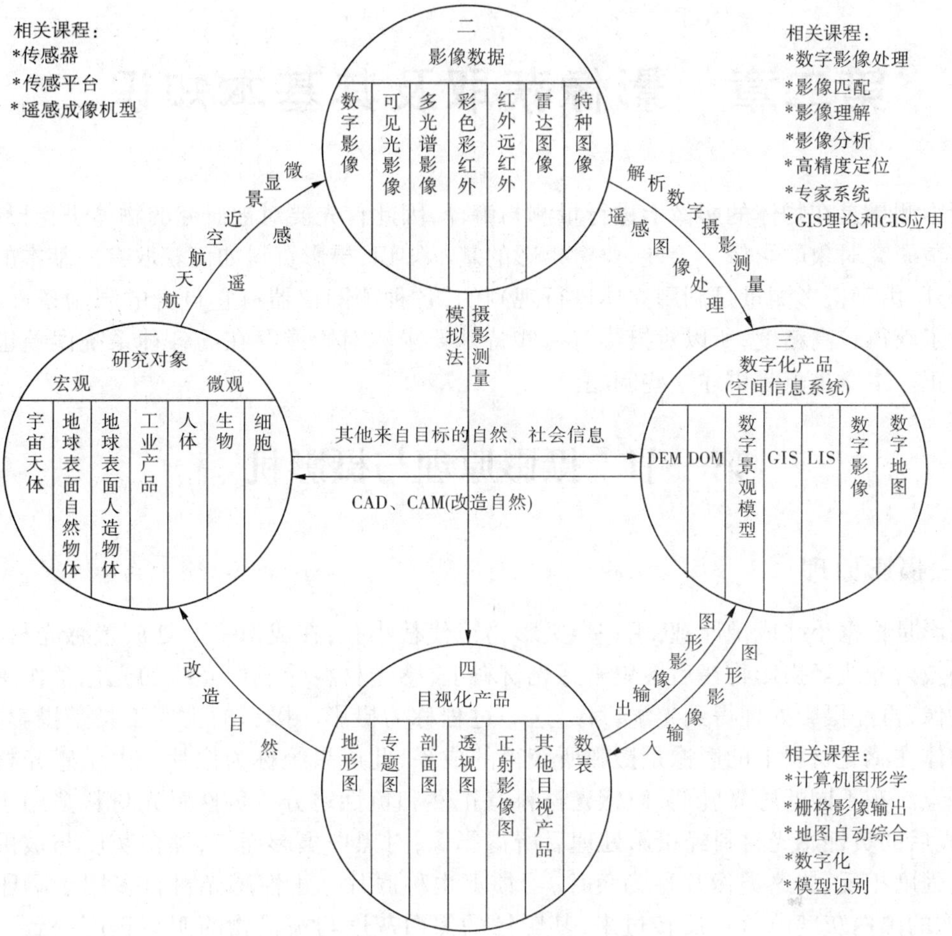

图 1-1　影像信息学的组成与相互关系

第二章　影像获取及其基本知识

摄影测量是在物体的影像上进行量测与解译,因此首先要对被研究的物体进行摄影,以获得被研究对象的影像。为此,要对摄影的基本知识,摄影资料如何获取有一基本的了解。另外,由于摄影测量是利用立体进行观测的,各种测图仪器有它自身的限制条件,测量中为了获得较高精度,所以对摄影有一些特殊要求。对影像存在的各种系统误差也要进行改正。本章重点是讲述这些问题。

第一节　摄影原理与摄影机

一、摄影原理

摄影是根据小孔成像原理,用一个摄影物镜代替小孔,在成像平面处放置感光材料,物体的投射光线经摄影物镜后聚焦于感光材料上,感光材料受成像光线的光化学作用后生成潜像,再经摄影处理得到光学影像,这一过程称为摄影。摄影的主要工具是摄影机。被摄物体在感光材料上的影像是摄影所获得的成果,此成果统称为像片。由于感光材料的片基上涂布不同的感光乳剂,使感光材料有正性和负性之分。负性感光材料多用于摄影,曝光后的负性感光材料经摄影处理后所得影像,对黑白摄影而言,黑白灰度与被摄物的明亮程度相反,故这类像片称为负片,习惯上也称底片。正性感光材料多用于晒印像片,影像的黑白灰度由负片反转过来,其影像的黑白灰度与被摄物的明亮程度一致。所以,此类像片习惯称为正片。用软片晒印的此类像片,称为透明正片。两类感光材料在曝光和摄影处理的光化学作用与反应基本是相同的。

二、摄影机

摄影机的结构形式种类繁多,其基本结构大致相同,它可由镜箱和暗箱两个基本部分组成,一般由物镜(镜头)、光圈、快门、暗箱、检影器及附加装置组成。其结构如图 2-1 所示。

将摄影机的物镜、光圈、快门等光学部分与暗箱连接起来的部件称镜箱,镜箱体是一可以调节摄影物镜与像框平面之间距离的封闭筒。暗箱是存放感光材料用的,安装在镜箱体的后面,摄影时借助机械或其他装置的作用,使感光材料展平并紧贴在像框平面上。像框平面就是光线通过摄影物镜后的成像平面。镜箱体和暗箱都必须密闭不得漏光。普通摄影机的镜箱和暗箱是连成一体的。而测量用的摄影机镜箱和暗箱是可以分开的,它一般备有多个暗箱,临摄影前装在镜箱体的后面,在摄影间歇过程中可以调换备用暗箱。

(一)摄影机物镜

摄影机物镜是一个复杂的光学系统,它由多个透镜组合而成。在摄影时起成像和聚

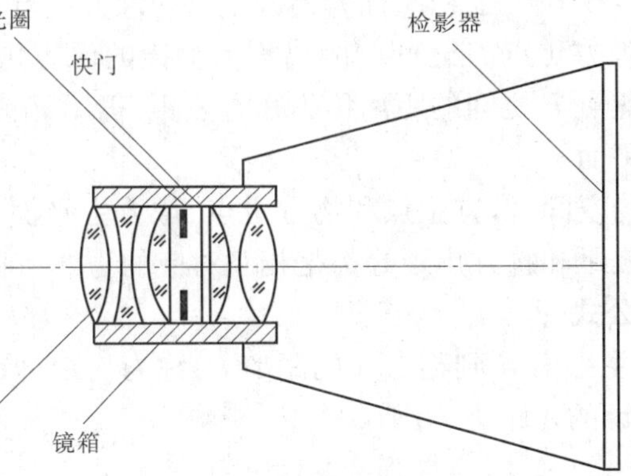

图 2-1　摄影机基本结构

光作用,它能聚集被摄物体较多的投射光线,使得像框平面上的影像有较高的亮度。被摄物体影像的质量主要取决于摄影物镜的品质。单透镜物镜有各种像差,为克服像差的影响,一般摄影机物镜都是由几个透镜组合而成的。透镜两球面曲率中心的连线是透镜的光轴,物镜光学系统中诸透镜的光轴应重合为一,即为物镜的主光轴。

根据几何光学,若物方空间有一组平行于主光轴的光线,经物镜诸透镜界面折射后必相交于主光轴 F'点,F'点是在像方空向,故称为像方焦点或后焦点;而一组与主光轴斜交的投射光线,经物镜折射后若为平行于主光轴的平行线组,那么该组投射光线则必然相交于主光轴的 F 点上,此点称为物方焦点或前焦点,如图 2-2 所示。

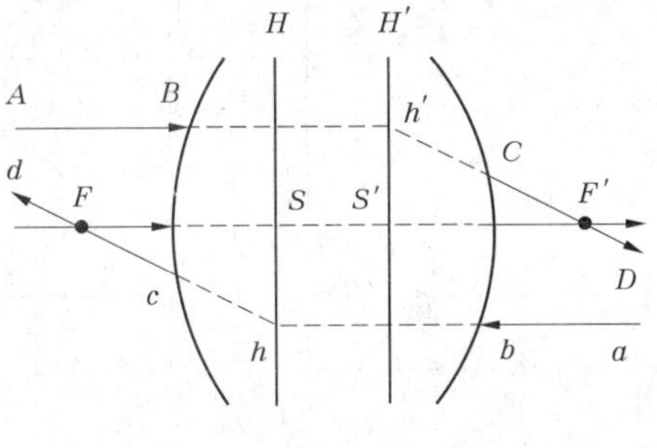

图 2-2　物镜主光轴、焦点和主点

假定物方空间有一平行于主光轴的光线 AB,经物镜诸透镜界面折射后得折射光线 CD,并相交于主光轴上的像方焦点 F'点,延长 AB 和 CD 相交于点 h',过 h'作垂直于主光轴的平面 H',将会发现平行于主光轴的各投射光线的折射光线,都在平面 H'上发生折射现象。同样,当投射光线从物镜的另一方射入时,按上述方法延长入射光线和折射光线相交于 h 点,并过 h 作垂直于主光轴的平面 H,那么平面 H 相当于物镜的另一个折射面。综上所述,不论物镜由多少个透镜组成,经过多少次的折射,其结果都相当于在平面 H 和平面 H'上发生折射,由此,可以用平面 H 和平面 H'作为研究光学物镜系统特性的等价物镜。特别指出的是,在两主平面 H 和平面 H'之间的光线途径总是平行的。平面 H 和平面 H'将空间分为两部分,物体所处在的空间称为物方空间,影像所处在的空间称为像方空间。因此,平面 H 和平面 H'相应地称为物方主平面和像方主平面。主平面 H 和主平面

H'与物镜主光轴的交点 S 和 S'也相应称为物方主点和像方主点。

自像方主点 S'到像方焦点 F'之间的距离称为物镜的像方焦距,也用 F'表示;相应地自物方主点 S 到物方焦点 F 之间的距离称为物方焦距,仍用 F 表示。过像方焦点作垂直主光轴的平面称为焦平面。

上述的像空间和物空间、像方主点和物方主点、像方主平面和物方主平面、像方焦点和物方焦点以及像方焦距和物方焦距等都是相互对应的。

(二)物镜的成像公式

在图 2-3 中,物方主平面 H 到物点 A 的距离 D,称为物距;像方主平面 H'到像点 a 的距离 d,称为像距。物镜的焦距为 F,则

$$\frac{1}{D} + \frac{1}{d} = \frac{1}{F} \tag{2-1}$$

式(2-1)称为物镜成像公式。它表示一个物点发出的所有投射光线,经理想物镜后所有对应的折射光线仍然会聚于一个像点,则这个像点是清晰的。若物距和像距分别取焦点 F 和 F'为起算点,相应的物距和像距用 X 和 x 表示,则得成像公式的另一种形式

$$X \cdot x = f^2 \tag{2-2}$$

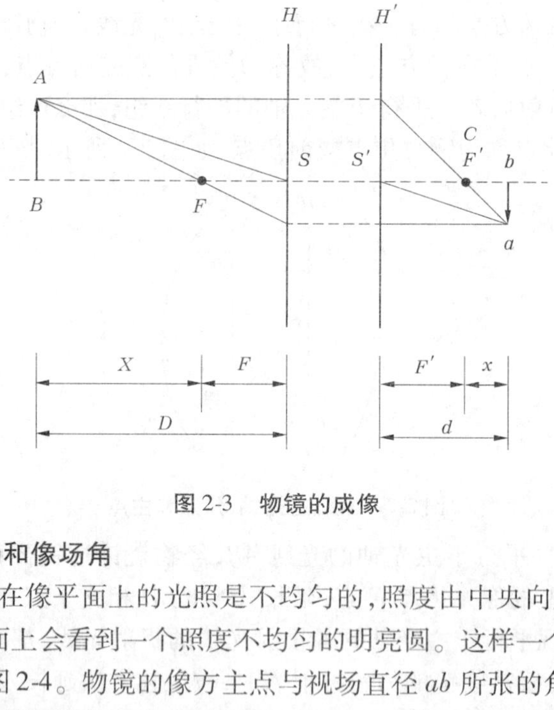

图 2-3　物镜的成像

(三)物镜的像场和像场角

光线通过物镜后在像平面上的光照是不均匀的,照度由中央向边缘递减。今将物镜对光于无穷远,在焦面上会看到一个照度不均匀的明亮圆。这样一个直径为 ab 的明亮圆的范围称为视场,见图 2-4。物镜的像方主点与视场直径 ab 所张的角 2α 称为视场角。在视场面积内能获得清晰影像的区域称为像场,如图 2-4 中以 cd 为直径的圆,而物镜像方主点与像场直径 cd 所张的角 2β 称为像场角。为能获得全面清晰的成像,应取像场的内接正方形或矩形为最大像幅。像幅决定着物面或物空间有多大的范围可被物镜成像于像平面。

当像幅一定时,像场角与物镜焦距有关,即焦距愈大,像场角则愈小。而当物距一定时,像场角愈大,摄取的物方范围就愈大,但成像的比例尺则愈小。

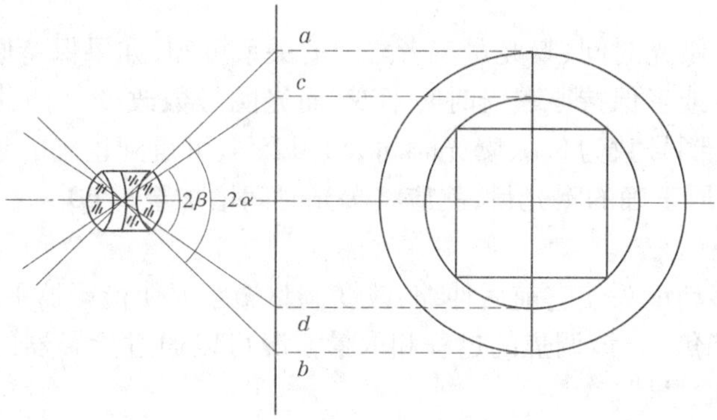

图 2-4　物镜的像场和像场角、像幅

(四)物镜的分解力

物镜的分解力是摄影机物镜的又一重要特性,它是指摄影物镜对被摄物体微小细部的表达能力。分解力一般以 1 mm 宽度内能清晰分辨的线条数来表示。

(五)物镜的光圈和光圈号数

光圈的作用主要是控制和调节进入物镜的光量,并且限制物镜成像质量较差的边缘部分的入射光。摄影机大都采用虹形光圈,它是由多个镰形黑色金属薄片组成的,中央形成一个圆孔,孔径的大小可用光圈环调节,它是一个可以改变的光栏。当光圈完全张开时,进入物镜的光通量最大,反之最小。为使用方便,人们用光圈号数来表示光圈大小的状况,它是光圈有效孔径 d 与物镜焦距 F 之比的倒数 $K = F/d$,光圈号数越小,光圈光孔开启得越大,焦面上影像的亮度也越大;光圈号数越大,光圈光孔开启得越小,影像亮度也就越小。光圈号数是一组以$\sqrt{2}$为公比规律排列的等比级数,如:

1.4　2　2.8　4　5.6　8　11　16　22

(六)摄影机快门

摄影机快门是控制曝光时间的机件装置,它是摄影机的重要部件之一。快门从打开到关闭所经历的时间称为曝光时间,或称为快门速度。常用的快门有中心快门和帘式快门。中心快门由 2 ~ 5 个金属叶片组成,它位于物镜的透镜组之间,紧靠着光圈,起遮盖投射光线经物镜进入镜箱体内的作用。曝光时利用弹簧机件使快门叶片由中心向外打开,让投射光线经物镜进入镜箱体中,使感光材料曝光,到了预定的时间间隔,快门又自动关闭,终止曝光。中心快门的优点是打开快门之后,感光材料就能满幅同时感光。航空摄影机和一般普通摄影机大多采用中心快门。在摄影机物镜筒上有一个控制曝光时间的套环,上面刻有曝光时间的数据序列,如:

B　1　2　4　8　15　30　60　125　300

这些数值是以秒为单位的曝光时间倒数。例如,60 表示$\frac{1}{60}$ s。符号 B 是 1 s 以上的短曝光标志,俗称 B 门。指标对准 B 门时,手按下快门按钮,快门就打开,手一松开按钮,快门立即关闭。

摄影时只要选择适当的光圈号数和曝光时间的组合,就能得到恰当的曝光量,获得理想的影像。

根据光圈号数、曝光时间、曝光量三者之间的关系可知，如果保持原光圈号数不变，而曝光时间改变一挡，或者保持原曝光时间不变，而光圈号数改变一挡，则曝光量将改变一倍。例如，原采用光圈号数为5.6，曝光时间为1/125 s，可得到正确的曝光量；若将光圈号数调至8，仍要保持原正确的曝光量，就应将曝光时间增加至1/60 s。

（七）检影器

摄影时，不断移动镜头使它前后伸缩，改变调整像距 b 使检影器平面上的影像清晰的过程叫做对光（即调焦）。该调焦的过程和取景情况可以通过检影器的部件观察到，因此检影器有时亦可叫取景器。

（八）附加装置

为了满足摄影的需要，摄影机还有一些基本的附加装置。如卷片、自拍、闪光、拍摄记数等装置。随着科技的进步，摄影机已进入自动化、电子化、数字化时代，它的附加装置及功能愈来愈先进，如自动曝光、自动调焦、自动闪光、自动卷片、自动记录拍摄日期、变焦镜头等在照相机上已较广泛使用。

三、摄影机简介

摄影机按使用目的可分为专业摄影机和普通摄影机两大类。量测用的摄影机属专业摄影机，它能摄取适合摄影测量用的像片；普通摄影机指日常生活中用来摄取生活照片或其他用的摄影机。

（一）普通摄影机

这类摄影机的结构形式种类繁多，就其光学质量而言，从低级的生活娱乐摄影机，到精密的高级摄影机都有。就外形结构看，有轻便手提式摄影机和折叠式摄影机。按影像输出模式可分为胶片式摄影机和数码式摄影机。对于胶片式普通摄影机而言，按所使用软片种类可分为120摄影机和135摄影机。为摄取远近不等的人物景像，普通摄影机物镜相对像框平面的距离是可以改变的，随时进行调焦对光，满足清晰成像的条件公式。摄影机的调焦对光有的采用反光系统，有的设置专用的调焦光学系统。对好光之后，选择曝光时间和光圈号数，尽可能选取较小的光圈再配以适当的曝光时间。当光圈和曝光时间匹配好之后，再上紧快门，取景，按快门按钮进行曝光。新式自动摄影机能自动调焦，自动选择曝光量，自动曝光，曝光后也能自动卷片，并附有闪光设备。

（二）量测用摄影机

这类摄影机是指航空摄影机、地面摄影测量用的摄影经纬仪，以及近景摄影测量用的摄影机。这种摄影机的物镜要求具备良好的光学特性，其物镜的畸变差要小，分辨力要高，透光率要强，而且摄影机的机械结构要稳定，要求在较长的时期内能保持内在关系不发生变化。对航空摄影机而言，还要求整个摄影系统应具备摄影过程的自动化装置。

安装在飞机上对地面能自动地进行连续摄影的摄影机称为航摄机，目前我国使用的航摄机多为胶片式摄影机。它是一台结构复杂、具有精密的全自动光学系统及电子机械装置，所摄取的影像能满足量测和判读的要求。其结构原理如图2-5所示。

用于测绘地形的航摄仪、摄影经纬仪，由于摄影的物距要比像距大得多，摄影时摄影

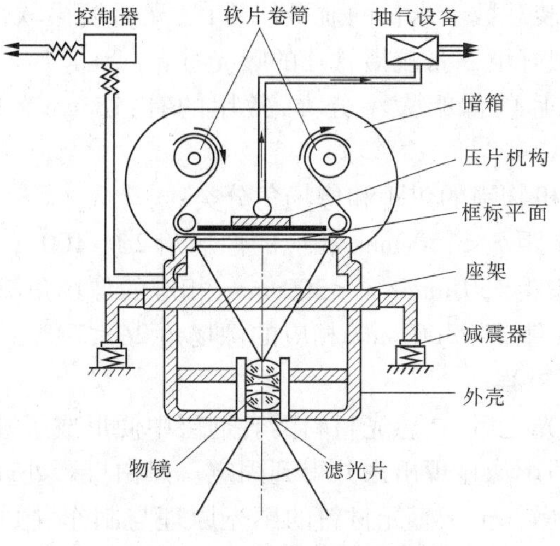

图 2-5　航空摄影机结构略图

物镜都固定调焦于无穷远点处。因此,像距是一个不变的定值,几乎等于摄影物镜的焦距。用于近景摄影测量的摄影机,一般备有几个固定像片主距的附加垫环或更换物镜,以适应不同距离摄影的需要。因此,量测用摄影机的像距是一个固定的已知值。这是此类摄影机的特征之一。

量测用摄影机镜箱体的后部,即物镜筒和暗箱的衔接处有一个金属的贴附框架,框架的四边严格地处于同一平面内,也就是像平面,此平面严格地与物镜的主光轴相垂直。框架的每一边中点各设有一个框标记号,也有将框标记号设在框架的角隅上,前者为机械框标,后者为光学框标,如图 2-6 所示。相对两框标连线的交点要与主光轴和像平面的交点尽量重合,且两框标连线要成正交,组成框标坐标系,其交点就是坐标系原点。框架的中间空出部分是像幅,航空摄影机的像幅都是正方形,地面摄影机和摄影经纬仪的像幅多为长方形。在摄影曝光瞬间,感光材料展平并紧贴附在框标平面上,曝光的同时框标记号也成像于感光材料上。因此,像点在像片平面上的位置就可以按像片上的框标坐标系来确定。可以认为,摄影机像面框架上有无框标标志是区分量测用摄影机和非量测用摄影机的重要标志。这是量测用摄影机的特征之二。

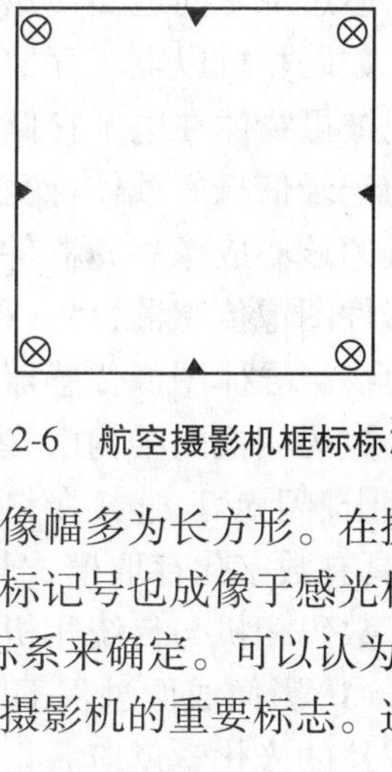

图 2-6　航空摄影机框标标志

摄影机主光轴与像平面的交点称为像片主点,摄影机物镜后主(节)点到像片主点的垂距称为摄影机主距,也叫像片主距,一般用字母 f 表示。摄影机结构设计时要求像片主点应与框标坐标系原点重合。由于制造技术上的误差,常常是达不到完全重合的要求,但是必须精确地测定出像片主点在框标坐标系中的坐标值 x_o, y_o。像片主距 f 和像片主点在框标坐标系中的坐标 x_o, y_o 称为摄影机的内方位元素,或叫像片的内方位元素,它能确定物镜后主(节)点在框标坐标系中的唯一位置。量测用摄影机的内方位元素的数值是已知的。这是此类摄影机的特征之三。

量测用摄影机一般备有多个暗箱。暗箱可从摄影机镜箱体上拆卸下来,并能调换使用。航摄仪的暗箱内能装载数十米长的航摄软片，曝光后航摄软片由暗箱内的电动机械控制装置自动卷片，并做好下一张航摄软片的曝光准备。

航摄机可按航摄像片的像幅大小分类，常用的有：18 cm×18 cm、23 cm×23 cm、30 cm×30 cm 三种。

航摄仪也可按摄影机物镜的焦距和像场角分类：

短焦距航摄仪，其焦距 $F<150$ mm，相应的像场角 $2\beta>100°$；

中焦距航摄仪，其焦距 150 mm $<F<$ 300 mm，相应的像场角 $70°<2\beta<100°$；

长焦距航摄仪，其焦距 $F>300$ mm，相应的像场角 $2\beta\leqslant70°$。

（三）摄影处理简要过程

感光材料经摄影曝光之后，在感光材料的乳剂层中便形成了被摄景物的潜像，再经过摄影处理，使所摄景物的影像显现出来并得到固定。黑白摄影处理过程一般分为四大步，即显影、定影、水洗和干燥。至于感光材料的感光原理与制作、感光材料的感光特性以及感光材料的保存等问题可参阅有关感光材料的资料。

（四）数码式摄影机

数码式摄影机作为一种新型的照相机或者说是计算机输入设备，近年取得了长足的发展和进步。数码相机（即数码式摄影机）也叫数字式照相机，英文全称 Digital Camera，简称 DC。数码相机是集光学、机械、电子一体化的产品。数码相机最早出现在美国，曾利用它通过卫星向地面传送照片，后来数码摄影转为民用并不断拓展应用范围。

数码相机以电子存储设备作为摄像记录载体，通过光学镜头在光圈和快门的控制下，实现被摄物体在电子存储设备上的曝光，完成被摄影像的记录。传统相机使用胶片（卷）作为记录信息的载体，而数码相机的“胶片”则是其成像感光器件加存储器。目前，数码相机的核心成像感光器件有两种：一种是广泛使用的 CCD（Charge Coupled Device）电荷耦合器件图像传感器，另一种是 CMOS（Complementary Metal Oxide Semiconductor）互补金属氧化物半导体图像传感器。

数码相机的结构由光学镜头、光电传感器、微电脑、操作面板、取景器、LCD 显示器、储存卡、闪光灯、连接接口、电源等部分构成。它集成了影像信息的转换、存储和传输等部件，具有数字化存取模式与电脑交互处理和实时拍摄等特点。

数码相机与传统相机的主要区别在于：

(1)影像成像过程不同。传统相机使用银盐感光材料即胶片（卷）作为载体，通过曝光胶片的光化学反应获得被摄物体的影像，且拍摄后的胶卷要经过处理才能得到照片，无法立即知道照片拍摄效果的好坏；数码相机是使用电荷耦合器 CCD 元件感光，将光信号转变为电信号，再经模/数转换后记录于存储卡上，存储卡可反复使用，且拍摄后的照片可以立即回放观看效果。

(2)影像存储介质不同。传统相机的影像是以化学方法记录在卤化银胶片上，而数码相机的图像以数字方式存储在磁介质（如存储卡、硬磁盘）或数字光盘上。

(3)影像输入输出方式不同。传统相机的影像都是以底片和相片的形式表现的，观看、制作、传输和携带不便，当然也可以通过扫描仪对其进行数字化处理，但图像的质量和精度会有一定的影响。数码相机的数字影像可直接输入计算机，处理后可以有形式各异丰富多彩的输出产品，非常方便快捷。

（4）影像处理工艺不同。传统相机的影像处理是一个光化学过程，必须在暗房里冲洗，同时对影像的处理要通过光学机械如印像机、放大机等进行，其曝光修正、影像修补、调色、剪辑等工艺复杂。数码相机的数字影像处理由计算机进行，目前各种各样的图像处理软件功能强大，使用方便，可以完成传统摄影技术难以想象的加工处理。

数码相机的最大优势在于它的信息数字化，其数字信息可以借助各种媒介实现图像的实时传递。

随着科学技术的发展进步，数码式摄影机在摄影测量中的应用日益广泛。

第二节　航空影像的获取及空中摄影的基本要求

一、航空摄影实施过程

采用摄影测量方法测制地形图，必须要对测区进行有计划的空中摄影。将航摄仪安装在航摄飞机上，从空中一定的高度上对地面物体进行摄影，取得航摄像片。搭载航摄机的飞机飞行的稳定性要好，在空中摄影过程中要能保持一定的飞行高度和航线飞行的直线性。飞机的飞行航速不宜过大，续航的时间要长。

航空摄影可分为面积航空摄影、条状地带航空摄影和独立地块航空摄影三种。面积航空摄影主要用于测绘地形图，或进行大面积资源调查。条状地带航空摄影主要用于公路、铁路、输电线路定线和江、河流域的规划与治理工程等，它与面积航空摄影的区别是，条状地带航空摄影一般只有一条或少数几条航带。独立地块航空摄影主要用于大型工程建设和矿山勘探部门，这种航空摄影只拍摄少数几张具有一定重叠度的像片。

当需要采用航空摄影测量的方法测制某一地区的地形图时，测图单位应向承担空中摄影的单位提出航空摄影任务委托书，并签订航摄协议书或合同。摄影单位要根据协议书或合同的要求制订航摄技术计划，按要求完成航空摄影的任务。所以，航空摄影的实施过程一般为任务委托、签订合同、航摄技术计划制订、空中摄影实施、摄影处理、资料检查验收等这几个主要环节。以下对它们做简要介绍。

（一）航空摄影任务委托书的主要内容

（1）根据计划测图的范围和图幅数，划定需航摄的区域范围，按经纬度或图幅号在计划图上标示出所需航摄的区域范围，或直接标示在小比例尺的地形图上。

（2）确定航摄比例尺。

（3）根据测区地形和测图仪器，提出航摄仪的类型、焦距、像幅的规格。

（4）对像片重叠度的要求。

（5）规定提交资料成果的内容、方式和期限。航摄资料成果包括航摄底片、航摄像片（按合同规定提供的份数）、像片索引图、航摄软片变形测定成果、航摄机鉴定表、航摄像片质量鉴定表等。

（二）航摄技术计划的主要内容

（1）收集航摄地区已有的地形图、控制测量成果、气象等有关资料。

(2)划分航摄分区。

(3)确定航线方向和敷设航线(航线方向一般按东西向直线飞行,且一般按图廓线敷设)。

(4)计算航摄所需的飞行数据和摄影数据(主要是绝对航高、摄影航高、像片重叠度、航摄基线、航线间隔距、航摄分区内的航线数、曝光时间间隔和像片数等)。

(5)编制领航图。

(6)确定航摄的日期和时间。

(三)空中摄影实施

空中摄影应选在天空晴朗少云、能见度好、气流平稳的天气进行,摄影时间最好是中午前后的几个小时。飞机做好航空摄影各项准备工作后,依据领航图起飞进入摄区航线,按预定的曝光时间和计算的曝光间隔连续地对地面摄影,直至第一条航线拍完。然后飞机盘旋转弯 180°进入第二条航线进行拍摄,直至一个摄影分区拍摄完毕,再按计划转入下一摄影分区拍摄,如图 2-7 所示。

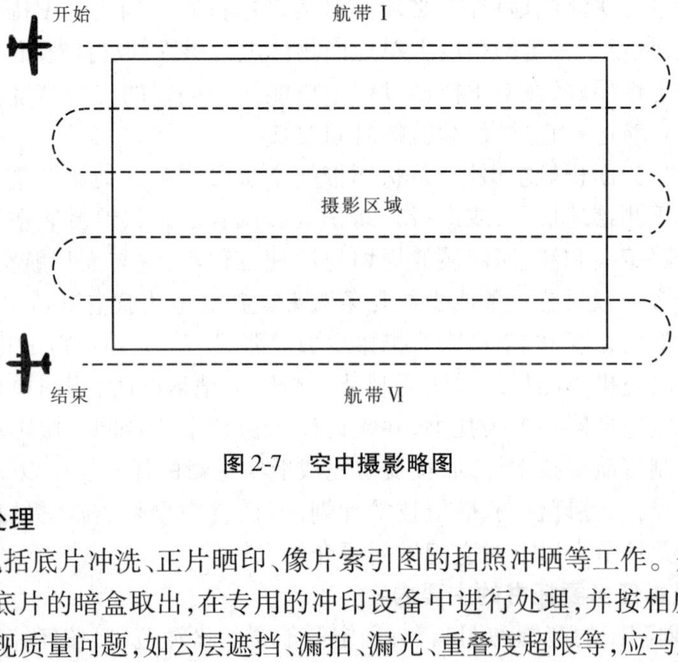

图 2-7　空中摄影略图

(四)摄影处理

摄影处理包括底片冲洗、正片晒印、像片索引图的拍照冲晒等工作。航空像片拍摄完后,立即将装有底片的暗盒取出,在专用的冲印设备中进行处理,并按相应的技术质量标准检查,万一出现质量问题,如云层遮挡、漏拍、漏光、重叠度超限等,应马上采取重拍等补救措施。

(五)资料检查验收

按航空摄影技术规范和航空摄影合同以及航摄技术计划中的条款进行检查验收。

二、摄影测量对空中摄影的基本要求

空中摄影的成果——航空像片是摄影测量的基本原始资料,其质量的优劣,直接影响摄影测量过程的繁简、摄影测量成图的工效和精度高低。因此,摄影测量要对空中摄影提出相应的质量要求,即摄影质量和飞行质量的基本要求。其具体要求如下。

（一）像片倾斜角

像片倾斜角指的是摄影机物镜主光轴与铅垂线之间的夹角，以 α 表示。以测绘地形为目的的空中摄影多采用竖直摄影方式，要求航摄机在曝光的瞬间物镜主光轴保持垂直于地面。实际上，由于飞机的稳定性和摄影操作的技能限制，航摄机主光轴在曝光时总会有微小的倾斜，按规定要求像片倾斜角 α 应小于 $2^\circ \sim 3^\circ$，这种摄影方式称为竖直摄影。

（二）摄影航高

摄影航高简称航高 H，是指航摄仪物镜中心 S 在摄影瞬间相对于某一基准面的高度。航高的计算是从该基准面起算的，向上为正号。根据所取基准面的不同，航高可分为相对航高和绝对航高，如图 2-8 所示。

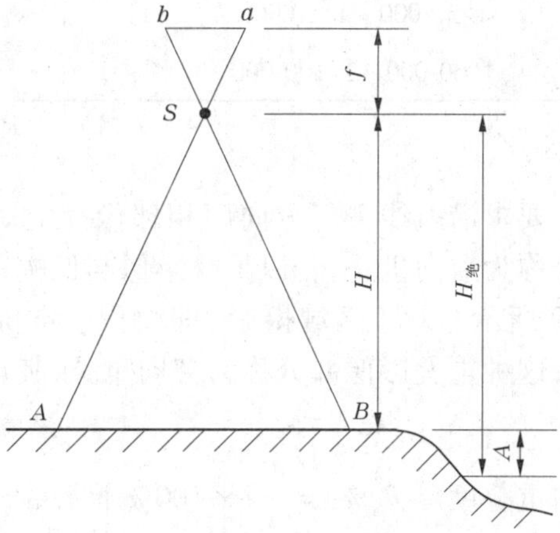

图 2-8　相对航高与绝对航高

（1）相对航高 H。航摄仪物镜中心 S 在摄影瞬间相对于某一基准面（通常是摄影区域地面平均高程基准面）的高度。

（2）绝对航高 $H_{绝}$。航摄仪物镜中心 S 在摄影瞬间相对于大地水准面的高度。摄影区域地面平均高程 A、相对航高 H、绝对航高 $H_{绝}$ 之间的关系为

$$H_{绝} = A + H \tag{2-3}$$

（三）摄影比例尺

摄影比例尺是指空中摄影计划设计时的像片比例尺。航摄比例尺要考虑成图比例尺、摄影测量内业成图方法和成图精度等因素来选取，另外还要考虑经济性和摄影资料的可使用性。摄影比例尺可分为大、中、小三种比例尺。为充分发挥航摄负片的使用潜力，考虑上述因素，一般都应选择较小的摄影比例尺。航空摄影中航摄比例尺与成图比例尺之间的关系可参照表 2-1 确定。

在实际应用中，航空摄影比例尺是由摄影机的主距和摄影航高来确定的，即

$$\frac{1}{m} = \frac{f}{H} \tag{2-4}$$

式中：m 为航摄比例尺分母；f 为航摄仪的主距；H 为摄影航高。

这是摄影测量中常用的重要公式之一。

表 2-1 航摄比例尺与成图比例尺的关系

比例尺	航摄比例尺	成图比例尺
大比例尺	1∶2 000～1∶3 500	1∶500
	1∶3 500～1∶7 000	1∶1 000
	1∶7 000～1∶14 000	1∶2 000
中比例尺	1∶10 000～1∶20 000	1∶5 000
	1∶20 000～1∶40 000	1∶10 000
小比例尺	1∶25 000～1∶60 000	1∶25 000
	1∶35 000～1∶80 000	1∶50 000
	1∶60 000～1∶100 000	1∶100 000

（四）像片重叠度

摄影测量使用的航摄像片，要求沿航线飞行方向两相邻像片上对所摄的地面有一定的重叠影像，这种重叠影像部分称为航向重叠，若以重叠影像与像幅边长之比的百分数表示，则称为航向重叠度，如图 2-9 所示。对于区域摄影（即面积航空摄影），要求两相邻航带像片之间有一定的影像重叠，这种重叠影像部分称为旁向重叠，其重叠影像与像幅边长之比的百分数称为旁向重叠度。

$$\left.\begin{aligned} \text{航向重叠度} \quad P_x\% &= \frac{P_x}{l_x} \times 100\% \\ \text{旁向重叠度} \quad P_y\% &= \frac{P_y}{l_y} \times 100\% \end{aligned}\right\} \tag{2-5}$$

式中：l_x、l_y 表示像幅的边长；P_x、P_y 表示航向和旁向重叠影像部分的边长。

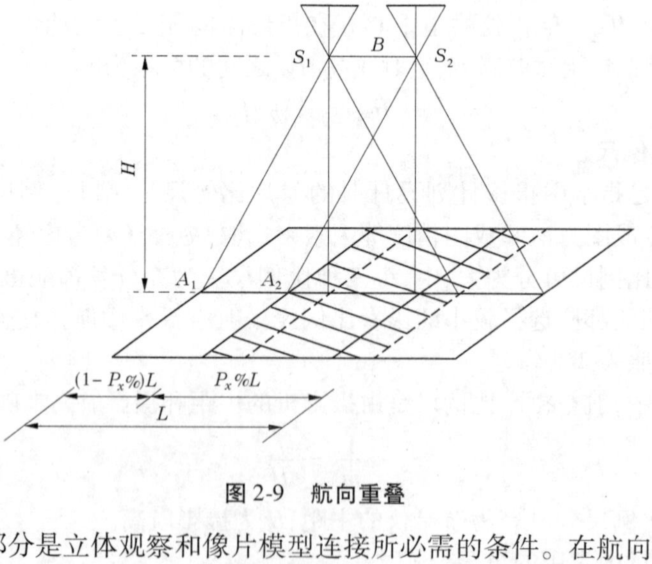

图 2-9 航向重叠

像片的重叠部分是立体观察和像片模型连接所必需的条件。在航向方向必须要有三张相邻像片有公共重叠影像，这一公共重叠部分称为三度重叠部分（见图 2-10），这是摄影测量选定控制点的要求。所以,一般情况下要求航向重叠度保持在60% ~65%,最小不能小于53%;旁向重叠度保持在30% ~35%,最小不能小于15%。

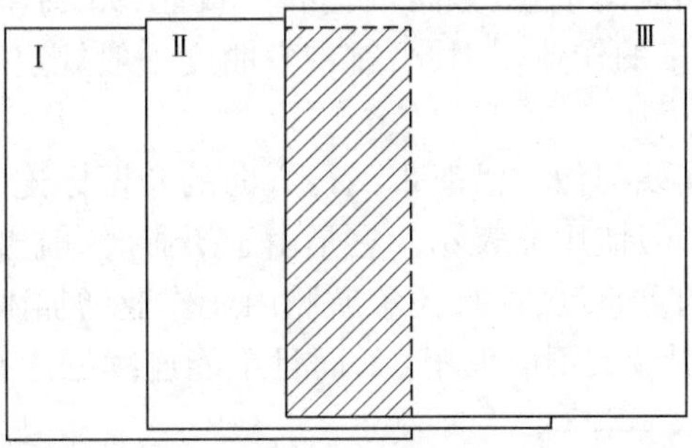

图2-10　三度重叠

(五)摄影基线

沿航线方向两相邻摄影站之间的距离称为摄影基线 B,如图2-9所示。图中 S_1 和 S_2 为两相邻摄影站航摄仪物镜中心,航摄像片的像幅边长为 l,其相应被摄地面的实际长度为 L,由平行四边形 $S_1S_2A_1A_2$,可得

$$B = S_1S_2 = A_1A_2 = L - P_x\%L = (1 - P_x\%)L \tag{2-6}$$

由式(2-4),有

$$\frac{l}{L} = \frac{1}{m} = \frac{f}{H},\quad L = ml \tag{2-7}$$

将 L 代入式(2-6)

$$B = ml - P_x\%ml = (1 - P_x\%)ml \tag{2-8}$$

同理可得旁向航带间距

$$D_Y = (1 - P_y\%)L = (1 - P_y\%)ml \tag{2-9}$$

(六)航高差

规范规定,同一航线内最大航高与最小航高之差不得大于30 m,摄影区域内实际航高与设计航高之差不得大于50 m。

(七)航带弯曲度

航带(线)弯曲度是指航带两端像片主点之间的直线距离 L 与偏离该直线最远的像主点到该直线垂距 δ 的比(如图2-11所示),一般采用百分数表示,即

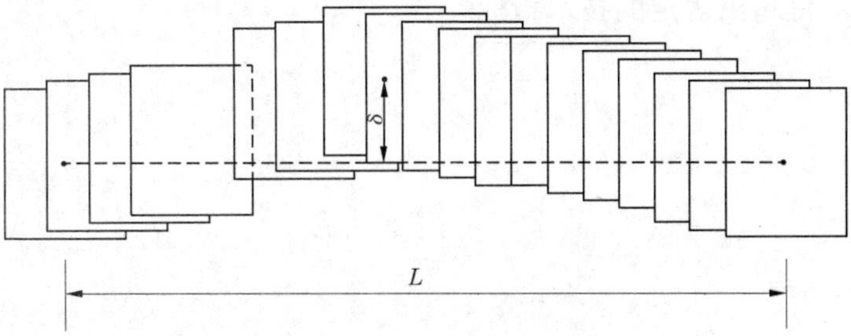

图2-11　航带弯曲与弯曲度

$$R\% = \frac{\delta}{L} \times 100\% \tag{2-10}$$

航带的弯曲会影响到航向重叠、旁向重叠的一致性，如果弯曲太大，则可能会产生航摄漏洞，甚至影响摄影测量的作业。因此，航带弯曲度一般规定不得超过3%。

(八)像片旋偏角

相邻两像片的主点连线与像幅沿航带飞行方向的两框标连线之间的夹角称为像片的旋偏角(如图2-12所示)，习惯用κ表示。它是由于摄影时，航摄机定向不准确而产生的。旋偏角不但会影响像片的重叠度，而且还给航测内业作业增加困难。因此，对像片的旋偏角，一般要求小于6°，个别最大不应大于8°，而且不能连续三片有超过6°的情况。

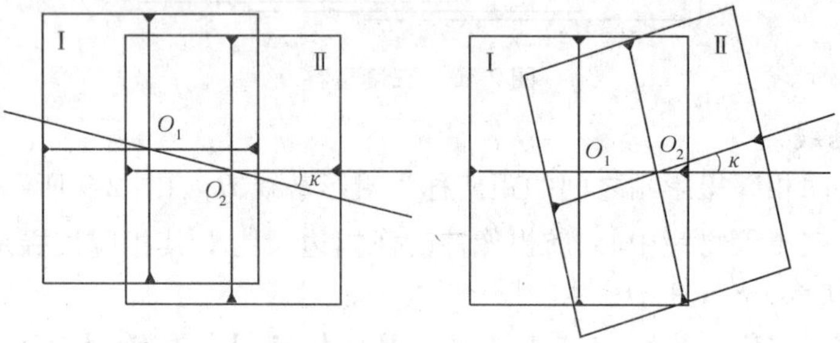

图2-12　像片的旋偏角

三、空中摄影质量的评定

空中摄影完成之后，当日应进行摄影处理，并对摄影质量进行评定。检查评定质量有如下的项目：

(1)负片上影像是否清晰、框标影像是否齐全，像幅四周指示器件的影像(如水准气泡、时钟、像片号等)是否清晰可辨。

(2)由于太阳高度角的影响，地物阴影长度是否超过摄影规范的规定，地物阴暗和明亮部分的细部能否辨认清楚。

(3)航摄负片上是否存在云影、划痕、斑点、折伤和乳剂脱落等现象。

(4)负片上的黑度、影像反差、灰雾度(蒙翳)不得大于规范要求，是否满足影像清晰、色调一致、层次丰富、反差适中的要求。

(5)航带的直线性、航带间的平行性、像片影像的重叠度、航高差和摄影比例尺等都要检查评定，并不得超出规定的技术指标。

第三章　单张航摄像片解析

航摄像片是航空摄影测量的原始资料。摄影测量就是根据被摄物体在像片上的构像规律及物体与对应影像之间的几何关系和代数关系，获取被摄物体的几何属性和物理属性。因此，单张航摄像片解析是整个摄影测量的理论基础。

第一节　中心投影的基本概念

一、中心投影与正射投影

假设空间诸物点 $A,B,C,\cdots$，按照某一规律建立一组投影射线，取一平面 P 截割该束投影射线，在平面内得到相应的投影点 $a,b,c,\cdots$，则该平面称为投影平面，而平面内得到的图形称为物体在投影平面上的投影。若投影光线组中所有光线相互平行且垂直于投影平面，称为正射投影，如图 3-1(a)所示。若该投影光线组中所有光线会聚于一点，称为中心投影，如图 3-1(b)中三种情况均属中心投影。投影射线的会聚点 S 称为投影中心，由中心投影得到的图称为透视图。

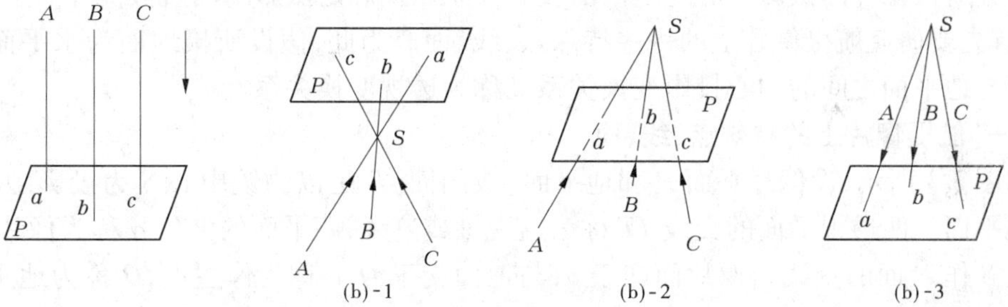

(b)-1　(b)-2　(b)-3

(a)正射投影　(b)中心投影

图 3-1　中心投影与正射投影

中心投影有两种状态，如图 3-2 所示。当投影平面 P（即像片）和被摄物体位于投影中心的两侧，此时像片所处的位置称为负片位置，如同摄影时的情况。现假设以投影中心为对称中心，将像片转到物空间，即投影平面与被摄物体位于投影中心的同一侧，此时像片 P' 所处位置称为正片位置。利用摄影底片晒印与底片等大的相片时就是这种情况。

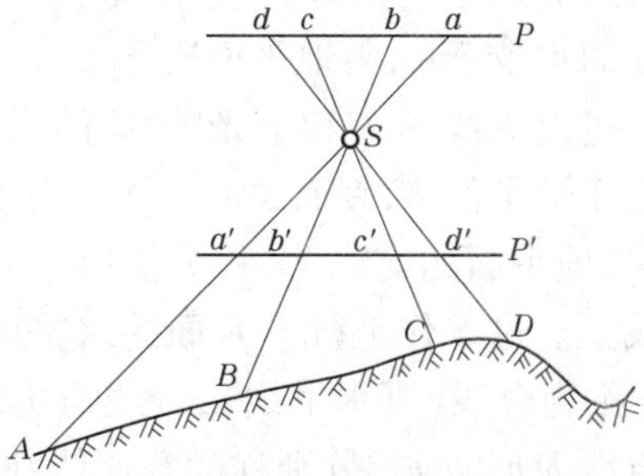

图 3-2　中心投影的正片位置与负片位置

无论像片处在正片位置或负片位置，像点与物点之间的几何关系并没有改变，数学表达式仍然是一样的。今后在讨论与中心投影有关的问题时，可根据需要采用正片位置或者负片位置。

二、航摄像片是摄区地面的中心投影

航摄像片是地面景物的摄影成像。当航空摄影机向地面摄影时，地面上各点的光线都通过摄影机物镜中心 S 后，在底片上感光成像从而获得航摄像片。这时物镜中心 S 在摄影测量中又被称为摄影中心。因此，航摄像片是所摄地面以物镜中心 S 为投影中心的中心投影。感光后的底片经过摄影处理后，得到的是负片，利用负片接触晒印在相纸上，得到的是正片，通常将负片和正片统称为像片。摄影测量中，根据不同的需要，负片和正片都会得到应用。

通过《测量学》中的定义，我们知道，地形图是测区在水平面（小范围内视大地水准面为平面）上的正射投影按照图比例尺缩小在图面上而得的，其典型特征就是：图上任意两点间的距离与相应地面点的水平距离之比为一常数（图比例尺）；图上任一点引出的两方向线的夹角与地面上对应水平角相等。

因此，摄影测量的主要任务之一就是把地面按中心投影规律获得摄影比例尺像片，转换成按图比例尺要求的符合正射投影规律的影像。

三、航摄像片上的特殊点、线、面

研究航摄像片的摄影中心与地面的投影关系以及确定摄影瞬间航摄像片的空间位置之前，首先要研究航摄像片上的一些特殊点、线、面。为此，假设所摄地面为水平面，这时像片面与地平面之间的中心投影变换关系又称为透视变换关系。

（一）航摄像片上的特殊点、线、面

如图 3-3 所示，设像片平面 P 和地平面（或图面）E 是以物镜中心 S 为投影中心的两个透视平面。两透视平面的交线 TT 称为透视轴或迹线，两平面的夹角 α 称为像片倾角。

过 S 作 P 面的垂线与像片面交于 o，与地面交于 O，o 称为像主点，O 称为地主点，So 称为摄影机的主光轴。$So=f$，称为摄影机主距。

过 S 作 E 面的铅垂线，称为主垂线。主垂线与像片面交于 n，与地面交于 N，n 称为像底点，N 称为地底点。$SN=H$，称为航高。

摄影机主光轴 So 与主垂线 Sn 的夹角就是像片倾角 α。过 S 作 $\angle oSn$ 的角平分线，与像片面 P 交于 c，与地平面交于 C，c 称为像等角点，C 称为地等角点。

过主垂线 SnN 和主光轴 So 的铅垂面 W 称为主垂面。主垂面既垂直于像片面 P，又垂直于地平面 E，因而也必然垂直于透视轴 TT。主垂面与像片面 P 的交线 vv 称为主纵线，与地平面的交线 VV 称为摄影方向线。o、n、c 必然在主纵线上，O、N、C 必然在摄影方向线上。过 S 作平行于 E 面的水平面 Es，称为合面（图上未画出）。合面与像片面的交线 h_ih_i 称为合线（真水平线），合线与主纵线的交点 i 称为主合点。过 c、o 分别作平行于 h_ih_i 的直线 h_ch_c、h_oh_o，分别称为等比线和主横线。

过 S 作 vv 的平行线交 VV 于 J，称为主遁点。

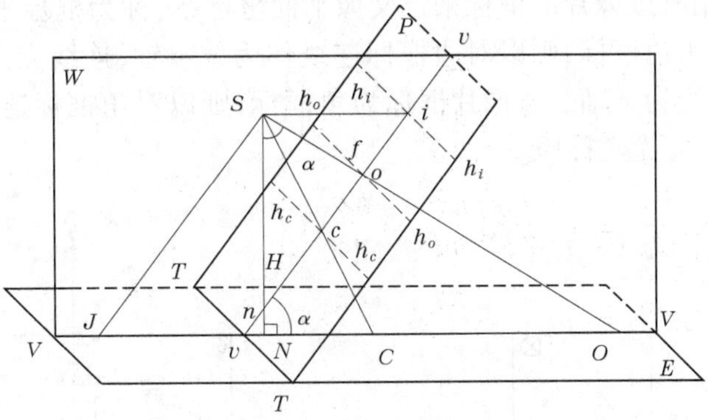

图 3-3　航摄像片上的特殊点、线、面

(二) 特殊点线之间的几何关系

由图 3-3 可以求得特殊点线之间的数学关系，在像面上有

$$\left.\begin{aligned} on &= f\tan\alpha \\ oc &= f\tan\frac{\alpha}{2} \\ oi &= f\cot\alpha \\ Si &= ci = \frac{f}{\sin\alpha} \end{aligned}\right\} \tag{3-1}$$

同样在物面上有

$$\left.\begin{aligned} ON &= H\tan\alpha \\ CN &= H\tan\frac{\alpha}{2} \\ SJ &= iv = \frac{H}{\sin\alpha} \end{aligned}\right\} \tag{3-2}$$

上述各点、线在像片上是客观存在的，但除像主点在像片上容易找到外，其他点、线均不能直接找到，需经过解析求解才能得到。这些点、线对于后面章节中定性和定量分析航摄像片上的几何特性有着重要意义。

第二节　摄影测量常用坐标系统

摄影测量解析的任务就是根据像片上像点的位置确定对应地面点的空间位置，为此必然涉及选择适当的坐标系统来描述像点和地面点，并通过一系列的坐标变换，建立二者之间的数学关系，从而由像点观测值求出对应物点的测量坐标。摄影测量中常用坐标系分为两大类：一类是用于描述像点位置的像方空间坐标系，另一类是用于描述地面点位置的物方空间坐标系。

一、像方空间坐标系

(一) 像平面坐标系

像平面坐标系用于表示像点在像平面上的位置，通常采用右手系。在解析和数字摄影测量中,常常使用航摄像片的框标来定义像平面坐标系,称为框标坐标系,如图 3-4(a)所示。若像片框标为边框标,则以对边框标连线作为 x、y 轴,连线交点 p 为坐标原点,与航线方向相近的连线为 x 轴。若像片框标为角框标,则以对角框标连线夹角的平分线作为 x、y 轴,连线交点 p 为坐标原点。

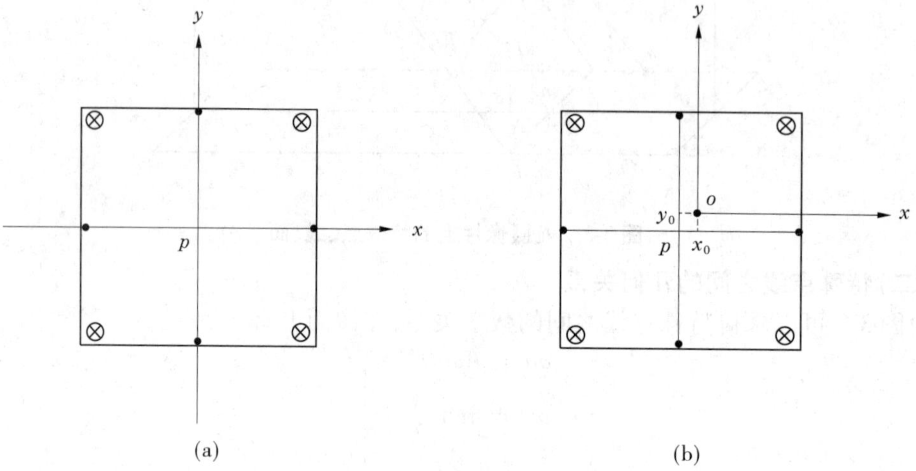

图 3-4　像平面坐标系

而在摄影测量解析计算中,像点的坐标应采用以像主点为原点的像平面坐标系中的坐标。为此,当像主点与框标连线交点不重合时,须将框标坐标系平移至像主点 o,见图 3-4(b)。当像主点在框标坐标系中的坐标为(x_0,y_0)时,则量测出的像点框标坐标(x_p,y_p)可换算到以像主点为原点的像平面坐标系中的坐标(x,y):

$$\left.\begin{aligned} x &= x_p - x_0 \\ y &= y_p - y_0 \end{aligned}\right\} \tag{3-3}$$

(二)像空间坐标系

为了便于进行像点的空间坐标变换,需要建立起能够描述像点空间位置的坐标系,即像空间坐标系。以像片的摄影中心 S 为坐标原点,x、y 轴与像平面坐标系的 x、y 轴平行,z 轴与主光轴方向重合,构成像空间右手直角坐标系 $S-xyz$,如图 3-5 所示。像点在这个坐标系中的 z 坐标始终等于 $-f$,x、y 坐标也就是像点的像平面坐标,因此只要量测得到像点在以像主点为原点的像平面坐标系中的坐标(x,y),就可得到该像点的像空间坐标(x,y,$-f$)。像空间坐标系随着每张像片的摄影瞬间空间位置而定,所以不同航摄像片的像空间坐标系是不统一的。

(三)像空间辅助坐标系

像点的像空间坐标可以直接由像平面坐标求得,但由于各像片的像空间坐标系是不统一的,这就给计算带来了困难。为此,需要建立一种相对统一的坐标系,称为像空间辅助坐标系,用 $S-uvw$ 表示。此坐标系的坐标原点仍取摄影中心 S,u、w 坐标轴方向视实际情况而定。通常 u、w 轴有三种选取方法:

(1)取铅垂方向为 w 轴,航向为 u 轴,三轴构成右手直角坐标系,如图 3-6(a)所示。

(2)以每条航线的首像片的像空间坐标系的三个轴向作为像空间辅助坐标系的三个轴向,如图 3-6(b)所示。

(3)以每个像片对的左片摄影中心为坐标原点,摄影基线方向为 u 轴,以摄影基线及左片主光轴构成的面作为 uw 平面,构成右手系,如图 3-6(c)所示。

二、物方空间坐标系

(一)摄影测量坐标系

将第一个像对的像空间辅助坐标系 $S-uvw$ 沿着 w 轴反方向平移至地面点 P,得到的坐标系 $P-X_pY_pZ_p$ 称为摄影测量坐标系,如图 3-7 所示,它是航带网中一种统一的坐标系。由于它与像空间辅助坐标系平行,因此很容易由像点的像空间辅助坐标求得相应地面点的摄影测量坐标。

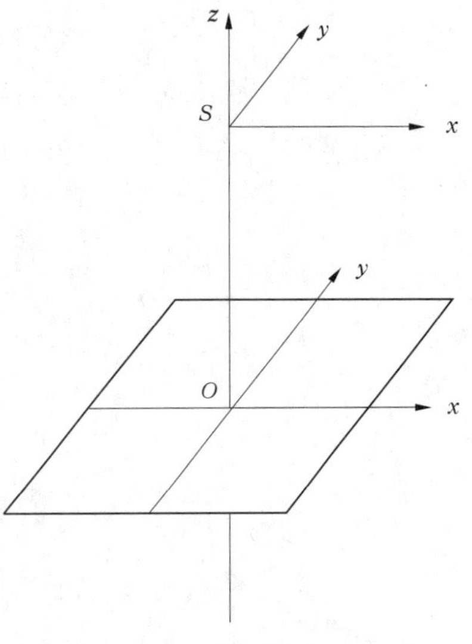

图 3-5 像空间坐标系

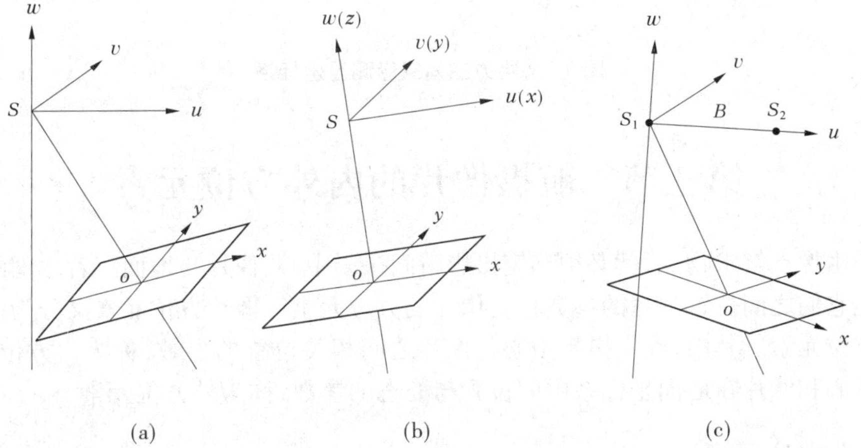

图 3-6 像空间辅助坐标系

(二)地面测量坐标系

地面测量坐标系是指地图投影坐标系,也就是国家测图所采用高斯－克吕格 3°带或 6°带投影的平面直角坐标系与定义的从某一基准面起算的高程系(如 1956 黄海高程或 1985 国家高程基准)所组成的空间左手直角坐标系 $T-X_tY_tZ_t$,见图 3-7。

(三)地面摄影测量坐标系

由于摄影测量坐标系采用的是右手系,而地面测量坐标系采用的是左手系,这给摄影测量坐标系到地面测量坐标系的转换带来了困难。为此,在摄影测量坐标系与地面测量坐标系之间建立一种过渡性的坐标系,称为地面摄影测量坐标系,用 $D-X_{tp}Y_{tp}Z_{tp}$ 表示,其坐标原点在测区内的某一地面点上,X 轴为大致与航向一致的水平方向,Z 轴沿铅垂方向,三轴构成右手系,见图 3-7。摄影测量中,首先将地面点在像空间辅助坐标系中的坐标转换成地面摄影测量坐标，再转换为地面测量坐标。

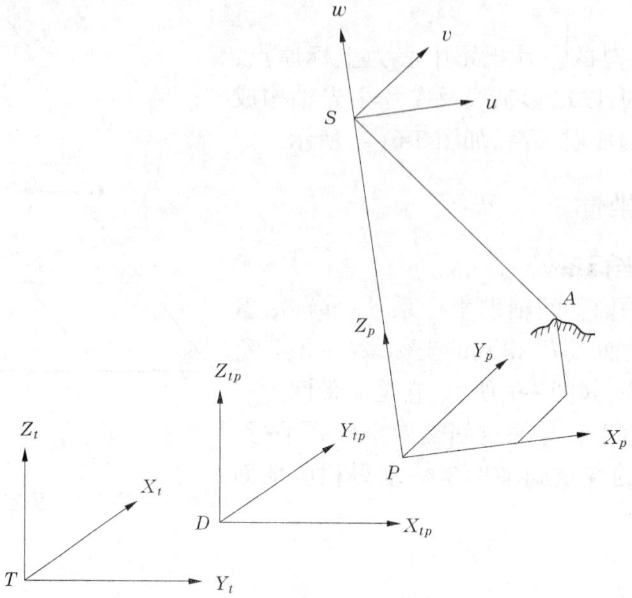

图 3-7　物方空间摄影测量坐标系

第三节　航摄像片的内外方位元素

为了由像点解求物点，就必须确定摄影瞬间摄影中心、像片与地面三者之间的相关位置。确定它们之间位置关系的参数称为像片的方位元素。像片方位元素又分为内方位元素和外方位元素。其中，确定摄影中心与像片之间相关位置的参数，称为内方位元素；确定摄影中心和像片在地面坐标系中的位置与姿态的参数，称为外方位元素。

一、内方位元素

内方位元素是描述摄影中心与像片之间相关位置的参数，包括三个参数：摄影中心 S 到像片的主距 f 及像主点 o 在框标坐标系中的坐标（x_0，y_0），如图 3-8 所示。

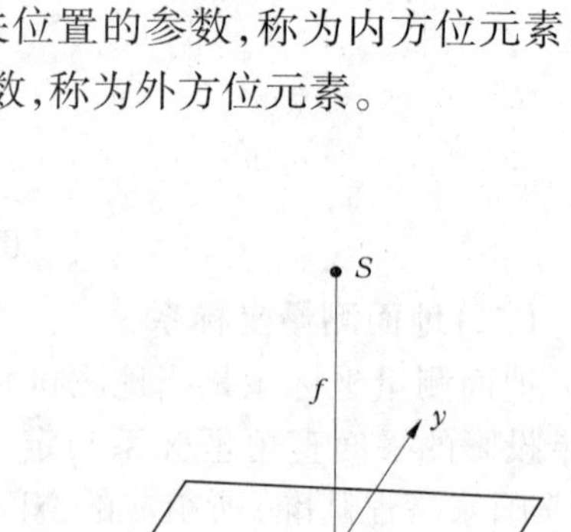

图 3-8　内方位元素

在摄影测量作业中，将像片装入投影镜箱后，若保持摄影瞬间的三个内方位元素，并用灯光照明，即可得到与摄影瞬间完全相似的投影光束，它是建立测图所需要的立体模型的基础。内方位元素值一般视为已知，它由制造厂家通过摄影机鉴定设备检验得到，检验的数据写在仪器说明书上。在制造摄影机时，一般应将像主点置于框标连线交点上，但安装中有误差，使二者并不重合，所以 (x_0, y_0) 是一个微小值。内方位元素值的正确与否，直接影响测图的精度，因此对航摄仪须作定期鉴定。

二、外方位元素

在恢复了内方位元素（即恢复了摄影光束）的基础上，确定像片或摄影光束摄影瞬间在地面空间坐标系中的参数，称为外方位元素。一张像片的外方位元素包括 6 个参数。其中有 3 个是描述摄影中心 S 空间位置的坐标值，称为直线元素；另外 3 个是描述像片空间姿态的参数，称为角元素。

（一）三个直线元素

三个直线元素是指摄影瞬间摄影中心 S 在选定的地面空间直角坐标系中的坐标值 X_S、Y_S、Z_S。地面空间直角坐标系可以是左手系的地面测量坐标系，也可以是右手系的地面摄影测量坐标系，后述问题如无特别说明，则一般是指地面摄影测量坐标系，如图 3-9 所示。

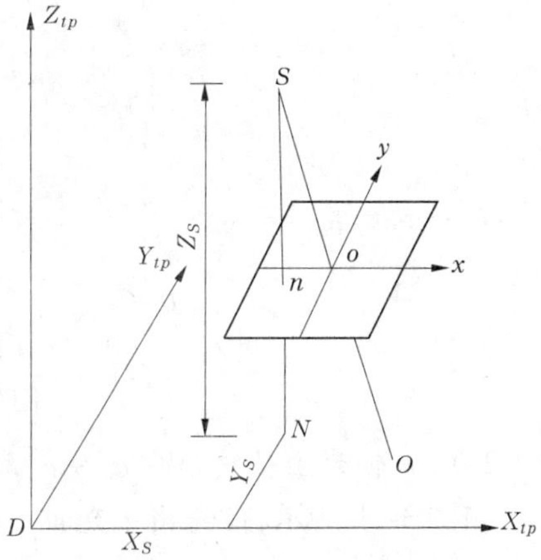

图 3-9　外方位直线元素

（二）三个角元素

三个角元素是描述像片在摄影瞬间空间姿态的要素。如何来描述像片摄影时的空中姿态呢？一般有以下三种方式。

1. 以 v 轴为主轴的 $\varphi - \omega - \kappa$ 系统

如图 3-10 所示，首先选取本像片的像空辅助坐标系 $S-uvw$ 与地面摄影测量坐标系 $D-X_{tp}Y_{tp}Z_{tp}$ 的三轴分别平行。则将像片的主光轴 So 投影在 $S-uw$ 平面内，得到 So_x。这时 So_x 与 w 轴的夹角用 φ 表示，称为航向倾角，So_x 与 So 轴的夹角用 ω 表示，称为旁向倾角。一旦 φ、ω 确定，主光轴 So 的方向就确定了。再将 v 轴投影到像片平面内，其投影与像片平面坐标系的 y 轴的夹角用 κ 表示，称为像片旋角。κ 确定，则像片的空间方位也就确定了。按照上述方法定义的角元素 φ、ω、κ 称为该像片的外方位角元素。

按照这种方法定义的外方位角元素，主光轴和像片的空间方位恰好等价于下列情况：假设在摄站点 S 摄取一张水平像片，若将该片及其像空辅助坐标系 $S-uvw$ 首先绕着 v 轴（称为主轴）在航向倾斜 φ 角；在此基础上，再绕着副轴（绕着 v 轴旋转过 φ 角的 u 轴）在旁向倾斜 ω 角；像片再绕着第三轴（经 φ、ω 角旋转过后的 w 轴即主光轴）旋转 κ 角。因此，此时我们定义的角元素 φ、ω、κ 可以认为是以 v 轴为主轴的 $\varphi - \omega - \kappa$ 系统下的像片空间姿态的表达方式。

转角的正负号，国际上规定绕轴逆时针旋转（从旋转轴正向的一端面对着坐标原点看）为正，反之为负。我国习惯规定 φ 角顺时针旋转为正，ω、κ 角逆时针方向旋转为正，图 3-10 中箭头方向表示正方向。

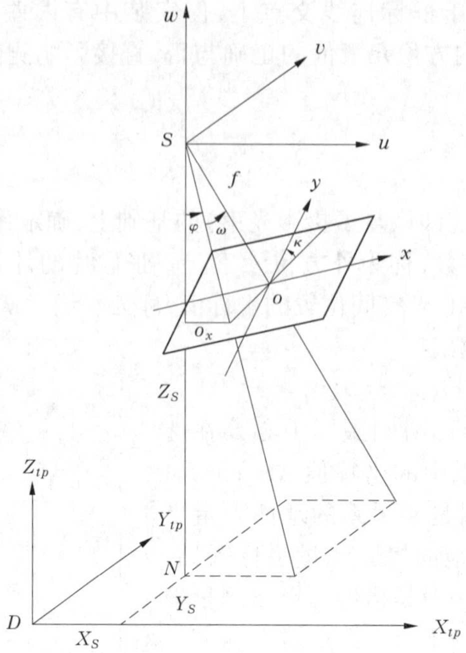

图 3-10　$\varphi-\omega-\kappa$ 系统

2. 以 u 轴为主轴的 $\omega'-\varphi'-\kappa'$ 系统

如图 3-11 所示，首先将主光轴 So 投影在 $S-vw$ 平面内，得到 So_y。这时 So_y 与 w 轴的夹角用 ω' 表示，称为旁向倾角，So_y 与 So 轴的夹角用 φ' 表示，称为航向倾角。一旦 ω'、φ' 确定，主光轴 So 的方向就确定了。再将 u 轴投影到像片平面内，其投影与像片平面坐标系的 x 轴的夹角用 κ' 表示，称为像片旋角。κ' 确定，则像片的空间方位也就确定了。按照上述方法定义的外方位角元素 ω'、φ'、κ' 可以认为是以 u 轴为主轴的 $\omega'-\varphi'-\kappa'$ 系统下的像片空间姿态的表达方式。

ω'、φ'、κ' 正负号定义与 φ、ω、κ 相似，图 3-11 中箭头指向正方向。

3. 以 w 轴为主轴的 $A-\alpha-\kappa_v$ 系统

如图 3-12 所示，A 表示主光轴 So 和铅垂线 SN 所确定的主垂面 W 的方向角，即摄影方向线 NO 与 Y_{tp} 轴（即 v 轴）的夹角；α 表示像片倾角，指主光轴 So 与铅垂线的夹角；κ_v 表示像片旋角，指主纵线与像片 y 轴之间的夹角。主垂面方向角 A 可理解为绕主轴 w 轴顺时针旋转得到的；像片倾角 α 是绕副轴（旋转 A 角后的 u 轴）逆时针方向旋转得到的；而像片旋角 κ_v 则是绕旋转 A、α 角后的主光轴 So 逆时针旋转得到的。因此，按照上述方法定义的外方位角元素 A、α、κ_v 可以认为是以 w 轴为主轴的 $A-\alpha-\kappa_v$ 系统下的像片空间姿态的表达方式。

A、α、κ_v 正负号定义与 φ、ω、κ 相似，图 3-12 中箭头指向正方向。

上述三种角元素表达方式，其中模拟摄影测量仪器单张像片测图时，多采用 A、α、κ_v；立体测图时多采用 φ、ω、κ 或 ω'、φ'、κ'；而在解析摄影测量和数字摄影测量中都采用 φ、ω、κ。

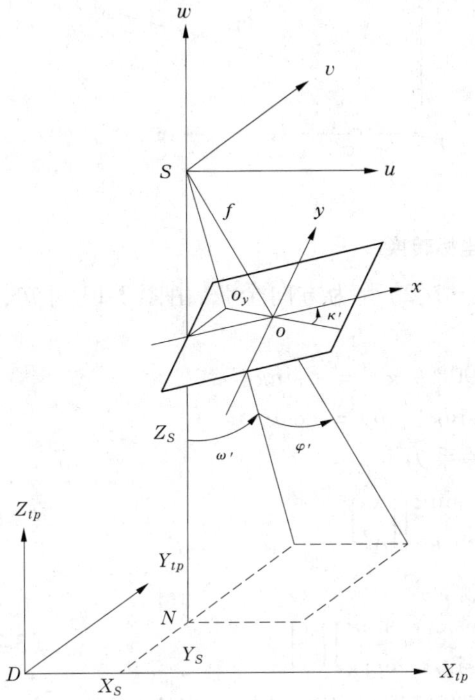

图 3-11　$\omega'-\varphi'-\kappa'$系统

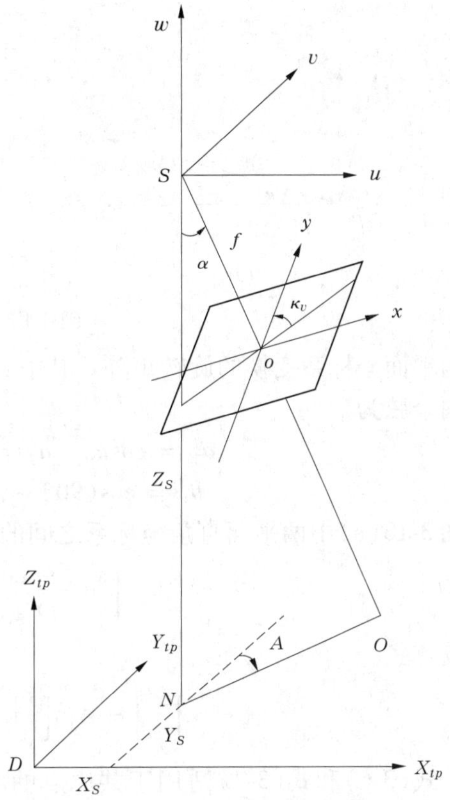

图 3-12　$A-\alpha-\kappa_v$ 系统

第四节　空间直角坐标系之间的变换

解析摄影测量中,要利用像点坐标计算对应地面点坐标,必须建立起像点坐标和地面点坐标的数学关系式,其中必然涉及不同空间直角坐标系之间的坐标变换。

一、像点的平面坐标变换

如图 3-13(a)所示为原点相同,而轴向不一致的像平面坐标系之间的变换。

设某像点 a 在两坐标系中的坐标分别为(x,y) 和(x',y'),则二者只存在轴系的旋转变换,其数学表达式为

$$\begin{bmatrix} x \\ y \end{bmatrix} = \boldsymbol{A}\begin{bmatrix} x' \\ y' \end{bmatrix} \tag{3-4}$$

其中

$$\boldsymbol{A} = \begin{bmatrix} a_1 & a_2 \\ b_1 & b_2 \end{bmatrix} = \begin{bmatrix} \cos \widehat{xx'} & \cos \widehat{xy'} \\ \cos \widehat{yx'} & \cos \widehat{yy'} \end{bmatrix} \tag{3-5}$$

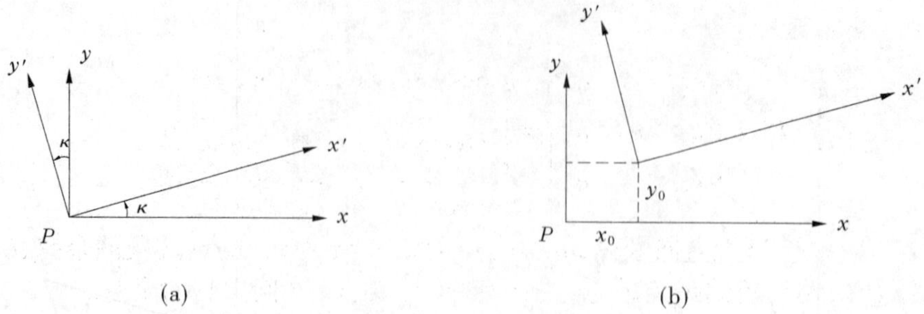

图 3-13　平面坐标转换

称为平面坐标系变换的旋转矩阵。其中 a_i、b_i（$i=1$、2）称为方向余弦，由图 3-13 可知，各方向余弦为

$$a_1 = \cos\kappa,\quad a_2 = \cos(90° + \kappa) = -\sin\kappa$$
$$b_1 = \cos(90° - \kappa) = \sin\kappa,\quad b_2 = \cos\kappa$$

则图 3-13（a）中两平面直角坐标系之间的变换关系为

$$\begin{bmatrix} x \\ y \end{bmatrix} = \begin{bmatrix} \cos\kappa & -\sin\kappa \\ \sin\kappa & \cos\kappa \end{bmatrix}\begin{bmatrix} x' \\ y' \end{bmatrix} \tag{3-6}$$

其反算式为

$$\begin{bmatrix} x' \\ y' \end{bmatrix} = \boldsymbol{A}^{-1}\begin{bmatrix} x \\ y \end{bmatrix} = \begin{bmatrix} \cos\kappa & \sin\kappa \\ -\sin\kappa & \cos\kappa \end{bmatrix}\begin{bmatrix} x \\ y \end{bmatrix} \tag{3-7}$$

式(3-6)和式(3-7)适用于共原点的两平面坐标系的相互转换。当坐标原点不重合时，如图 3-13(b)所示，则二者还存在一个平移变换

$$\begin{bmatrix} x \\ y \end{bmatrix} = \begin{bmatrix} \cos\kappa & -\sin\kappa \\ \sin\kappa & \cos\kappa \end{bmatrix}\begin{bmatrix} x' \\ y' \end{bmatrix} + \begin{bmatrix} x_0 \\ y_0 \end{bmatrix} \tag{3-8}$$

其反算式为

$$\begin{bmatrix} x' \\ y' \end{bmatrix} = \begin{bmatrix} \cos\kappa & \sin\kappa \\ -\sin\kappa & \cos\kappa \end{bmatrix}\begin{bmatrix} x \\ y \end{bmatrix} - \begin{bmatrix} x_0 \\ y_0 \end{bmatrix} \tag{3-9}$$

在摄影测量中，像点的平面坐标变换主要用于像框标坐标与像平面坐标的变换，而且两坐标系的轴系是对应平行的，所以二者的变换只存在平移变换，见式(3-3)。

二、像点的空间坐标变换

在取得像点的像平面坐标后，加上 $z=-f$ 即可得到像点的像空间直角坐标。像点的空间坐标变换，通常是指将像点的像空间坐标（$x, y, -f$）转换为像空间辅助坐标（u, v, w）。这是像点在共原点的两个空间直角坐标系中的坐标转换。

将式(3-4)的平面坐标变换的旋转矩阵由二维扩展到三维，则三维坐标系变换的旋转矩阵为

$$\begin{bmatrix} u \\ v \\ w \end{bmatrix} = \boldsymbol{R}\begin{bmatrix} x \\ y \\ -f \end{bmatrix} \tag{3-10}$$

其中

$$\boldsymbol{R}=\begin{bmatrix}a_1 & a_2 & a_3\\ b_1 & b_2 & b_3\\ c_1 & c_2 & c_3\end{bmatrix}=\begin{bmatrix}\cos\widehat{ux} & \cos\widehat{uy} & \cos\widehat{uz}\\ \cos\widehat{vx} & \cos\widehat{vy} & \cos\widehat{vz}\\ \cos\widehat{wx} & \cos\widehat{wy} & \cos\widehat{wz}\end{bmatrix} \tag{3-11}$$

式中 a_i、b_i、c_i($i=1$、2、3)为方向余弦;a_1、a_2、a_3 为轴 u 与轴 x、y、z 间夹角的余弦;b_1、b_2、b_3 为轴 v 与轴 x、y、z 间夹角的余弦;c_1、c_2、c_3 为轴 w 与轴 x、y、z 间夹角的余弦。

由于这种直角坐标变换是一种正交变换,所以变换的旋转矩阵 $\boldsymbol{R}$ 是正交矩阵,故有 $\boldsymbol{R}^{\mathrm{T}}=\boldsymbol{R}^{-1}$,所以式(3-10)的反算式为

$$\begin{bmatrix}x\\ y\\ -f\end{bmatrix}=\boldsymbol{R}^{-1}\begin{bmatrix}u\\ v\\ w\end{bmatrix}=\boldsymbol{R}^{\mathrm{T}}\begin{bmatrix}u\\ v\\ w\end{bmatrix}=\begin{bmatrix}a_1 & b_1 & c_1\\ a_2 & b_2 & c_2\\ a_3 & b_3 & c_3\end{bmatrix}\begin{bmatrix}u\\ v\\ w\end{bmatrix} \tag{3-12}$$

式(3-10)和式(3-12)构成像点在像空间坐标系和像空间辅助坐标系之间的变换关系式。可见,欲进行两空间直角坐标系的关键是如何确定这个正交矩阵 $\boldsymbol{R}$。

首先,我们要明确 $\boldsymbol{R}$ 是正交矩阵,所以 9 个方向余弦中只含有三个独立参数,这三个独立参数可以是一个空间直角坐标系(如 $S-uvw$)按三个空间旋转轴顺次旋转至另一个空间直角坐标系(如 $S-xyz$)的三个旋转角。而在第三节中讲述外方位角元素时,我们知道像空间辅助坐标系与像空间坐标系之间的三个旋转参数就是三个外方位角元素。因此,采用不同的转角系统,旋转矩阵中的各方向余弦的表达方式有所不同。

(一)φ、ω、κ 表示的方向余弦

如图 3-14 所示,这种转角系统可以分解为三步:首先将像空间辅助坐标系 $S-uvw$ 的坐标轴绕主轴 v 旋转 φ 角,变成 $S-X_\varphi Y_\varphi Z_\varphi$ 坐标系;然后绕旋转后的 X_φ 轴将 $S-X_\varphi Y_\varphi Z_\varphi$ 坐标系旋转 ω 角,使它变成 $S-X_{\varphi\omega}Y_{\varphi\omega}Z_{\varphi\omega}$ 坐标系,其 $Z_{\varphi\omega}$ 轴与主光轴 So 重合;最后绕 $Z_{\varphi\omega}$ 轴旋转 κ 角,达到与像空间坐标系 $S-xyz$ 重合。每次旋转相当于一个二维平面坐标系的旋转变换(参见式(3-6)),而没有旋转的第三维坐标不变。所以,第一次绕主轴 v 旋转时,v 坐标不变,旋转变换关系式为

$$\begin{bmatrix}u\\ v\\ w\end{bmatrix}=\begin{bmatrix}\cos\varphi & 0 & -\sin\varphi\\ 0 & 1 & 0\\ \sin\varphi & 0 & \cos\varphi\end{bmatrix}\begin{bmatrix}X_\varphi\\ Y\\ Z_\varphi\end{bmatrix}=\boldsymbol{R}_\varphi\begin{bmatrix}X_\varphi\\ Y_\varphi\\ Z_\varphi\end{bmatrix}$$

第二次绕副轴 X_φ 轴旋转时,没有旋转的 X_φ 坐标不变,则旋转变换关系式为

$$\begin{bmatrix}X_\varphi\\ Y_\varphi\\ Z_\varphi\end{bmatrix}=\begin{bmatrix}1 & 0 & 0\\ 0 & \cos\omega & -\sin\omega\\ 0 & \sin\omega & \cos\omega\end{bmatrix}\begin{bmatrix}X_\varphi\\ Y_\omega\\ Z_{\varphi\omega}\end{bmatrix}=\boldsymbol{R}_\omega\begin{bmatrix}X_{\varphi\omega}\\ Y_{\varphi\omega}\\ Z_{\varphi\omega}\end{bmatrix}$$

第三次绕第三轴 $Z_{\varphi\omega}$ 轴旋转时,$Z_{\varphi\omega}$ 坐标不变,则旋转变换关系式为

$$\begin{bmatrix}X_{\varphi\omega}\\ Y_{\varphi\omega}\\ Z_{\varphi\omega}\end{bmatrix}=\begin{bmatrix}\cos\kappa & -\sin\kappa & 0\\ \sin\kappa & \cos\kappa & 0\\ 0 & 0 & 1\end{bmatrix}\begin{bmatrix}X_{\varphi\kappa}\\ Y_{\omega\kappa}\\ Z_{\varphi\omega}\end{bmatrix}=\boldsymbol{R}_\kappa\begin{bmatrix}x\\ y\\ -f\end{bmatrix}$$

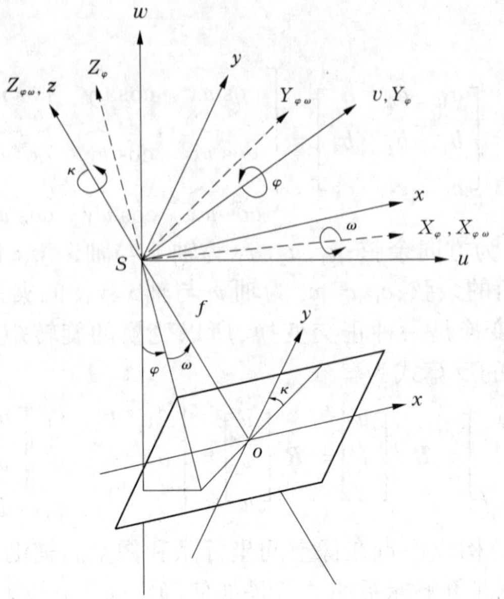

图 3-14　坐标系旋转

综上三式，得

$$\begin{bmatrix} u \\ v \\ w \end{bmatrix} = \begin{bmatrix} \cos\varphi & 0 & -\sin\varphi \\ 0 & 1 & 0 \\ \sin\varphi & 0 & \cos\varphi \end{bmatrix} \begin{bmatrix} 1 & 0 & 0 \\ 0 & \cos\omega & -\sin\omega \\ 0 & \sin\omega & \cos\omega \end{bmatrix} \begin{bmatrix} \cos\kappa & -\sin\kappa & 0 \\ \sin\kappa & \cos\kappa & 0 \\ 0 & 0 & 1 \end{bmatrix} \begin{bmatrix} x \\ y \\ -f \end{bmatrix}$$

$$= \boldsymbol{R}_\varphi \boldsymbol{R}_\omega \boldsymbol{R}_\kappa \begin{bmatrix} x \\ y \\ -f \end{bmatrix} = \boldsymbol{R} \begin{bmatrix} x \\ y \\ -f \end{bmatrix} = \begin{bmatrix} a_1 & a_2 & a_3 \\ b_1 & b_2 & b_3 \\ c_1 & c_2 & c_3 \end{bmatrix} \begin{bmatrix} x \\ y \\ -f \end{bmatrix} \tag{3-13}$$

所以有

$$\left.\begin{aligned} a_1 &= \cos\varphi\cos\kappa - \sin\varphi\sin\omega\sin\kappa \\ a_2 &= -\cos\varphi\sin\kappa - \sin\varphi\sin\omega\cos\kappa \\ a_3 &= -\sin\varphi\cos\omega \\ b_1 &= \cos\omega\sin\kappa \\ b_2 &= \cos\omega\cos\kappa \\ b_3 &= -\sin\omega \\ c_1 &= \sin\varphi\cos\kappa + \cos\varphi\sin\omega\sin\kappa \\ c_2 &= -\sin\varphi\sin\kappa + \cos\varphi\sin\omega\cos\kappa \\ c_3 &= \cos\varphi\cos\omega \end{aligned}\right\} \tag{3-14}$$

（二）ω'、φ'、κ'表示的方向余弦

用上述类似的方法，可得到采用 ω'、φ'、κ'表示的旋转矩阵的方向余弦值

$$\left.\begin{aligned}a_1 &= \cos\varphi'\cos\kappa' \\ a_2 &= -\cos\varphi'\sin\kappa' \\ a_3 &= -\sin\varphi' \\ b_1 &= \cos\omega'\sin\kappa' - \sin\omega'\sin\varphi'\cos\kappa' \\ b_2 &= \cos\omega'\cos\kappa' + \sin\omega'\sin\varphi'\sin\kappa' \\ b_3 &= -\sin\omega'\cos\varphi' \\ c_1 &= \sin\omega'\cos\kappa' + \cos\omega'\sin\varphi'\cos\kappa' \\ c_2 &= \sin\omega'\sin\kappa' - \cos\omega'\sin\varphi'\cos\kappa' \\ c_3 &= \cos\omega'\cos\varphi'\end{aligned}\right\} \tag{3-15}$$

(三)A、α、κ_v 表示的方向余弦

同理,用上述类似的方法,可得到采用 A、α、κ_v 表示的旋转矩阵的方向余弦值:

$$\left.\begin{aligned}a_1 &= \cos A\cos\kappa_v + \sin A\cos\alpha\sin\kappa_v \\ a_2 &= -\cos A\sin\kappa_v + \sin A\cos\alpha\cos\kappa_v \\ a_3 &= -\sin A\sin\alpha \\ b_1 &= -\sin A\cos\kappa_v + \cos A\cos\alpha\sin\kappa_v \\ b_2 &= \sin A\sin\kappa_v + \cos A\cos\alpha\cos\kappa_v \\ b_3 &= -\cos A\sin\alpha \\ c_1 &= \sin\alpha\sin\kappa_v \\ c_2 &= \sin\alpha\cos\kappa_v \\ c_3 &= \cos\alpha\end{aligned}\right\} \tag{3-16}$$

值得注意的是,对于同一张像片在同一坐标系中,当取不同的转角系统的三个角度计算方向余弦时,其表达方式虽然不同,但相应的方向余弦值是彼此相等的,即由不同转角系统的角度计算的旋转矩阵是唯一的。

第五节　中心投影构像方程及单张像片空间后方交会

一、中心投影构像方程

航摄像片与地形图是两种不同性质的投影,摄影测量的处理,就是要把中心投影的影像变换为正射投影的地形图。为此,就要讨论像点与相应物点的构像方程式。

选取地面摄影测量坐标系 $D-X_{tp}Y_{tp}Z_{tp}$ 及像空间辅助坐标系 $S-uvw$,并使两坐标系的坐标轴彼此平行,如图 3-15 所示。

设摄影中心 S 与地面点 A 在地面摄影测量坐标系中的坐标分别为(X_S, Y_S, Z_S)和(X_A, Y_A, Z_A),则地面点 A 在像空间辅助坐标系中的坐标为(X_A-X_S, Y_A-Y_S, Z_A-Z_S),而相应像点 a 在像空间辅助坐标系中的坐标为(u, v, w)。

由于摄影时 S、a、A 三点位于一条直线上,由图 3-15 中的相似三角形关系得

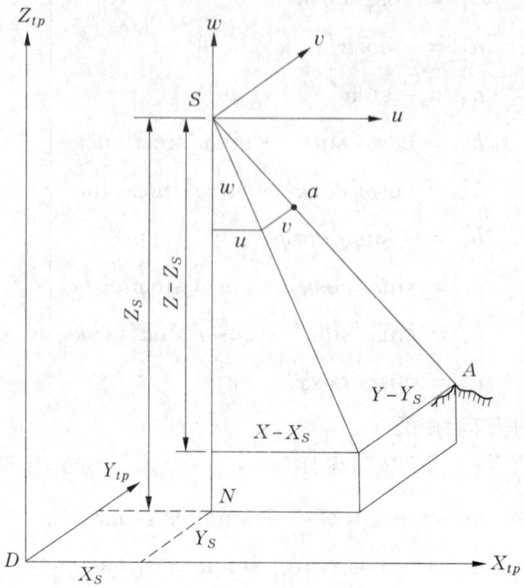

图 3-15　中心投影构像关系

$$\frac{u}{X_A - X_S} = \frac{v}{Y_A - Y_S} = \frac{w}{Z_A - Z_S} = \frac{1}{\lambda}$$

式中:λ 为比例因子,写成矩阵形式为

$$\begin{bmatrix} u \\ v \\ w \end{bmatrix} = \frac{1}{\lambda}\begin{bmatrix} X_A - X_S \\ Y_A - Y_S \\ Z_A - Z_S \end{bmatrix} \tag{a}$$

像空间坐标系与像空间辅助坐标系的坐标关系式的反算式为式(3-12),即

$$\begin{bmatrix} x \\ y \\ -f \end{bmatrix} = \begin{bmatrix} a_1 & b_1 & c_1 \\ a_2 & b_2 & c_2 \\ a_3 & b_3 & c_3 \end{bmatrix}\begin{bmatrix} u \\ v \\ w \end{bmatrix}$$

将式(a)代入式(3-12),并用第 3 式去除第 1、2 式得:

$$\left.\begin{aligned} x &= -f\frac{a_1(X_A - X_S) + b_1(Y_A - Y_S) + c_1(Z_A - Z_S)}{a_3(X_A - X_S) + b_3(Y_A - Y_S) + c_3(Z_A - Z_S)} \\ y &= -f\frac{a_2(X_A - X_S) + b_2(Y_A - Y_S) + c_2(Z_A - Z_S)}{a_3(X_A - X_S) + b_3(Y_A - Y_S) + c_3(Z_A - Z_S)} \end{aligned}\right\} \tag{3-17}$$

式(3-17)是中心投影的构像方程,又称为共线方程式。根据式(3-10)和式(3-11)以及式(a),可得共线方程式反算式为

$$\left.\begin{aligned} X - X_S &= (Z - Z_S)\frac{a_1x + a_2y - a_3f}{c_1x + c_2y - c_3f} \\ Y - Y_S &= (Z - Z_S)\frac{b_1x + b_2y - b_3f}{c_1x + c_2y - c_3f} \end{aligned}\right\} \tag{3-18}$$

共线方程式中包括 12 个数据:以像主点为原点的像点坐标(x,y),对应地面点坐标

(X,Y,Z),像片主距 f 及外方位元素 X_S、Y_S、Z_S、φ、ω、κ。

共线方程式是摄影测量中最重要、最基本的公式,后面介绍的单像空间后方交会、光束法双像摄影测量、数字影像纠正等都要用到该式。

二、单张像片的空间后方交会

如果已知每张像片的 6 个外方位元素,就能确定摄影瞬间被摄物体与航摄像片的关系,重建地面的立体模型,因此如何获取像片的外方位元素,一直是摄影测量工作者所探讨的问题。目前,外方位元素测定方法主要利用雷达、全球定位系统、惯性导航系统(INS)以及星相摄影机来获取,也可用摄影测量空间后方交会法获取。

如图 3-16 所示,单像空间后方交会的基本思想是:利用至少三个已知地面控制点的坐标 $A(X_A,Y_A,Z_A)$、$B(X_B,Y_B,Z_B)$、$C(X_C,Y_C,Z_C)$,与其像片上对应像点的影像坐标 $a(x_a,y_a,z_a)$、$b(x_b,y_b,z_b)$、$c(x_c,y_c,z_c)$,根据共线方程反求该像片的外方位元素 X_S、Y_S、Z_S、φ、ω、κ。这种解算方法是以单张像片为基础的,亦称为单像空间后方交会。

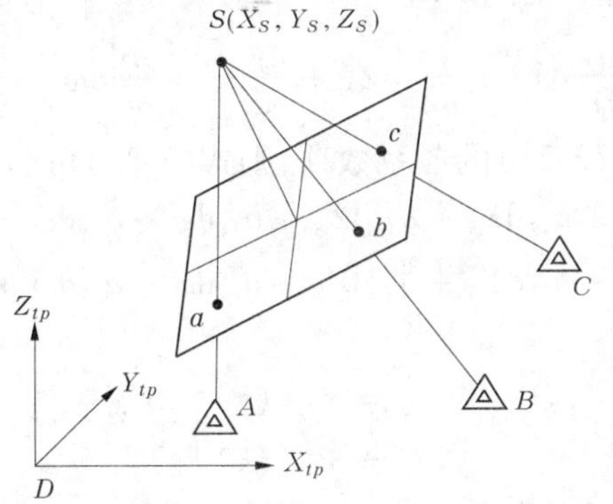

图 3-16　单像空间后方交会

(一)空间后方交会的基本公式

空间后方交会的数学模型是共线方程,即中心投影的构像方程。由于共线方程式是非线性函数,为了便于计算机计算,需要将非线性函数用泰勒级数展开成线性形式,常把这一数学处理过程称为线性化。线性化处理在解析摄影测量中经常用到。

将共线方程式(3-17)线性化,并取一次小值项得

$$\left.\begin{aligned} x &= (x) + \frac{\partial x}{\partial X_S}\mathrm{d}X_S + \frac{\partial x}{\partial Y_S}\mathrm{d}Y_S + \frac{\partial x}{\partial Z_S}\mathrm{d}Z_S + \frac{\partial x}{\partial \varphi}\mathrm{d}\varphi + \frac{\partial x}{\partial \omega}\mathrm{d}\omega + \frac{\partial x}{\partial \kappa}\mathrm{d}\kappa \\ y &= (y) + \frac{\partial y}{\partial X_S}\mathrm{d}X_S + \frac{\partial y}{\partial Y_S}\mathrm{d}Y_S + \frac{\partial y}{\partial Z_S}\mathrm{d}Z_S + \frac{\partial y}{\partial \varphi}\mathrm{d}\varphi + \frac{\partial y}{\partial \omega}\mathrm{d}\omega + \frac{\partial y}{\partial \kappa}\mathrm{d}\kappa \end{aligned}\right\} \tag{3-19}$$

式中:(x)、(y)为函数的近似值,是将外方位元素的初始值 X_{S0}、Y_{S0}、Z_{S0}、φ_0、ω_0、κ_0 代入共线方程中所取得的数值。$\mathrm{d}X_S$、$\mathrm{d}Y_S$、$\mathrm{d}Z_S$、$\mathrm{d}\varphi$、$\mathrm{d}\omega$、$\mathrm{d}\kappa$ 为外方位元素近似值的改正数。$\frac{\partial x}{\partial X_S},\cdots,\frac{\partial y}{\partial \kappa}$为函数的偏导数,是外方位元素改正数的系数。

对于每个已知控制点,把像点坐标 x、y 和对应地面点地面摄影测量坐标 X、Y、Z 代入式(3-19),可列出两个方程式。若像片内有 3 个已知地面控制点,就能列出 6 个方程式,

求出6个外方位元素改正数。由于式(3-19)中系数仅取至泰勒级数展开式的一次项,未知数的近似值改正数是粗略的,所以计算时必须采用逐渐趋近法,解求过程要反复趋近,直至改正值小于某一限值。

(二)空间后方交会的误差方程式与法方程

为了提高解算外方位元素的精度,常采用多余观测的方法,用最小二乘法平差解算外方位元素。因此,在后方交会中,通常是在像片的4个角上选取4个或更多的地面控制点。

计算中,通常将控制点的地面坐标视为真值,而把相应的像点坐标视为观测值,其相应的改正数为 v_x、v_y。按照观测值+观测值改正数=近似值+近似值改正数原则,得

$$\left.\begin{aligned} x + v_x &= (x) + dx \\ y + v_y &= (y) + dy \end{aligned}\right\} \tag{3-20}$$

这样,可列出每个点的误差方程式,其一般形式为

$$\left.\begin{aligned} v_x &= \frac{\partial x}{\partial X_S}dX_S + \frac{\partial x}{\partial Y_S}dY_S + \frac{\partial x}{\partial Z_S}dZ_S + \frac{\partial x}{\partial \varphi}d\varphi + \frac{\partial x}{\partial \omega}d\omega + \frac{\partial x}{\partial \kappa}d\kappa + (x) - x \\ v_y &= \frac{\partial y}{\partial X_S}dX_S + \frac{\partial y}{\partial Y_S}dY_S + \frac{\partial y}{\partial Z_S}dZ_S + \frac{\partial y}{\partial \varphi}d\varphi + \frac{\partial y}{\partial \omega}d\omega + \frac{\partial y}{\partial \kappa}d\kappa + (y) - y \end{aligned}\right\} \tag{3-21}$$

若用 $a_{11},a_{12},\cdots,a_{26}$ 表示式(3-21)的各系数项,则式(3-21)可写成

$$\left.\begin{aligned} v_x &= a_{11}dX_S + a_{12}dY_S + a_{13}dZ_S + a_{14}d\varphi + a_{15}d\omega + a_{16}d\kappa - l_x \\ v_y &= a_{21}dX_S + a_{22}dY_S + a_{23}dZ_S + a_{24}d\varphi + a_{25}d\omega + a_{26}d\kappa - l_y \end{aligned}\right\} \tag{3-22}$$

式中

$$\left.\begin{aligned} l_x &= x - (x) \\ l_y &= y - (y) \end{aligned}\right\} \tag{3-23}$$

式(3-21)和式(3-22)用矩阵表示为

$$V = \boldsymbol{A}X - l \tag{3-24}$$

若有 n 个已知控制点,可按式(3-24)列出 n 组误差方程式 $[V_1 \quad V_2 \quad \cdots \quad V_n]^{\mathrm{T}}$,构成总体误差方程为

$$\boldsymbol{V} = \boldsymbol{AX} - \boldsymbol{L} \tag{3-25}$$

式中

$$\boldsymbol{V} = [V_1 \quad V_2 \quad \cdots \quad V_n]^{\mathrm{T}}$$
$$\boldsymbol{A} = [A_1 \quad A_2 \quad \cdots \quad A_n]^{\mathrm{T}}$$
$$\boldsymbol{L} = [l_1 \quad l_2 \quad \cdots \quad l_n]^{\mathrm{T}}$$

根据最小二乘法间接平差原理,列出法方程式

$$\boldsymbol{A}^{\mathrm{T}}\boldsymbol{PAX} = \boldsymbol{A}^{\mathrm{T}}\boldsymbol{PL}$$

式中:$\boldsymbol{P}$ 为观测值的权矩阵,它反映了观测值的量测精度。对于所有像点坐标的观测值,一般认为是等精度量测的,则 $\boldsymbol{P}$ 为单位矩阵,由此得到法方程的解为

$$\boldsymbol{X} = (\boldsymbol{A}^{\mathrm{T}}\boldsymbol{A})^{-1}\boldsymbol{A}^{\mathrm{T}}\boldsymbol{L} \tag{3-26}$$

从而求出外方位元素近似值的改正数 dX_S、dY_S、dZ_S、$d\varphi$、$d\omega$、$d\kappa$。

由于误差方程在线性化过程中只取至泰勒级数展开式的一次项,且未知数的近似值

一般都是比较粗略的,因此计算需要通过逐渐趋近的方法进行,即用近似值与改正数之和作为新的近似值,重复计算过程,求出新的改正数,这样反复趋近,直到改正数小于某一限值,最后得出6个外方位元素的解为

$$\left.\begin{aligned} X_S &= X_{S0} + \mathrm{d}X_{S1} + \mathrm{d}X_{S2} + \cdots \\ Y_S &= Y_{S0} + \mathrm{d}Y_{S1} + \mathrm{d}Y_{S2} + \cdots \\ Z_S &= Z_{S0} + \mathrm{d}Z_{S1} + \mathrm{d}Z_{S2} + \cdots \\ \varphi &= \varphi_0 + \mathrm{d}\varphi_1 + \mathrm{d}\varphi_2 + \cdots \\ \omega &= \omega_0 + \mathrm{d}\omega_1 + \mathrm{d}\omega_2 + \cdots \\ \kappa &= \kappa_0 + \mathrm{d}\kappa_1 + \mathrm{d}\kappa_2 + \cdots \end{aligned}\right\} \tag{3-27}$$

下面,我们将式(3-22)的系数的求法推演如下:

为了书写方便,共线方程中的分母、分子用下式表示

$$\left.\begin{aligned} \bar{X} &= a_1(X - X_S) + b_1(Y - Y_S) + c_1(Z - Z_S) \\ \bar{Y} &= a_2(X - X_S) + b_2(Y - Y_S) + c_2(Z - Z_S) \\ \bar{Z} &= a_3(X - X_S) + b_3(Y - Y_S) + c_3(Z - Z_S) \end{aligned}\right\}$$

共线方程可写为

$$\left.\begin{aligned} x &= -f\frac{\bar{X}}{\bar{Z}} \\ x &= -f\frac{\bar{Y}}{\bar{Z}} \end{aligned}\right\}$$

则

$$a_{11} = \frac{\partial x}{\partial X_S} = \frac{\partial\left(-f\dfrac{\bar{X}}{\bar{Z}}\right)}{\partial X_S} = \frac{1}{\bar{Z}}(a_1 f + a_3 x)$$

按照相仿的步骤得出

$$\left.\begin{aligned} a_{11} &= \frac{\partial x}{\partial X_S} = \frac{1}{\bar{Z}}(a_1 f + a_3 x) \\ a_{12} &= \frac{\partial x}{\partial Y_S} = \frac{1}{\bar{Z}}(b_1 f + b_3 x) \\ a_{13} &= \frac{\partial x}{\partial Z_S} = \frac{1}{\bar{Z}}(c_1 f + c_3 x) \\ a_{21} &= \frac{\partial y}{\partial X_S} = \frac{1}{\bar{Z}}(a_2 f + a_3 y) \\ a_{22} &= \frac{\partial y}{\partial Y_S} = \frac{1}{\bar{Z}}(b_2 f + b_3 y) \\ a_{23} &= \frac{\partial y}{\partial Z_S} = \frac{1}{\bar{Z}}(c_2 f + c_3 y) \end{aligned}\right\} \tag{3-28}$$

另外

$$\left.\begin{aligned}
a_{14} &= \frac{\partial x}{\partial \varphi} = -\frac{f}{(\bar{Z})^2}\left(\frac{\partial \bar{X}}{\partial \varphi}\bar{Z} - \frac{\partial \bar{Z}}{\partial \varphi}\bar{X}\right) \\
a_{15} &= \frac{\partial x}{\partial \omega} = -\frac{f}{(\bar{Z})^2}\left(\frac{\partial \bar{X}}{\partial \omega}\bar{Z} - \frac{\partial \bar{Z}}{\partial \omega}\bar{X}\right) \\
a_{16} &= \frac{\partial x}{\partial \kappa} = -\frac{f}{(\bar{Z})^2}\left(\frac{\partial \bar{X}}{\partial \kappa}\bar{Z} - \frac{\partial \bar{Z}}{\partial \kappa}\bar{X}\right) \\
a_{24} &= \frac{\partial y}{\partial \varphi} = -\frac{f}{(\bar{Z})^2}\left(\frac{\partial \bar{Y}}{\partial \varphi}\bar{Z} - \frac{\partial \bar{Z}}{\partial \varphi}\bar{Y}\right) \\
a_{25} &= \frac{\partial y}{\partial \omega} = -\frac{f}{(\bar{Z})^2}\left(\frac{\partial \bar{Y}}{\partial \omega}\bar{Z} - \frac{\partial \bar{Z}}{\partial \omega}\bar{Y}\right) \\
a_{26} &= \frac{\partial y}{\partial \kappa} = -\frac{f}{(\bar{Z})^2}\left(\frac{\partial \bar{Y}}{\partial \kappa}\bar{Z} - \frac{\partial \bar{Z}}{\partial \kappa}\bar{Y}\right)
\end{aligned}\right\} \tag{3-29a}$$

由于

$$\begin{bmatrix}\bar{X}\\ \bar{Y}\\ \bar{Z}\end{bmatrix} = \begin{bmatrix}a_1 & b_1 & c_1\\ a_2 & b_2 & c_2\\ a_3 & b_3 & c_3\end{bmatrix}\begin{bmatrix}X - X_S\\ Y - Y_S\\ Z - Z_S\end{bmatrix} = \boldsymbol{R}^{\mathrm{T}}\begin{bmatrix}X - X_S\\ Y - Y_S\\ Z - Z_S\end{bmatrix} = \boldsymbol{R}_k^{\mathrm{T}}\boldsymbol{R}_\omega^{\mathrm{T}}\boldsymbol{R}_\varphi^{\mathrm{T}}\begin{bmatrix}X - X_S\\ Y - Y_S\\ Z - Z_S\end{bmatrix}$$

$$= R_\kappa^{-1}R_\omega^{-1}R_\varphi^{-1}\begin{bmatrix}X - X_S\\ Y - Y_S\\ Z - Z_S\end{bmatrix}$$

有

$$\frac{\partial}{\partial \varphi}\begin{bmatrix}\bar{X}\\ \bar{Y}\\ \bar{Z}\end{bmatrix} = \boldsymbol{R}_\kappa^{-1}\boldsymbol{R}_\omega^{-1}\frac{\partial \boldsymbol{R}_\varphi^{-1}}{\partial \varphi}\begin{bmatrix}X - X_S\\ Y - Y_S\\ Z - Z_S\end{bmatrix} = \boldsymbol{R}_\kappa^{-1}\boldsymbol{R}_\omega^{-1}\boldsymbol{R}_\varphi^{-1}\boldsymbol{R}_\varphi\frac{\partial \boldsymbol{R}_\varphi^{-1}}{\partial \varphi}\begin{bmatrix}X - X_S\\ Y - Y_S\\ Z - Z_S\end{bmatrix}$$

$$= R^{-1}R_\varphi\frac{\partial R_\varphi^{-1}}{\partial \varphi}\begin{bmatrix}X - X_S\\ Y - Y_S\\ Z - Z_S\end{bmatrix} \tag{a}$$

而

$$\boldsymbol{R}_\varphi^{-1} = \boldsymbol{R}_\varphi^{\mathrm{T}} = \begin{bmatrix}\cos\varphi & 0 & \sin\varphi\\ 0 & 1 & 0\\ -\sin\varphi & 0 & \cos\varphi\end{bmatrix}$$

则

$$\boldsymbol{R}_\varphi\frac{\partial \boldsymbol{R}_\varphi^{-1}}{\partial \varphi} = \begin{bmatrix}\cos\varphi & 0 & -\sin\varphi\\ 0 & 1 & 0\\ \sin\varphi & 0 & \cos\varphi\end{bmatrix}\begin{bmatrix}-\sin\varphi & 0 & \cos\varphi\\ 0 & 1 & 0\\ -\cos\varphi & 0 & -\sin\varphi\end{bmatrix} = \begin{bmatrix}0 & 0 & 1\\ 0 & 0 & 0\\ -1 & 0 & 0\end{bmatrix} \tag{b}$$

将式(b)代入式(a),得

$$\frac{\partial}{\partial \varphi}\begin{bmatrix}\bar{X}\\ \bar{Y}\\ \bar{Z}\end{bmatrix}=\begin{bmatrix}a_1 & b_1 & c_1\\ a_2 & b_2 & c_2\\ a_3 & b_3 & c_3\end{bmatrix}\begin{bmatrix}0 & 0 & 1\\ 0 & 0 & 0\\ -1 & 0 & 0\end{bmatrix}\begin{bmatrix}X-X_S\\ Y-Y_S\\ Z-Z_S\end{bmatrix}$$

$$=\begin{bmatrix}a_1 & b_1 & c_1\\ a_2 & b_2 & c_2\\ a_3 & b_3 & c_3\end{bmatrix}\begin{bmatrix}0 & 0 & 1\\ 0 & 0 & 0\\ -1 & 0 & 0\end{bmatrix}\begin{bmatrix}a_1 & a_2 & a_3\\ b_1 & b_2 & b_3\\ c_1 & c_2 & c_3\end{bmatrix}\begin{bmatrix}\bar{X}\\ \bar{Y}\\ \bar{Z}\end{bmatrix}$$

$$=\begin{bmatrix}0 & -b_3 & b_2\\ b_3 & 0 & -b_1\\ -b_2 & b_1 & 0\end{bmatrix}\begin{bmatrix}\bar{X}\\ \bar{Y}\\ \bar{Z}\end{bmatrix} \tag{c}$$

按照相仿的方法，得

$$\frac{\partial}{\partial \omega}\begin{bmatrix}\bar{X}\\ \bar{Y}\\ \bar{Z}\end{bmatrix}=\boldsymbol{R}_\kappa^{-1}\frac{\partial \boldsymbol{R}_\omega^{-1}}{\partial \omega}\boldsymbol{R}_\varphi^{-1}\begin{bmatrix}X-X_S\\ Y-Y_S\\ Z-Z_S\end{bmatrix}=\boldsymbol{R}_\kappa^{-1}\frac{\partial \boldsymbol{R}_\omega^{-1}}{\partial \omega}\boldsymbol{R}_\omega\boldsymbol{R}_\kappa\boldsymbol{R}_\kappa^{-1}\boldsymbol{R}_\omega^{-1}\boldsymbol{R}_\varphi^{-1}\begin{bmatrix}X-X_S\\ Y-Y_S\\ Z-Z_S\end{bmatrix}$$

$$=\boldsymbol{R}_\kappa^{-1}\begin{bmatrix}0 & 0 & 0\\ 0 & 0 & 1\\ 0 & -1 & 0\end{bmatrix}\boldsymbol{R}_\kappa\boldsymbol{R}^{-1}\begin{bmatrix}X-X_S\\ Y-Y_S\\ Z-Z_S\end{bmatrix}=\begin{bmatrix}\bar{Z}\sin\kappa\\ \bar{Z}\cos\kappa\\ -\bar{X}\sin\kappa-\bar{Y}\cos\kappa\end{bmatrix} \tag{d}$$

$$\frac{\partial}{\partial \kappa}\begin{bmatrix}\bar{X}\\ \bar{Y}\\ \bar{Z}\end{bmatrix}=\frac{\partial \boldsymbol{R}_\kappa^{-1}}{\partial \kappa}\boldsymbol{R}_\omega^{-1}R_\varphi^{-1}\begin{bmatrix}X-X_S\\ Y-Y_S\\ Z-Z_S\end{bmatrix}=\frac{\partial \boldsymbol{R}_\kappa^{-1}}{\partial \kappa}\boldsymbol{R}_\kappa\boldsymbol{R}_\kappa^{-1}\boldsymbol{R}_\omega^{-1}\boldsymbol{R}_\varphi^{-1}\begin{bmatrix}X-X_S\\ Y-Y_S\\ Z-Z_S\end{bmatrix}$$

$$=\begin{bmatrix}0 & 1 & 0\\ -1 & 0 & 0\\ 0 & 0 & 0\end{bmatrix}\boldsymbol{R}_\kappa\begin{bmatrix}a_1 & b_1 & c_1\\ a_2 & b_2 & c_2\\ a_3 & b_3 & c_3\end{bmatrix}\begin{bmatrix}X-X_S\\ Y-Y_S\\ Z-Z_S\end{bmatrix}=\begin{bmatrix}\bar{Y}\\ -\bar{X}\\ 0\end{bmatrix} \tag{e}$$

将上述偏导数式(c)、式(d)、式(e)代入式(3-29a)，并利用有关表达式整理可得

$$\left.\begin{aligned}
a_{14}&=y\sin\omega-\left[\frac{x}{f}(x\cos\kappa-y\sin\kappa)+f\cos\kappa\right]\cos\omega\\
a_{15}&=-f\sin\kappa-\frac{x}{f}(x\sin\kappa+y\cos\kappa)\\
a_{16}&=y\\
a_{24}&=-x\sin\omega-\left[\frac{y}{f}(x\cos\kappa-y\sin\kappa)-f\sin\kappa\right]\cos\omega\\
a_{25}&=-f\cos\kappa-\frac{y}{f}(x\sin\kappa+y\cos\kappa)\\
a_{26}&=-x
\end{aligned}\right\} \tag{3-29b}$$

当已知地面点的地面坐标及相应像点坐标和摄影机主距，并给定外方位元素的近似值时，均可计算出上述各个系数。

在竖直摄影情况下,角元素都是小角($<3°$),可用 $\varphi=\omega=\kappa=0$ 及 $Z-Z_S=-H$ 代替,得到各系数的近似值

$$
\left.\begin{array}{lll}
a_{11}=-\dfrac{f}{H} & a_{12}=0 & a_{13}=-\dfrac{x}{H} \\
a_{14}=-f\left(1+\dfrac{x^2}{f^2}\right) & a_{15}=-\dfrac{xy}{f} & a_{16}=y \\
a_{21}=0 & a_{22}=-\dfrac{f}{H} & a_{23}=-\dfrac{y}{H} \\
a_{24}=-\dfrac{xy}{f} & a_{25}=-f\left(1+\dfrac{y^2}{f^2}\right) & a_{26}=-x
\end{array}\right\} \tag{3-30}
$$

(三)空间后方交会的计算过程

综上所述,空间后方交会的解算过程如下:

(1)获取已知数据。从摄影资料中查取摄影比例尺 $1/m$、平均航高、内方位元素 (x_0,y_0,f);从外业测量成果中,获取控制点的地面测量坐标 X_t、Y_t、Z_t,并转换为地面摄测坐标 X_{tp}、Y_{tp}、Z_{tp}。

(2)量测控制点的像点坐标。将控制点标刺在像片上,利用坐标量测仪器量测控制点的像框标坐标,并经像主点坐标改正,得到以像主点为原点的像点坐标 (x,y)。

(3)确定未知数的初始值。单像空间后方交会必须给出待定参数的初始值,在竖直摄影且地面控制点大致呈对称分布的情况下,可按如下方法确定初始值

$$\varphi_0=\omega_0=\kappa_0=0$$

$$Z_{S0}=H=mf$$

$$X_{S0}=\frac{1}{n}\sum_{i=1}^{n}X_{tpi}$$

$$Y_{S0}=\frac{1}{n}\sum_{i=1}^{n}Y_{tpi}$$

(4)计算旋转矩阵 $\boldsymbol{R}$。利用角元素近似值按式(3-14)计算各方向余弦值,组成 $\boldsymbol{R}$ 阵。

(5)逐点计算像点坐标的近似值。利用未知数的近似值按共线方程式(3-17)计算各控制点像点坐标的近似值 (x)、(y)。

(6)组成误差方程式。按式(3-28)、式(3-29b)、式(3-23)或式(3-30)和式(3-23)逐点计算误差方程的系数和常数项。

(7)组成法方程式。计算法方程的系数矩阵 $\boldsymbol{A}^{\mathrm{T}}\boldsymbol{A}$ 和常数项 $\boldsymbol{A}^{\mathrm{T}}\boldsymbol{L}$。

(8)求解外方位元素。根据法方程,按式(3-26)解求外方位元素改正数,并与相应的近似值求和,得到外方位元素新的近似值。

(9)检查计算是否收敛。将所求得的外方位元素的改正数与规定的限差比较,小于限差则计算终止,否则用新的近似值重复(4)~(8)的计算,直到满足要求。

(四)空间后方交会的精度

按照上述方法所求得的像片外方位元素的精度,可以通过法方程式中未知数的系数矩阵的逆阵 $(\boldsymbol{A}^{\mathrm{T}}\boldsymbol{A})^{-1}$ 来解求,此时视像点坐标为等精度不相关观测值。因为 $(\boldsymbol{A}^{\mathrm{T}}\boldsymbol{A})^{-1}$ 中

第 i 个主对角线上元素 Q_{ii} 就是法方程式中第 i 个未知数的权倒数,若单位权中误差为 m_0,则第 i 个未知数的中误差为

$$m_i = m_0\sqrt{Q_{ii}} \tag{3-31}$$

当参加空间后方交会的控制点有 n 个时,则单位权中误差为

$$m_0 = \pm\sqrt{\frac{[vv]}{2n-6}} \tag{3-32}$$

第六节　航摄像片的像点位移

航摄像片是地面的中心投影,地形图是地面的正射投影,只有当地面水平且航摄像片也水平时,中心投影才与正射投影等效。所以,当像片倾斜或地面有起伏时,所摄取的影像均与理想情况(像片水平且地面水平)有差异。这一差异反映为一个地面点在地面水平的理想水平像片上的成像与地面有起伏时或倾斜像片上成像的点位不同,这种点位的差异称为像点位移。像片上某图形的像点发生位移,其结果是使像片上的几何图形与地面上相应的几何图形产生变形,反映为像片的影像比例尺处处不等。

一、地面水平,像片倾斜引起的像点位移

假定地面水平,在同一摄影中心 S 对地面摄取两张像片,一张为倾斜像片 P,另一张为水平像片 P^0,如图 3-17 所示。为了建立二者之间的联系,像点坐标用公共的等角点 c 为坐标原点,以等比线 h_ch_c 为 x 轴、主纵线为 y 轴的像平面坐标系。某地面点 A 在倾斜像

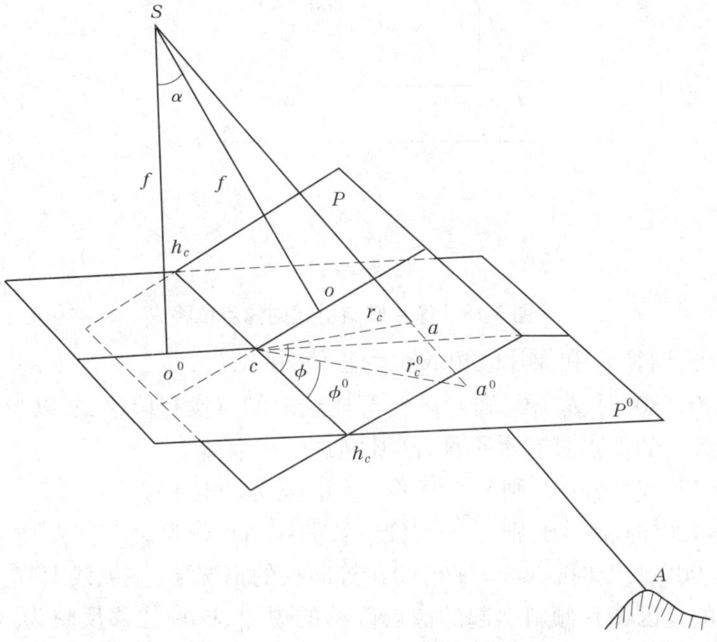

图 3-17　倾斜像片与水平像片的关系

片上的构像为 a，其像点坐标为 (x_c, y_c)；在水平像片上的构像为 a^0，其像点坐标为 (x_c^0, y_c^0)。若 $ca = r_c$，$ca^0 = r_c^0$，则 r_c、r_c^0 分别称为 a、a^0 的向径。向径 r_c、r_c^0 与等比线正向的夹角分别为 φ、φ^0，φ、φ^0 称为方向角，则有 $\tan\varphi = \frac{y_c}{x_c}$，$\tan\varphi^0 = \frac{y_c^0}{x_c^0}$，可以证明 $\varphi = \varphi^0$。由此可见，在倾斜像片上从等角点出发，引向任意像点的方向线，其方向角与水平像片上相应方向线的方向角恒等，这就是等角点命名的由来。

若将倾斜像片 P 绕等比线旋转直到与水平像片叠合，a、a^0 必定位于一条过等角点的直线上，如图 3-18 所示。因像片倾斜，两向径 r_c、r_c^0 的长度不等，两向径之差 $\delta_a = aa^0 = r_c - r_c^0$ 称为因像片倾斜引起的像点位移，其近似公式为

$$\delta_a = -\frac{r_c^2}{f}\sin\varphi\sin\alpha \tag{3-33}$$

式中：f 为像片主距；α 为像片倾角。

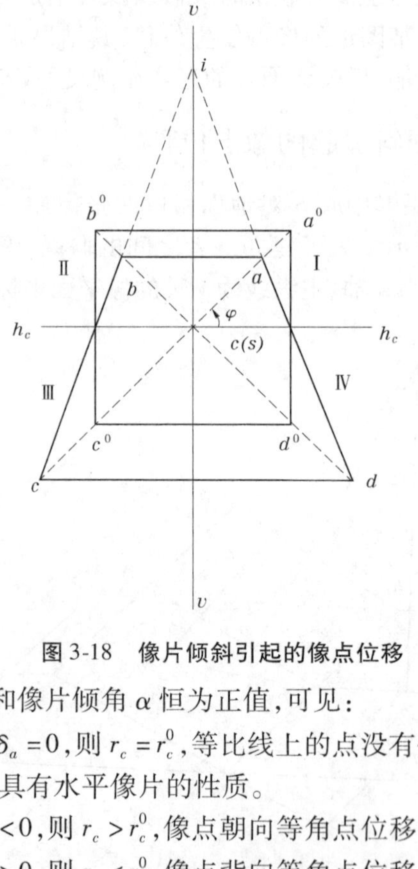

图 3-18　像片倾斜引起的像点位移

式(3-33)中，向径 r_c 和像片倾角 α 恒为正值，可见：

(1) 当 $\varphi = 0$、$180°$ 时，$\delta_a = 0$，则 $r_c = r_c^0$，等比线上的点没有位移，所以当地面水平时，倾斜像片上等比线上的像点具有水平像片的性质。

(2) 当 $\varphi < 180°$ 时，$\delta_a < 0$，则 $r_c > r_c^0$，像点朝向等角点位移。

(3) 当 $\varphi > 180°$ 时，$\delta_a > 0$，则 $r_c < r_c^0$，像点背向等角点位移。

(4) 当 $\varphi = 90°$、$270°$ 时，$\sin\varphi = \pm 1$，即在等向径的情况下，主纵线上 $|\delta_a|$ 为最大值。

以上讨论的是因像片倾斜引起的像点位移的规律，这种位移反映为水平像片上任意一正方形在倾斜像片上构像为任意四边形。图 3-18 所示即为水平地面上一个正方形在水平像片上构像仍是正方形，而在倾斜像片上构像为梯形。摄影测量中，对这种形变的改

正称为像片纠正。

二、地形起伏在水平像片上引起的像点位移

当地面有起伏时，无论是水平像片还是倾斜像片，都会因地形起伏而产生像点位移，这是中心投影与正射投影两种投影方法在地形起伏的情况下产生的差别，所以由地形起伏引起的像点位移也称投影差。

为了便于讨论和理解，仅推导像片水平时地形起伏引起的像点位移。

如图 3-19 所示，假设在某摄影中心 S 摄取一水平像片 P^0，摄影时相对于某一基准面 E 的航高为 H；某地面点 A 距基准面的高差为 h，它在像片上的成像为 a；地面点 A 在基准面上的投影为 A_0，A_0 在像片上的成像为 a_0，a_0a 即为因地形起伏引起的像点位移，用 δ_h 表示。令 $na = r_n$（r_n 为 a 点以像底点 n 为中心的向径），$NA_0 = R$（R 为地面点到地底点水平距离），具有位移的像点 a 投影在基准面上为 A'，A_0A'则称为地面上的投影差，用 Δh 表示，根据相似三角形原理可得

$$\frac{\Delta h}{R} = \frac{h}{H - h} \quad \text{(a)}$$

$$\frac{R}{H - h} = \frac{r_n}{f} \quad \text{(b)}$$

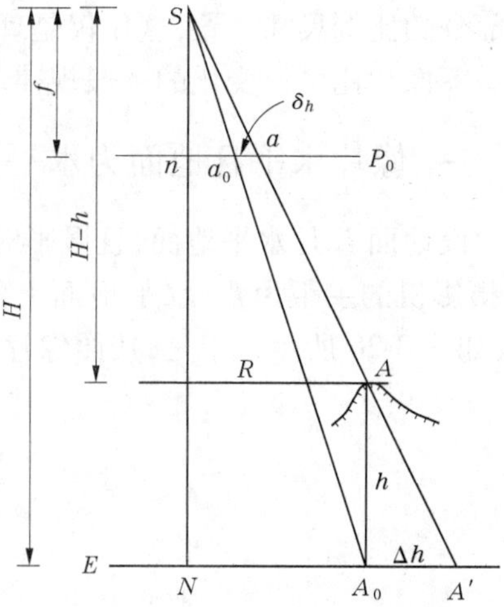

图 3-19　地形起伏引起的像点位移

由于

$$\delta_h = \frac{\Delta h}{m} = \frac{f}{H}\Delta h \quad \text{(c)}$$

利用式(a)、式(b)、式(c)可得

$$\delta_h = \frac{r_n h}{H} \quad \text{(3-34)}$$

该式即为地形起伏引起的像点位移的计算公式。

由式(3-34)可知，地形起伏引起的像点位移 δ_h 在以像底点为中心的辐射线上，当 h 为正时，δ_h 为正，即像点背离像底点方向位移；当 h 为负时，δ_h 为负，即像点朝向像底点方向位移；当 $r_n = 0$ 时，$\delta_h = 0$，说明位于像底点处的像点不存在地形起伏引起的像点位移。

根据式(a)可以得到地面上投影差

$$\Delta h = \frac{Rh}{H - h} \quad \text{(3-35)}$$

可见，由地形起伏引起的像点位移也同样会引起像片比例尺及图形的变形，而且由于像底点不在等比线上，因此综合考虑像片倾斜和地形起伏的影响，像片上任意一点都存在像点位移，且位移的大小随点位的不同而不同，由此导致一张像片上不同点位的比例尺不相等。

第七节　航摄像片的比例尺

地面目标从不同高度,用不同摄影机拍摄的航摄像片其大小是不同的,称为比例尺不同。按照数学上的定义,在航摄像片上某一线段影像的长度与地面上相应线段距离之比,就是航摄像片上该像片的构像比例尺。

由于像片倾斜和地形起伏影响,在中心投影的航摄像片上,在不同的点位上产生不同的像点位移,因此各部分的比例尺是不相同的。只有当像片水平而地面也水平时,像片上各部分的比例尺才一致,这仅仅是理想状态下的特殊情况。现根据不同情形来分析和了解一下像片比例尺变化的一般规律。

一、像片水平且地面为水平面的像片构像比例尺

设地面 E 是水平地面,且摄影时像片保持严格水平,从摄影中心 S 到地面的航高为 H,摄影机的主距为 f。水平地面上的任意线段 AB,在像片 P 上的中心投影构像为线段 ab,如图 3-20 所示。于是,按照像片比例尺的定义,有

$$\frac{1}{m} = \frac{ab}{AB}$$

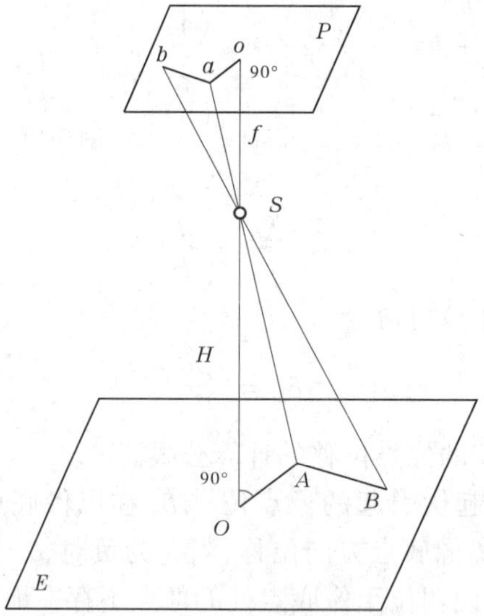

图 3-20　理想状态下的航片比例尺

由相似三角形得

$$\frac{ab}{AB} = \frac{aS}{AS} = \frac{oS}{OS} = \frac{f}{H}$$

因此有

$$\frac{1}{m} = \frac{f}{H} \tag{3-36}$$

所以,当像片水平和地面为水平面的情况下,像片比例尺是一个常数,这个常数就是摄影机主距与航高之比。

二、像片水平而地面有起伏的像片构像比例尺

仍然假设摄影时像片保持水平,地面点 A、B、C、D 在像片上的构像分别为 a、b、c、d,如图 3-21 所示。其中 A、B 两点位于同一水平面 E_1 上,C、D 两点位于起始水平面 E_0 上,摄影中心 S 相对于起始水平面 E_0 的航高为 H,E_1 相对于 E_0 的高差为 h,则 E_0 面上任意线段的构像比例尺为

$$\frac{1}{m_1} = \frac{cd}{CD} = \frac{f}{H}$$

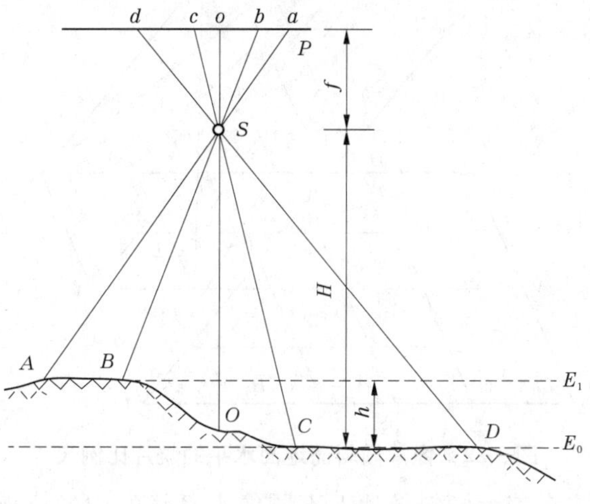

图 3-21　地面有起伏的航片比例尺

而 E_1 面上任意线段的构像比例尺为

$$\frac{1}{m_2} = \frac{ab}{AB} = \frac{f}{H - h}$$

可见,地面有起伏时,水平像片上不同部分的构像比例尺,依线段所在平面的相对航高而改变。若知道起始平面的航高 H 以及线段所在平面相对于起始平面的高差 h,则航摄像片上该线段构像比例尺为

$$\frac{1}{m} = \frac{f}{H - h} \tag{3-37}$$

式中:h 可能为正,也可能为负;起始平面一般取摄区的平均高程平面。

三、像片倾斜而地面为水平面的构像比例尺

如图 3-22 所示,假设在摄影中心 S 摄取某倾斜像片 P,该像片面与水平地面 E 相交于透视轴 tt,摄影方向线为 VV。地平面 E 上有一格网图形 $ABCD$,各边分别与透视轴 tt 和摄影方向线 VV 相平行;该图形在像片上的构像为 $abcd$。则地面上与透视轴平行的诸边在像片上的构像为相互平行的像水平线,而且每条边上的等分线段在像片上的构像还是

彼此相等的；对于地面上与透视轴不平行的等长线段，其构像不在同一像水平线上，构像线段的长度也不相等。可见，每条像水平线上的构像比例尺为常数，而不同水平线上的构像比例尺是各不相同的。

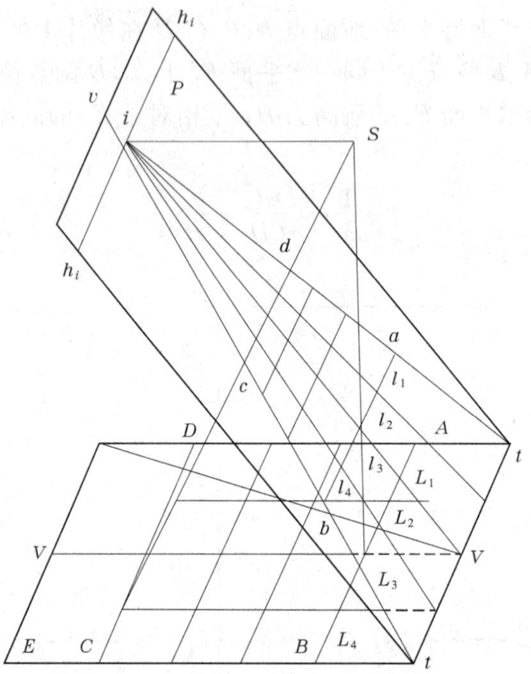

图 3-22 像片倾斜而地面水平的航片比例尺

为了使用量化公式来表示倾斜像片上不同像水平线的构像比例尺的差异，先定义像点的像平面坐标系为：像主点 o 为坐标原点，主纵线 vv 为 y 轴的右手系；地面坐标系为：地底点 N 为坐标原点，摄影方向线 VV 为 Y 轴的右手系。

对于像片上任意一条像水平线的构像比例尺 $1:m_h$，可取像片 P 和地平面 E 上任意一对透视对应点的横坐标 x 和 X 作为有限长度的线段，二者相比可得

$$\frac{1}{m_h}=\frac{x}{X}$$

而 x 与 X 有如下关系（这里仅给出结论）

$$X=\frac{H}{f\cos\alpha-y\sin\alpha}x$$

因此，像水平线上的构像比例尺为

$$\frac{1}{m_h}=\frac{x}{X}=\frac{f}{H}\left(\cos\alpha-\frac{y}{f}\sin\alpha\right) \tag{3-38}$$

式中：x、y 为像点在上面所定义的像平面坐标系中的坐标；X、Y 为对应地面点在上面所定义的地面坐标系中的坐标；f 为摄影机主距；α 为像片倾角；H 为航高。

因此，通过航摄像片上各特征点的水平线上的构像比例尺为：

（1）通过像主点 o 的像水平线 h_oh_o，即主横线上的比例尺，此时 $y=0$，因而

$$\frac{1}{m_{ho}} = \frac{f}{H}\cos\alpha \tag{3-39}$$

(2)通过像底点 n 的像水平线 $h_n h_n$ 上的比例尺，此时 $y = -|on| = -f\tan\alpha$，因而

$$\frac{1}{m_{hn}} = \frac{f}{H\cos\alpha} \tag{3-40}$$

(3)通过等角点 c 的像水平线 $h_c h_c$，即等比线上的比例尺，此时 $y = -|oc| = -f\tan\frac{\alpha}{2}$，因而

$$\frac{1}{m_{hn}} = \frac{f}{H} \tag{3-41}$$

由此可见，在等比线上的构线比例尺等于在同一摄站摄取的理想水平像片的构像比例尺，这就是等比线名称的由来。

除各水平线上的构像比例尺为常数外，其他任何方向线上的构像比例尺都是不断变化的。

综上所述，在地面起伏的倾斜航片上，很难找到构像比例尺完全相同的地方。所以，前面我们所说的像片比例尺 $1/m = f/H$ 只是一个近似值，称为主比例尺，主要供编制计划、管理、计算近似值等应用。

生产实践中，通常无法确切知道像片的构像比例尺，而是根据地面控制点绘制底图的，在单张像片测图和像片调绘时，有时需要知道比较精确的像片比例尺，这时可采用实际测求的方法，即根据地面上两条正交的线段与像片上相应线段之比，求出局部平均比例尺。

第四章　航摄立体像对解析

第一节　立体观察与量测

立体摄影测量基本上是通过对立体像对的观察和量测实现的。像对的立体观察除常用的由眼睛直接进行或通过工具进行外，在科学高度发展的今天也出现了由电子计算机控制的光敏仪器，形成了计算机视觉。计算机视觉是一种仿生系统，在摄影测量自动化中起着重要作用。但是，目前这种系统还不完备，还不足以取代通常的人眼立体观察，其本身的进一步发展也离不开对人眼立体观察的进一步认识。

一、人眼的本能

人的眼睛好像一部照相机，前面的水晶体相当于镜头，后面的网膜相当于感光片。网膜的中央有网膜窝，是视觉最灵敏的地方。网膜窝中心与水晶体后节点的连线叫做眼的视轴。当人眼注视某物点时，视轴会自动地转向该点，使该点构像在网膜窝中心，同时随着物体到人眼的距离自动改变水晶体的曲率，使物体在网膜上的构像清晰。眼睛的这种本能称为眼的调节。

当用双眼观察物体时，两眼会本能地使物体的像落于左、右两网膜窝中心，即视轴交会于所注视的物点上。这种本能称为眼的交会。在生理习惯上，眼的交会动作与眼的调节是同时进行，永远协调的。

二、单眼观察和双眼观察

（一）单眼观察

单眼观察就如同照相机照一张像片一样，把空间立体的景物变成一个平面的构像，单眼观察只能感觉到物体的存在和判断其方向，但不能判别物体的远近。生活中用单眼观察产生的远近（景深差）感觉，是按照透视法则，比较构像大小和明暗适度而得到的，并非真正的立体感。

单眼能够辨别最小物体的能力叫做单眼视力，通常用单眼所能辨别的最小物体对眼睛所张的角值来表示。单眼视力分为两类：辨别点状物体的能力叫做第一类单眼视力，约为 45″；辨别线状物体的能力叫做第二类单眼视力，约为 20″。

（二）双眼观察

当用双眼观察物体时，就能分辨出物体的远近，此时所依据的特征设想为“生理视差”，而不是凭借生活经验所得到的印象。用双眼观察能够判别物体远近（产生立体感觉）的原因可以作如下推述：

当双眼注视 F 点（见图 4-1）时，F 点分别构像于两眼的网膜窝中心 f_1、f_2；距 F 点远近

不同的 A 点和 B 点也分别构像于左、右网膜上的 a_1、a_2 和 b_1、b_2，我们感觉：与 F 点不同距离的点在左、右两网膜上像点的位置相对于网膜中心来说是不同的，例如 a_1、a_2 分别与 f_1、f_2 在眼基线方向的弧长 f_1a_1 和 f_2a_2 是不等的，其差值 $f_1a_1 - f_2a_2 = \eta$ 称为生理视差。若规定弧长在网膜窝中心的左边为正，右边为负，则任一物点如图 4-1 中的 A 点比注视点 F 远时，生理视差 $\eta < 0$，比注视点近（如 B 点）时，$\eta > 0$，而注视点的生理视差为 0。由此可知，由于远近不同的物体在网膜上形成了不等的生理视差，它由视神经传导至大脑皮层的视觉中心，便产生了物体有远近不同的感觉。所以，认为生理视差是产生立体感觉的原因。

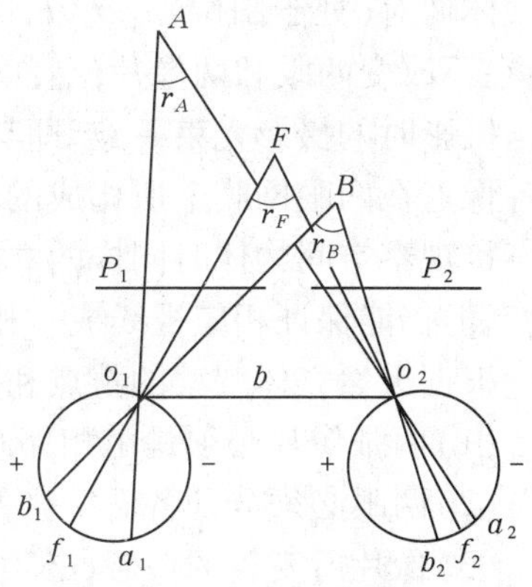

图 4-1　双眼立体观察原理

双眼观察能判别物体有远近的能力，称为双眼视力。通常用两物点（其中一点为注视点）的视差角之差来表示（任一物点的两相应视线的交角称为视差角，如图 4-1 中的 γ）。双眼视力也分为两类：能判别两物点有远近差别的能力叫做第一类双眼视力，经试验约为 30″；能判别平行线有远近差别的能力叫做第二类双眼视力，为 15″～10″。

双眼观察时，如观察点与凝视点前、后距离相差不超过一定范围，则双眼中的构像基本一样，视觉中也自然凝合为一个影像；如果前、后距离相差较大，两个眼中的相应弧距是不相等的，视觉中会出现双影。这个现象是容易观察到的，只要在观察者面前举起两只铅笔，使它们前后相距 15～20 cm，则凝视前面的铅笔时，后面的铅笔为双影；凝视后面的铅笔时，前面的铅笔为双影。经验表明，当观察目标点的视差角与凝视点的视差角之差不大于 70′时，便可以凝合成一个影像，形成立体视觉。由此可见，一定范围内的生理视差是形成立体视觉的原因，也是立体视景深有一定限度的原因。

双眼立体观察中，当被观察的景物远到一定程度时，景物间的远近凭直接观察便不可分了，必须借助背景及其他间接知识方可判断远近，这个远到一定程度的距离就叫做立体观察半径。根据双眼视力的定义可知，如果凝视点的视差角等于双眼视力，那么比凝视点更远的点的视差角必小于双眼视力，所以其远近便不可分辨了。由此可定义：视差角等于双眼视力时的凝视点距离，叫做立体观察半径。

三、像对立体观察

像对的立体观察是摄影测量，特别是立体摄影测量的基础技术手段。下面分别就与摄影测量关系最为密切的像对立体观察的条件、效果，像对立体观察的工具等问题加以讨论。

用双眼直接观察空间物体能有远近感觉的现象，称为天然立体观察。利用立体像对在室内进行双眼观察，也能获得与直接观察空间物体一样的立体感觉，这种现象称为像对立体观察。

（一）像对立体观察的条件

我们设想图 4-2 中的 P_1、P_2 是用同焦距的摄影机使镜头中心位于眼透镜中心而摄得的立体像对(处于阳位)a_1、f_1、b_1 和 a_2、f_2、b_2 为左右像片上像点。现在我们将空间物体移开,在不改变两眼和两像片位置的情况下使每眼各看一张像片,则各像点的视线构成的光束与摄影时的摄影光束一致,即与实际看物体时视线所构成的光束一致。这时立体像对上各像点在两眼网膜上所构成的像和形成的生理视差与直接看实物时一样,因而可得到与直接观察空间物体时同样的立体感觉。由试验可知:如果两眼与像对的相对位置有所改变,但仍能保证相应视线成对相交,就可获得立体效果。

根据天然立体观察的特点和分析,得出像对立体观察应满足的条件有:

(1)两张像片必须是由相邻两摄影站对同一物体摄影所获得的,即要有立体像对。

(2)两眼必须分别各看一张像片,即必须实现分像。

(3)像片所安置的位置,必须使相应视线成对相交,即像片定向,以保证两视线在同一视平面内。

由于在立体观察中,允许左视线和右视线所决定的视平面有一微小夹角,所以上述第(3)条有时可近似满足。此外,良好的立体观察还要求一些附加条件,如同名影像的比例尺差异应尽量小,一般不能大于比例尺的16%。

(二)像对立体观察的效果

进行像对立体观察时,在满足上述条件的情况下,如果像片相对眼睛安放的位置不同,可以得到不同的立体效果,即可能产生正立体、反立体和零立体效应。

1. 正立体

正立体是指观察立体像对时形成的与实地景物起伏(远近)相一致的立体感觉。当左、右眼分别观察置于阳位的立体像对的左、右像片时就产生正立体效应,如图4-2(a)所示。在此基础上将立体像对的两张像片作为一个整体,在它自身平面内旋转180°,观察位置不变。使左眼看右像、右眼看左像,得到的仍是正立体,仅方位相差180°,如图4-2(b)所示。

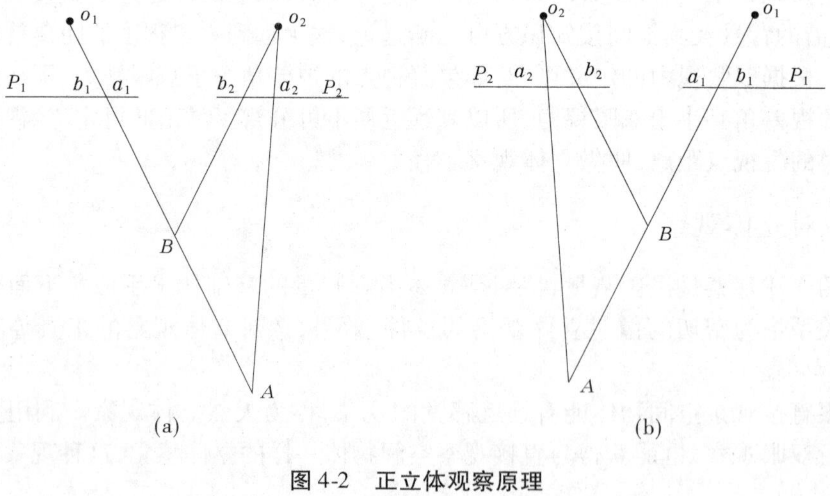

图4-2　正立体观察原理

2. 反立体

反立体是指观察立体像对时产生的与实地景物起伏(远近)相反的一种立体感觉。

在正立体效应图 4-2(a)的基础上，将两张像片在各自平面内旋转 180°或者将左、右像片对调（不旋转）都可以产生反立体，如图 4-3（a）、（b）所示。图 4-3（a）是各自旋转 180°的结果，图 4-3（b）是左、右像片对调的结果。显然，图 4-3（a）和图 4-3（b）这两种反立体的方位是相反的。

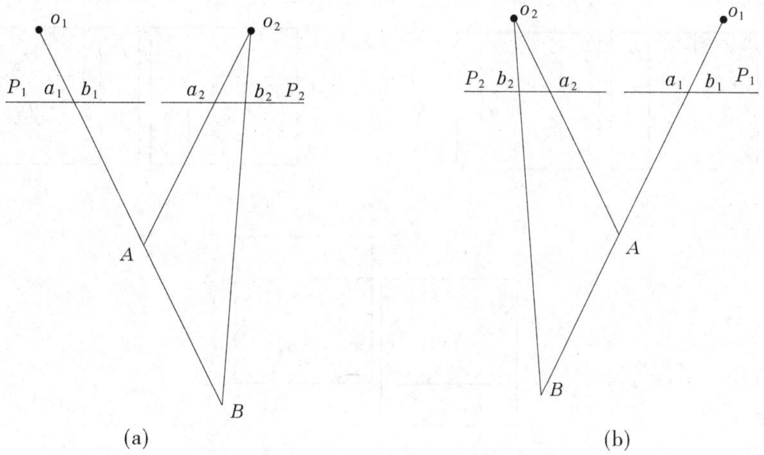

图 4-3　反立体观察

3. 零立体

像对立体观察中形成的原景物起伏（远近）消失了的一种效应，称为零立体效应。这是将立体像对的两张像片各旋转 90°，使同名像点的连线都相等，并且原左右视差方向改变为与眼基线垂直所得到的结果。这时所有同名像点的生理视差都变为零，故消失了远近的感觉。零立体效应并不总是使景物被感觉为平面，对于一般立体像对，当像片转置 90°之后，上下视差将成为左右视差较，形成模型有系统性的起伏变形。这一点在摄影测量的发展过程中曾得到应用。对于起伏很大的景物，由于转置之后左右视差较成为上下视差，所以有可能严重破坏立体观察第(3)个基本条件而得不到清晰的零立体感觉。

3 种立体效应像片的放置位置如图 4-4 所示，图 4-4（a）为正立体，像对影像重叠向内；图 4-4（b）为反立体，重叠向外；图 4-4（c）为零立体。

（三）像对立体观察的工具

像对立体观察必须每眼各看一像，即必须进行分像。肉眼直接观察像对时要达到分像的目的比较困难，这是因为一方面改变了视轴交会于所视物点上的习惯（每眼各看一像），另一方面交会与调节两动作不协调，即交会角随着左右视差的大小不断改变，而观察距离不变始终调节在明视距离上。因此，一般要借助于专门的观察工具，立体摄影测量仪器都具有相应的观察系统。

立体观察最简单的工具是袖珍立体镜，观察较大像幅的像对时用反光立体镜。图 4-5（a）、（b）分别为袖珍立体镜和反光立体镜的光路示意图。

反光立体镜由两对反光平面镜和一对透镜组成，平面镜安置成 45°的倾角。在反光镜下面安置的左右像片上的像点所发出的光线，经反光镜的两次反射后分别进入人的左

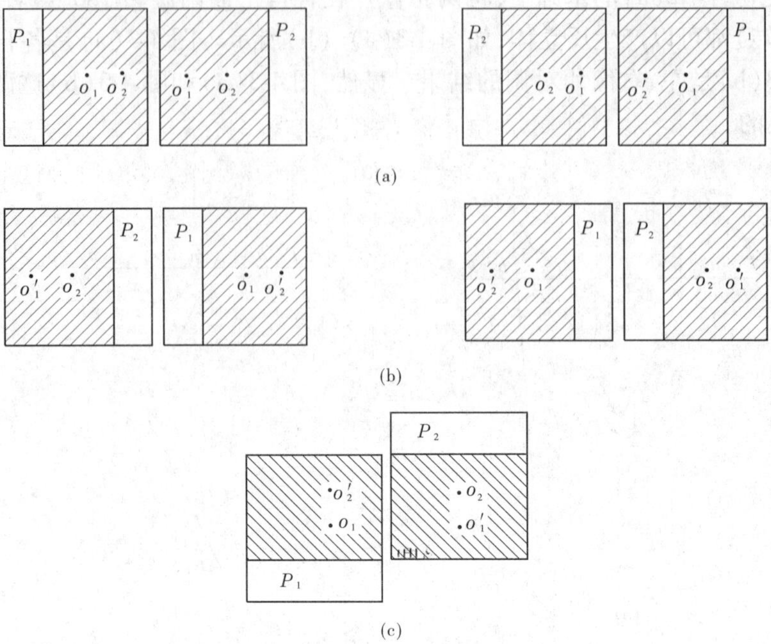

图 4-4　零立体观察

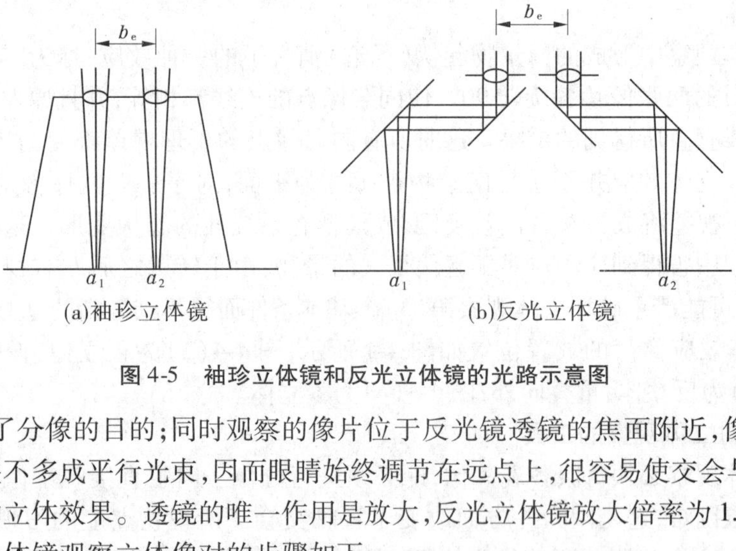

(a)袖珍立体镜　　(b)反光立体镜

图 4-5　袖珍立体镜和反光立体镜的光路示意图

右两眼,达到了分像的目的;同时观察的像片位于反光镜透镜的焦面附近,像点发出的光线经透镜后差不多成平行光束,因而眼睛始终调节在远点上,很容易使交会与调节相适应而得到清晰的立体效果。透镜的唯一作用是放大,反光立体镜放大倍率为 1.5 ~2 倍。

用袖珍立体镜观察立体像对的步骤如下:

(1)将像对按方位线定向。即使两像片上的相应方位线(本片像主点与邻片像主点的相应像点的连线)位于一条直线上。

(2)沿方位线方向使两像片相对地左右移动,以改变像片之间的距离,使相应视线的交角与眼的交会角相适应。

(3)使观察基线与像片上方位线平行,即可进行像对立体观察。

第二节　立体像对基本概念

以单张像片解析为基础的摄影测量通常称为单像摄影测量或平面摄影测量，根据第三章的分析，这种摄影测量不能解决地面目标的三维坐标测定问题，解决这个问题要依靠立体摄影测量。立体摄影测量也称为双像摄影测量，是以立体像对为基础，通过对立体像对的观察和量测确定地面目标的形状、大小、空间位置及性质的一门技术。

由不同摄影站摄取的、具有一定影像重叠的两张像片称为立体像对。下面介绍立体像对与所摄地面间的基本几何关系和部分术语。

图 4-6 表示处于摄影位置的立体像对，S_1、S_2 为两个摄站，角标 1、2 表示左、右。S_1、S_2 的连线叫做摄影基线，记做 B。地面点 A 的投射线 AS_1 和 AS_2 叫做同名光线或相应光线，同名光线分别与两像面的交点 a_1、a_2 叫做同名像点或相应像点。显然，处于摄影位置时同名光线在同一个平面内，即同名光线共面，这个平面叫做核面。广义地说，通过摄影基线的平面都可以叫做核面，通过某一地面点的核面则叫做该点的核面。例如，通过地面点 A 的核面就叫做 A 点的核面，记做 W_A。所以，在摄影时所有的同名光线都处在各自对应的核面内，即摄影时各对同名光线都是共面的，这是关于立体像对的一个重要几何概念。

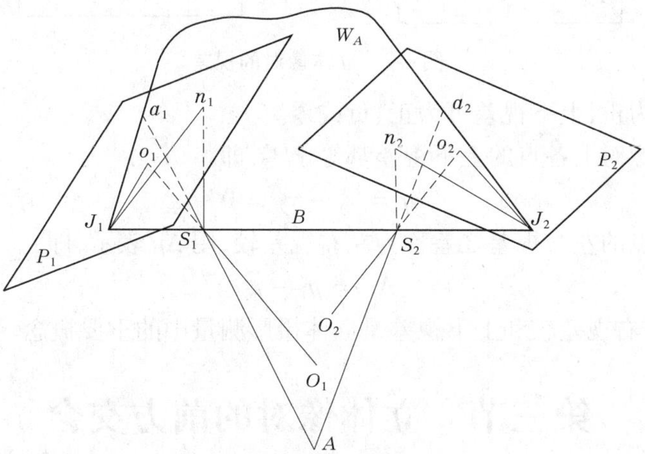

图 4-6　立体像对的点、线、面

通过像底点的核面叫做垂核面，因为左右底点的投射光线是平行的，所以一个立体像对有一个垂核面。过像主点的核面叫做主核面，有左主核面和右主核面。由于两主光轴一般不在同一个平面内，所以左、右主核面一般是不重合的。

基线或其延长线与像平面的交点叫做核点，图 4-6 中 J_1、J_2 分别是左、右像片上的核点。核面与像平面的交线叫做核线，与垂核面、主核面相对应有垂核线和主核线。同一个核面对应的左右像片上的核线叫做相应核线，相应核线上的像点一定是一一对应的，因为它们都是同一个核面与地面切口线上的点的构像。由此得知，任意地面点对应的两条核线是相应核线，左右像片上的垂核线也是相应核线，而左右主核线一般不是相应核线。由于所有核面都通过摄影基线，而摄影基线与像平面相交于一点，即核点，因此像面上所有核线必会聚于核点。与单张像片的解析相联系可知，核点就是空间一组与基线方向平行的直线的合点。

摄影基线水平的两张水平像片组成的立体像对叫做标准式像对。由于通过以像主点为原点的像平面坐标系的坐标轴方向的选择可以使这种像对的两个像空间坐标系、基线坐标系与地辅系之间的相应坐标轴平行，所以也可以说“两个像空间坐标系和基线坐标系各轴均与地辅系相应轴平行的立体像对叫做标准式像对”。

立体像对上相应像点在两像片上的位置是不同的，即在两像片上的像平面坐标是不等的，如图 4-7 所示。这种相应像点的坐标差称为视差。其中横坐标之差称为左右视差，用 p 表示，纵坐标之差称为上下视差，用 q 表示，即

$$\left.\begin{aligned} p &= x_1 - x_2 \\ q &= y_1 - y_2 \end{aligned}\right\} \tag{4-1}$$

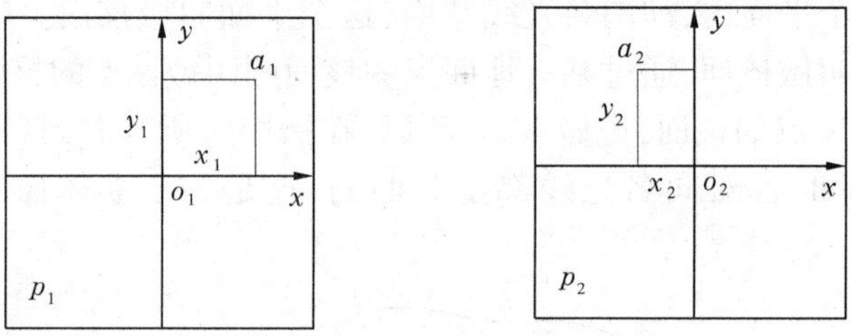

图 4-7　立体像对的视差

左右视差恒为正，上下视差可为正、负或零。

标准式立体像对上各点的上下视差都等于零，即

$$q = y_1^0 - y_2^0 = 0 \tag{4-2}$$

任意两地面点的左右视差之差称为左右视差较，用 Δp 表示，即

$$\Delta p = p_1 - p_2 \tag{4-3}$$

左右视差、左右视差较和上下视差是立体摄影测量中的重要概念。

第三节　立体像对的前方交会

立体像对的相对定向元素已知的情况下，可以确定两张像片间的相对方位，也就是恢复两张像片（光束）在摄影时的相对方位，使其相应光线在各自的核面内成对相交。所有交点的集合便形成了一个与实地相似的几何模型。这些模型点坐标便可在相应的摄影测量坐标系统中计算出来。

利用立体像对两张像片的内外方位元素和同名像点的像坐标解算相应地面点地面坐标的工作，叫做空间前方交会。

一、空间前方交会公式的一般形式

图 4-8 表示一个已恢复了相对方位的立体像对。其中，S 和 S' 代表两个摄站。S -

XYZ 是以左摄站 S 为原点的摄影测量坐标系统。记:

$(\Delta X,\Delta Y,\Delta Z)$——模型点 A 在摄影测量坐标系 $S-XYZ$ 中的坐标;

(X,Y,Z)——模型点 A 在左片上的相应像点 a 在摄影测量坐标系 $S-XYZ$ 中的坐标;

(B_X,B_Y,B_Z)——右摄站 S'在摄影测量坐标系 $S-XYZ$ 中的坐标。

为了推导的方便,我们以右摄站为原点建立一个辅助的摄影测量坐标系 $S'-X'Y'Z'$,并使其三轴分别与上述的摄影测量坐标系 $S-XYZ$ 的三轴平行。现记:

$(\Delta X',\Delta Y',\Delta Z')$——模型点 A 在坐标系 $S'-X'Y'Z'$中的坐标;

(X',Y',Z')——模型点 A 在右片上的相应像点 a'在 $S'-X'Y'Z'$中的坐标。

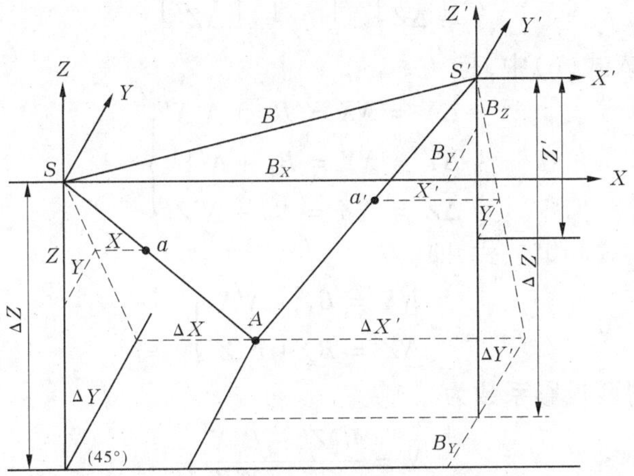

图 4-8　立体像对的空间前方交会

显然,像点 a 在 $S-XYZ$ 中的坐标和相应像点 a'在 $S'-X'Y'Z'$中的坐标分别取决于左右像片在这两个坐标系中的角方位元素。由于这两个坐标系的相应坐标轴平行,因而右片在 $S'-X'Y'Z'$中的角方位元素也就是它在 $S-XYZ$ 中的角方位元素。按空间坐标的旋转变换式(3-10),有

$$\begin{bmatrix}X\\Y\\Z\end{bmatrix}=\boldsymbol{M}\begin{bmatrix}x\\y\\-f\end{bmatrix},\quad\begin{bmatrix}X'\\Y'\\Z'\end{bmatrix}=\boldsymbol{M}'\begin{bmatrix}x'\\y'\\-f\end{bmatrix}$$

式中:$\boldsymbol{M}$ 为左片对 $S-XYZ$ 坐标系的旋转矩阵;$\boldsymbol{M}'$为右片对 $S'-X'Y'Z'$坐标系的旋转矩阵;$(x,y,-f)$为左片像点 a 的像空间坐标;$(x',y',-f)$为右片像点 a'的像空间坐标。

注意,对于连续像对系统,$\boldsymbol{M}=\boldsymbol{E}$(单位阵),而 $\boldsymbol{M}'$相对定向元素中的三个角元素 $(\Delta\bar{\varphi},\Delta\bar{\omega},\Delta\bar{\kappa})$依式(3-13)确定。

下面推导前方交会公式。

由 S、a、A 三点共线,可以写出

$$\begin{bmatrix}\Delta X\\\Delta Y\\\Delta Z\end{bmatrix}=N\begin{bmatrix}X\\Y\\Z\end{bmatrix}\tag{a}$$

又由 S'、a'、A 三点共线，可以写出

$$\begin{bmatrix} \Delta X' \\ \Delta Y' \\ \Delta Z' \end{bmatrix} = N' \begin{bmatrix} X' \\ Y' \\ Z' \end{bmatrix} \tag{b}$$

N 和 N' 叫做投影系数。

因为摄影测量坐标系 $S-XYZ$ 和 $S'-X'Y'Z'$ 之间只是一个平移变换关系，由向量代数，有

$$\begin{bmatrix} \Delta X \\ \Delta Y \\ \Delta Z \end{bmatrix} = \begin{bmatrix} B_X \\ B_Y \\ B_Z \end{bmatrix} + \begin{bmatrix} \Delta X' \\ \Delta Y' \\ \Delta Z' \end{bmatrix} \tag{c}$$

将式(a)、式(b)代入式(c)中，有

$$\left.\begin{aligned} \Delta X &= NX = B_X + N'X' \\ \Delta Y &= NY = B_Y + N'Y' \\ \Delta Z &= NZ = B_Z + N'Z' \end{aligned}\right\} \tag{4-4}$$

取式(4-4)中的第一式和第三式，即

$$\left.\begin{aligned} NX &= B_X + N'X' \\ NZ &= B_Z + N'Z' \end{aligned}\right\}$$

联立求解，即可求得两投影系数为

$$\left.\begin{aligned} N &= \frac{B_X Z' - B_Z X'}{XZ' - X'Z} \\ N' &= \frac{B_X Z - B_Z X}{XZ' - X'Z} \end{aligned}\right\} \tag{4-5}$$

式(4-4)和式(4-5)便是在单模型内计算模型点坐标的公式，称为空间前方交会公式。它是前方交会公式的一般形式，其他某些特定条件下的前方交会公式可以由它改化而来。

由式(4-4)可得 $NY-(B_Y+N'Y')=Q$，Q 叫模型的上下视差，如果立体模型建立，同名光线成对相交，则各点的 Q 值应为零。

二、用标准式像对确定模型点空间坐标的公式

对于标准式立体像对，由于其摄影基线水平，在地辅坐标系中两张像片的角方位元素均为0。此时，若取基线坐标系为摄影测量坐标系 $S-XYZ$，则有 $B_Y=B_Z=0$，$B_X=B$。将这些关系代入式(4-4)，得

$$\begin{bmatrix} \Delta X \\ \Delta Y \\ \Delta Z \end{bmatrix} = N \begin{bmatrix} x_1^0 \\ y_1^0 \\ -f \end{bmatrix} = \begin{bmatrix} B \\ 0 \\ 0 \end{bmatrix} + N' \begin{bmatrix} x_2^0 \\ y_2^0 \\ -f \end{bmatrix} \tag{4-6}$$

$$N = N' = \frac{B}{x_1^0 - x_2^0} = \frac{B}{p^0} \tag{4-7}$$

这就是用标准式像对确定模型点空间坐标的公式。式中 $p^0=x_1^0-x_2^0$ 叫做地面点 A 在

标准式像对上的左右视差。

设以 H 表示摄站对任一地面点 A 的相对航高，则 $H = -\Delta Z$。由式(4-6)的第三式及式(4-7)，可以写出

$$p^0 = \frac{f}{H}B = \frac{1}{M}B \tag{4-8}$$

式中 $M = \frac{H}{f}$ 为像片比例尺分母。由式(4-8)可知，p^0 为按该点像比例尺缩小后的摄影基线长度，称为该点的像片基线。由于地面上各点高低不同，因此摄站对各点的相对航高也不同，各点的像比例尺也不同。在标准式立体像对上，各地面点的左右视差等于按该点像比例尺缩小后的摄影基线长度。这是关于左右视差的重要概念。

三、标准式像对的高差公式

如图 4-9 所示，P_1、P_2 为标准式像对，设地面点 A_1 为起始点，其相对航高为 H_1，左右视差为 p_1^0，A 为任意地面点，其相对航高为 H，左右视差为 p^0，由式(4-8)得

$$H_1 = \frac{B}{p_1^0}f$$

$$H = \frac{B}{p^0}f$$

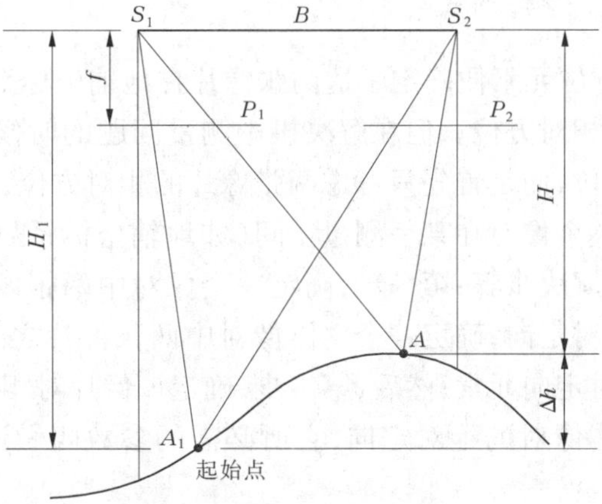

图 4-9　标准式像对的高差

设地面点 A 相对起始点的高差为 Δh，则

$$\Delta h = H_1 - H = \frac{B}{p_1^0}f - \frac{B}{p^0}f = Bf\frac{p^0 - p_1^0}{p_1^0 p^0} = \frac{p^0 - p_1^0}{p^0}H_1 \tag{4-9}$$

定义任意点的左右视差与起始点的左右视差的差值称为左右视差较，以 Δp 表示，即

$$\Delta p = P - P_1 \tag{4-10}$$

对标准式像对，则

$$\Delta p^0 = p^0 - p_1^0, \quad p^0 = p_1^0 + \Delta p^0 \tag{a}$$

将式(a)代入式(4-9)得

$$\Delta h = \frac{\Delta p^0}{p_1^0 + \Delta p^0} H_1 \tag{4-11}$$

$$\Delta p^0 = \frac{\Delta h}{H_1 - \Delta h} p_1^0 \tag{4-12}$$

式(4-12)可用于已知某地面点对起始点的高差 Δh,反求它在标准式像对上的左右视差较 Δp^0。在标准式像对上,Δp^0 相等的点,高程必相等,将 Δp^0 相等的点连接起来,即为等高线。

第四节　立体像对的相对定向元素和立体模型的绝对定向元素

一、概述

由第三章第四节所述内容知,确定一张航摄像片(或摄影光束)在地面辅助坐标系中的方位,需要 6 个外方位元素,即摄站的 3 个坐标和确定摄影光束姿态的 3 个角元素。因此,要确定一个立体像对的两张像片(或光束)在该坐标系中的方位,则需要有 12 个外方位元素,即

左片:$X_{S1}, Y_{S1}, Z_{S1}, \varphi_1, \omega_1, \kappa_1$;

右片:$X_{S2}, Y_{S2}, Z_{S2}, \varphi_2, \omega_2, \kappa_2$。

这两组(12 个)外方位元素便确定了这两张像片在地辅坐标系中的方位,当然也就确定了这两张像片之间的相对方位。但在解决摄影测量问题的时候,我们往往首先关心的不是整个像对的绝对方位,而是首先只考虑两张像片的相对方位,比如右像片相对于左像片的方位,而后再处理整个像对在某一测量空间(如地辅坐标系)中的绝对方位。这就把问题明显地分成了两个解决步骤:第一步,确定一个像对中两张像片间的相对方位,这个过程叫做立体像对的相对定向,确定一个立体像对中两张像片之间的相对方位所需要的参数,叫做该像对的相对定向元素;然后,第二步,确定该像片对相对于地辅坐标系的绝对方位,这个过程叫做立体像对的绝对定向,它所必需的参数叫做该立体像对的绝对定向元素。

为了决定相对定向元素的个数,我们用右片的外方位元素减去左片的外方位元素,得

$$\begin{aligned}
\Delta X_S &= X_{S2} - X_{S1} \\
\Delta Y_S &= Y_{S2} - Y_{S1} \\
\Delta Z_S &= Z_{S2} - Z_{S1} \\
\Delta\varphi &= \varphi_2 - \varphi_1 \\
\Delta\omega &= \omega_2 - \omega_1 \\
\Delta\kappa &= \kappa_2 - \kappa_1
\end{aligned}$$

其中,ΔX_S、ΔY_S、ΔZ_S 为摄影基线 B 在地辅坐标系中的 3 个坐标轴上的投影,称为摄影基线的 3 个分量,通常记为 B_X、B_Y、B_Z,它们决定了基线的方向和长度(见图 4-10):

$$\left.\begin{aligned} B &= \sqrt{B_X^2 + B_Y^2 + B_Z^2} \\ \tan T &= B_Y/B_X \\ \sin V &= B_Z/B \end{aligned}\right\}$$

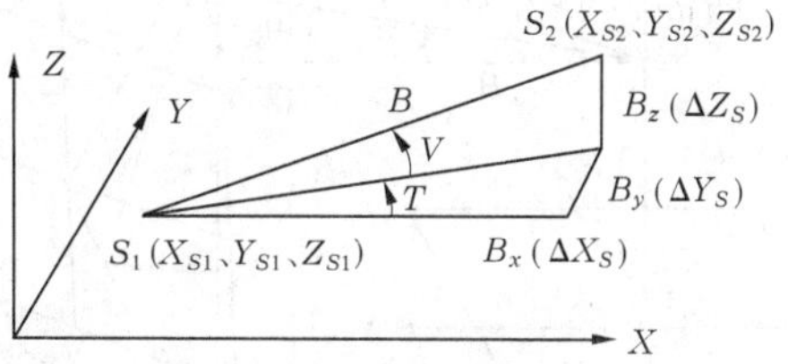

图 4-10　摄影基线在地辅坐标系中的投影

因此，B_X、B_Y、B_Z 这 3 个元素可用 B（或 B_X）、T、V 这三个元素来代替。

但是我们并不关心基线 B 的长度，因为它只影响模型的比例尺，并不影响两张像片之间的相对方位。于是，确定两张像片（光束）间相对方位的元素便只需要下述的 5 个，即 T、V、$\Delta\varphi$、$\Delta\omega$、$\Delta\kappa$。

在确定了两张像片（光束）的相对方位之后，如果再知道了左片（或右片）的 6 个外方位元素和基线 B（或 B_X）的长度，就可以按前面的关系求出右像片（或左像片）的外方位元素。于是，这 7 个参数就叫做立体像对（或模型）的绝对定向元素。

但是，在摄影测量的生产作业中，立体像对的相对定向和绝对定向总是与一定的仪器和作业方法相联系的，通常我们并不直接采用上述的立体像对的相对定向和绝对定向元素。

下面介绍摄影测量中常用的两种相对定向元素系统。

二、立体像对的相对定向元素

相对定向元素与摄影测量坐标系的选择有关，对于不同的摄影测量坐标系，相对定向元素可以有不同的选择。下面介绍两种常用的相对定向元素系统。

（一）连续像对相对定向元素系统

这一系统是把立体像对中的左像片平面当做一个假定的水平面，而求右像片相对于左片的相对方位。这也就是说，这种相对定向元素系统是以左片的像空间坐标系 $S_1 - x_1y_1z_1$ 作为参照基准的。

如图 4-11 所示，现取左像片的像空间坐标系为 $S_1 - x_1y_1z_1$ 作为我们的摄影测量坐标系 $S_1 - XYZ$，则可认为左片在此摄影测量坐标系 $S_1 - XYZ$ 中的外方位元素全部为零。因此，右片对于左像片的相对定向元素，就是右片在摄影测量坐标系 $S_1 - XYZ$ 中的所谓外方位元素（由于这里的外方位元素并不一定是对地辅坐标系而言的，所以加上所谓二字）。因此，连续像对相对定向元素系统由下述 5 个元素组成（见图 4-11）：$\bar{T}$、$\bar{V}$、$\Delta\bar{\varphi}$、$\Delta\bar{\omega}$、$\Delta\bar{\kappa}$。

今做一坐标系 $S_2 - X'Y'Z'$ 与摄影测量坐标系 $S_1 - XYZ$ 的各轴平行，则各相对定向元素定义分别如下：

$\bar{T}$ 为摄影基线 B 在 XY 坐标面上的投影与 X 轴的夹角；

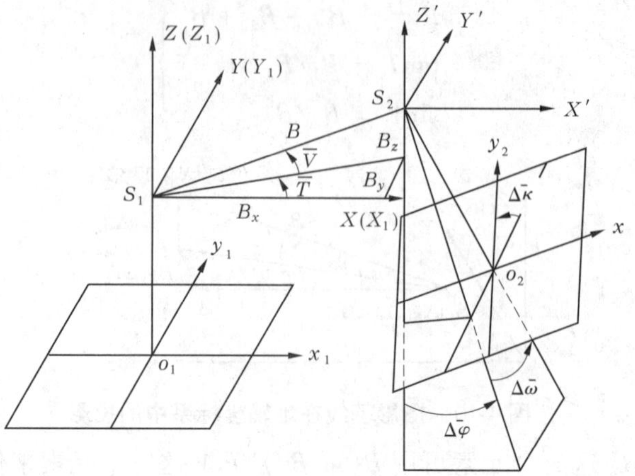

图 4-11　连续像对相对定向元素

$\bar{V}$ 为摄影基线 B 与 XY 坐标面之间的夹角；

$\Delta\bar{\varphi}$ 为右像片主光轴 S_2O_2 在 $X'Z'$ 坐标面上的投影与 Z' 轴的夹角；

$\Delta\bar{\omega}$ 为右像片主光轴 S_2O_2 与 $X'Z'$ 坐标面之间的夹角；

$\Delta\bar{\kappa}$ 为 Y' 轴在右像片平面上的投影与右像片像平面坐标系 y_2 轴之间的夹角。

各元素均从坐标轴或坐标面起算（$\Delta\bar{\kappa}$ 从 Y' 轴在右像片上的投影起算），图 4-11 中所示的方向均为正。

以上 5 个元素中，$\bar{T}$ 和 $\bar{V}$ 确定了摄影基线在摄影测量坐标系 S_1-XYZ 中的方向；$\Delta\bar{\varphi}$ 和 $\Delta\bar{\omega}$ 确定了右光束的主光轴 S_2O_2 在摄影测量坐标系中的方向，因而也就确定了两光束的主光轴间的相对方位；$\Delta\bar{\kappa}$ 确定了右像片在其自身平面内的旋转，即右光束绕其主光轴的旋转。

由于这种相对定向元素系统是以左像片的像空间坐标系为参照基准的，因此可以脱离地面辅助坐标系而独立地确定两个光束的相对方位。这种相对定向元素系统的特点是，在相对定向过程中，只需移动或旋转其中一张像片（或光束），另一个则始终固定不变。

由上述可知，连续像对系统的相对定向元素可以理解为右光束（或右像片的像空间坐标系）在左像片像空间坐标系中的“外方位元素”（基线 B 或 B_X 可为任意假定值）。广义地说，连续像对系统的相对定向元素可认为是以左像片（左光束）为基准的相对定向元素。假如左像片在某一给定的摄影测量坐标系中的角方位元素是已知的，则可用该摄影测量坐标系为基准。此时右像片（右光束）在该摄影测量坐标系中的“外方位元素”（基线 B 或 B_X 可为任意假定值）仍叫做连续像对系统的相对定向元素，不过这时的相对定向元素是对该摄影测量坐标系而言的。由于左像片在该坐标系中的角方位元素为已知值，因而也就确定了两光束间的相对方位。例如，左像片在 $S-XYZ$ 中的角方位元素（$\varphi_1,\omega_1,\kappa_1$）为已知值，右像片在 $S-XYZ$ 中的“外方位元素”为 B_X、B_Y、B_Z、φ_2、ω_2、κ_2，则 B_Y、B_Z、φ_2、ω_2、κ_2 就是连续像对系统的相对定向元素，或用 T、V、φ_2、ω_2、κ_2 作为相对定向元素。

（二）单独像对相对定向元素系统

在这一系统中，将摄影测量坐标系的坐标原点定在摄站 S_1，其 X 轴与摄影基线 B 重合,Z 轴在左主核面内,如图 4-12 所示。我们把这一种摄影测量坐标系叫做基线坐标系。所以说,单独像对相对定向元素系统是以基线坐标系为参考基准的。

由于两个摄站 S_1 和 S_2 都在 X 轴上,它们之间的长度又无关紧要,可以为任一常数,因而两摄站之间的相对位置便可很简单地以任意比例尺确定下来。现在的问题是如何规定两光束在基线坐标系统中的姿态。因此,单独像对相对定向元素系统由 5 个元素 τ_1、κ_1、ε、τ_2、κ_2 组成。

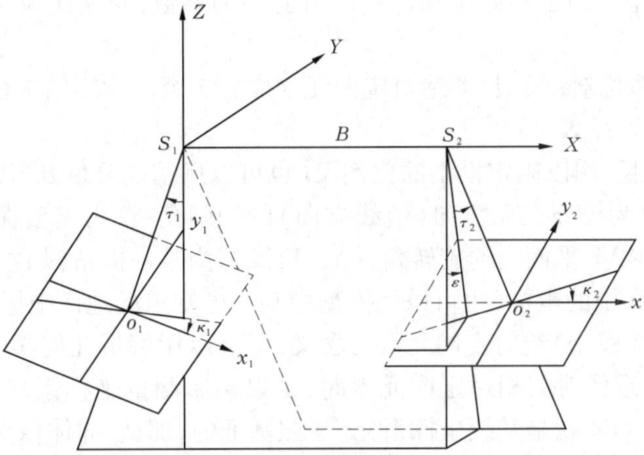

图 4-12　单独像对相对定向元素

其中:τ_1 为左主核面(即 XZ 面)上左主光轴与摄影基线的垂线(即 Z 轴)之间的夹角,由垂线起算,顺着坐标轴正向看,逆时针为正,图 4-12 中为负。κ_1 为左像片上左主核线与像平面坐标系 x_1 轴间的夹角,由左主核线起算,逆时针至 x_1 轴正方向为正,图 4-12 中 κ_1 角为负值。ε 为左右两像片主核面之间的夹角。由左主核面起算,图 4-12 中箭头所示的方向为正。τ_2 为右主核面上右主光轴与摄影基线 B 的垂线之间的夹角,由垂线起算,其方向正负与 τ_1 相同。图 4-12 中 τ_2 角为正值。κ_2 为右像片上右主核线与像平面坐标系 x_2 轴间的夹角,由右主核线起算,正负号规定与 κ_1 相同。图 4-12 中 κ_2 为负值。

上述 5 个元素中,ε 可以确定两主核面间的相对位置;τ_1 和 τ_2 可分别确定两主光轴对基线的相对位置;κ_1 和 κ_2 可分别确定两张像片在其自身平面内的旋转,即控制两光束分别绕其主光轴旋转。所以,用这 5 个元素也可以确定两光束的相对方位。这种系统的特点是确定两光束相对方位时,要分别转动两光束来实现。它们同样与地面辅助坐标系无关。

相对定向元素的单独像对系统是以基线坐标系为基准的,从这方面来理解,可以认为 ε、τ_2 和 κ_2 是右光束(右片)在基线坐标系中的"外方位"角元素;τ_1 和 κ_1 是左光束(左片)在基线坐标系中的"外方位"角元素。它们的旋转顺序与第二种外方位角元素系统一致,即以 X 轴作为第一旋转轴(主轴),以 Y 轴作为第二旋转轴。而连续系统的旋转顺序是与第一种外方位角元素系统相一致的。

三、立体像对(模型)的绝对定向元素

由前一节的内容知,在恢复了立体像对的两张像片(光线束)的相对方位之后,相应

光线必在其核面内成对相交，这些交点的总和，形成了一个与实地相似的几何模型。不过，由于相对定向元素系统是以摄影测量坐标系（例如基线坐标系）为参照基准的，是独立于地面辅助坐标系的，因此它在地辅坐标系中的方位是任意的，模型的比例尺也是任意的。在恢复了立体像对的相对方位之后，我们可以把立体像对的两个光束及其相应光线相交而构成的立体模型作为一个整体看待。

在恢复立体像对的两张像片（光束）的相对方位的基础上，用来确定立体像对（立体模型）在地辅坐标系中的正确方位和比例尺所需要的参数，叫立体像对（立体模型）的绝对定向元素。

前已述及，立体像对（模型）的绝对定向元素应有 7 个。常用的 7 个元素是：

$B, X_S, Y_S, Z_S, \Phi, \Omega, K$

B 为摄影基线长，用以确定模型的比例尺（也可以用基线分量 B_X 代替，或用模型的比例尺分母代替）；Φ 为模型在 X 方向（航线方向）的倾斜角；Ω 为模型在 Y 方向（旁向）的倾斜角；K 为模型在 XY 平面内的旋转角；(X_S, Y_S, Z_S) 为某一摄站（如左摄站）在地面辅助坐标系 $O_T-X_TY_TZ_T$ 中的坐标（也可以用模型中某一已知点的地面坐标）。

上述立体像对（模型）绝对定向元素的含义，还可以用解析几何学中坐标变换的方法来分析。假如在确定像对的相对定向元素时，是以摄影测量坐标系 $S-XYZ$（比如，在单独像对系统中，$S-XYZ$ 就是基线坐标系）为参照基准的，那么，立体像对（模型）的绝对定向元素就是确定摄影测量坐标系 $S-XYZ$ 在地辅坐标系 $O_T-X_TY_TZ_T$ 中的方位和统一长度单位所需要的参数。为此，就需要有下述的参数：

(Φ, Ω, K) 为摄影测量坐标系 $S-XYZ$ 对于地辅坐标系 $O_T-X_TY_TZ_T$ 的 3 个旋转角；

(X_S, Y_S, Z_S) 为摄影测量坐标系 $S-XYZ$ 的坐标原点 S 在地辅坐标系 $O_T-X_TY_TZ_T$ 中的坐标；

λ 为两坐标系的单位长度的比值，也就是模型的比例尺分母。

这样，立体像对的绝对定向元素为下述 7 个：$\lambda, X_S, Y_S, Z_S, \Phi, \Omega, K$。

第五节　立体像对的相对定向

恢复立体像对中两张像片（或光束）间的相对方位的过程，叫做立体像对的相对定向。在第一节讲述立体像对的基本定义时，我们已经知道，相应光线和摄影基线共处于一个核面内，这也是恢复立体像对的相对方位的几何条件，称为共面条件。共面条件的解析表达，叫共面条件方程。

一、共面条件方程的一般形式

如图 4-13 所示，在摄影站 S 和 S' 处摄取一个立体像对 PP'，任一地面点 A 在像片 P 和 P' 上的相应像点分别为 a 和 a'。图 4-13 中 $S-XYZ$ 为所选定的摄影测量坐标系。过 S' 作一辅助的摄影测量坐标系 $S'-XYZ$，使其各坐标轴与 $S-XYZ$ 的相应坐标轴平行。设

(X, Y, Z) 为 a 点在坐标系 $S-XYZ$ 中的坐标；

(X', Y', Z') 为 a' 点在坐标系 $S'-XYZ$ 中的坐标；

(B_X, B_Y, B_Z)为S'点在坐标系$S-XYZ$中的坐标。

则由向量代数知，向量$\overrightarrow{SS'}$，$\overrightarrow{Sa}$和$\overrightarrow{S'a'}$共面（即S、S'、a、a'四点共面）的充要条件是它们所组成的数量向量积等于零，即

$$\overrightarrow{SS'} \cdot (\overrightarrow{Sa} \times \overrightarrow{S'a'}) = 0 \tag{4-13}$$

这就是共面条件方程的向量表达式。其相应的坐标表达形式为

$$\begin{vmatrix} B_X & B_Y & B_Z \\ X & Y & Z \\ X' & Y' & Z' \end{vmatrix} = 0 \tag{4-14}$$

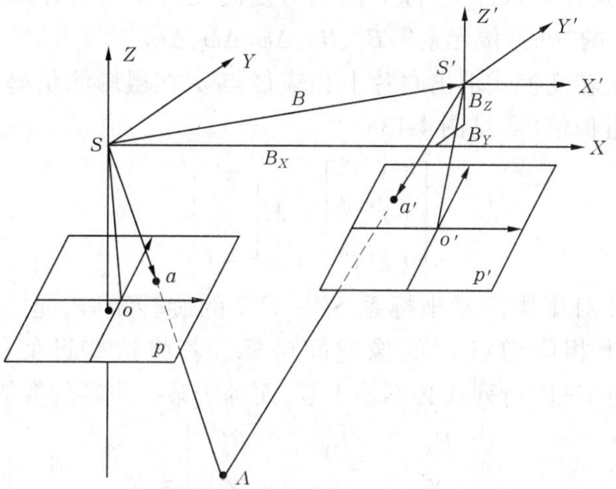

图 4-13　连续像对定向共面条件

它的几何解释是由此三向量所形成的平行六面体的体积必须等于零，由此保证这一对相应光线共处于一个核面之内，成对相交。

当然，式(4-14)还可以改化成其他的表达形式。如将式(4-14)按第一行元素展开，有

$$B_X \begin{vmatrix} Y & Z \\ Y' & Z' \end{vmatrix} - B_Y \begin{vmatrix} X & Z \\ X' & Z' \end{vmatrix} + B_Z \begin{vmatrix} X & Y \\ X' & Y' \end{vmatrix} = 0$$

即

$$[B_X, B_Y, B_Z] \begin{bmatrix} YZ' - Y'Z \\ X'Z - XZ' \\ XY' - X'Y \end{bmatrix} = 0$$

因

$$\begin{bmatrix} YZ' - Y'Z \\ X'Z - XZ' \\ XY' - X'Y \end{bmatrix} = \begin{bmatrix} 0 & -Z & Y \\ Z & 0 & -X \\ -Y & X & 0 \end{bmatrix} \begin{bmatrix} X' \\ Y' \\ Z' \end{bmatrix}$$

故

$$[B_X, B_Y, B_Z] \begin{bmatrix} 0 & -Z & Y \\ Z & 0 & -X \\ -Y & X & 0 \end{bmatrix} \begin{bmatrix} X' \\ Y' \\ Z' \end{bmatrix} = 0 \tag{4-15}$$

这是共面方程的另一表达形式，这一表达式和方程式(4-13)的向量表达式是对应的。

二、连续像对系统相对定向元素的计算

（一）共面条件方程的线性化

连续像对系统相对定向元素的计算是以共面条件方程为依据的。但是，共面方程式(4-15)是立体像对方位元素的非线性函数。为了能够按照最小二乘法平差的原理解算出相对定向元素的最小二乘解，需要首先将共面方程式(4-15)线性化。

在连续像对相对定向中，总认为左方像片在摄影测量坐标系 $S-XYZ$ 中是固定不动的，只移动或旋转右方像片就行了。也就是说，左方像片在 $S-XYZ$ 中的角方位元素是已知的。所以，左像片上像点的摄影测量坐标 X、Y、Z 也是已知的。基线分量 B_X 可任意给定，是一个常数。在这样的条件下，像对的相对定向元素便是右方像片（光束）对于摄影测量坐标系 $S-XYZ$ 的“外方位元素”：B_Y、B_Z、$\Delta\bar{\varphi}$、$\Delta\bar{\omega}$、$\Delta\bar{\kappa}$。

依空间坐标的旋转变换式求出右片上相应像点 a' 在摄影测量坐标系 $S'-XYZ$ 中的坐标(X',Y',Z')的近似值（参见图4-13）

$$\begin{bmatrix}(X')^0\\(Y')^0\\(Z')^0\end{bmatrix}=\boldsymbol{M}\begin{bmatrix}x'\\y'\\-f\end{bmatrix}$$

其中，$\boldsymbol{M}'$ 为右片对摄影测量坐标系 $S'-XYZ$ 的旋转矩阵，是 $\Delta\bar{\varphi}$、$\Delta\bar{\omega}$、$\Delta\bar{\kappa}$ 的函数；$(x',y',-f)$ 是右片上相应像点 a' 的像空间坐标。若将这些近似值代入到共面方程式(4-14)中，则左方的三阶行列式必不等于零，而等于某一非零的数值 R，则有

$$\begin{vmatrix}B_X & B_Y^0 & B_Z^0\\X & Y & Z\\(X')^0 & (Y')^0 & (Z')^0\end{vmatrix}=R \tag{a}$$

这就表明，此时没有满足共面条件。要使共面条件得以满足，必须在相对定向元素的近似值中加入相应的改正数，即有

$$\begin{vmatrix}B_X & B_Y+\mathrm{d}B_Y & B_Z+\mathrm{d}B_Z\\X & Y & Z\\X'+\mathrm{d}X' & Y'+\mathrm{d}Y' & Z'+\mathrm{d}Z'\end{vmatrix}=0 \tag{b}$$

注意，从式(b)开始，为符号的简便起见，省去了代表近似值的括号和角符“^{0}”，但应明确式中的 B_X、B_Z、X'、Y'、Z' 都是近似值。

将式(b)展开，略去二次微小项，有

$$\begin{vmatrix}B_X & B_Y & B_Z\\X & Y & Z\\X' & Y' & Z'\end{vmatrix}+\begin{vmatrix}0 & \mathrm{d}B_Y & \mathrm{d}B_Z\\X & Y & Z\\X' & Y' & Z'\end{vmatrix}+\begin{vmatrix}B_X & B_Y & B_Z\\X & Y & Z\\\mathrm{d}X' & \mathrm{d}Y' & \mathrm{d}Z'\end{vmatrix}=0 \tag{c}$$

参照旋转变换的微分关系展开，可以写出

$$\begin{bmatrix}\mathrm{d}X'\\\mathrm{d}Y'\\\mathrm{d}Z'\end{bmatrix}=\begin{bmatrix}0 & -\mathrm{d}\Delta\kappa & -\mathrm{d}\Delta\varphi\\\mathrm{d}\Delta\kappa & 0 & -\mathrm{d}\Delta\omega\\\mathrm{d}\Delta\varphi & \mathrm{d}\Delta\omega & 0\end{bmatrix}\begin{bmatrix}X'\\Y'\\Z'\end{bmatrix} \tag{d}$$

将式(d)代入式(c)中,得

$$\begin{vmatrix} B_X & B_Y & B_Z \\ X & Y & Z \\ X' & Y' & Z' \end{vmatrix} + \begin{vmatrix} 0 & dB_Y & dB_Z \\ X & Y & Z \\ X' & Y' & Z' \end{vmatrix} +$$

$$\begin{vmatrix} B_X & B_Y & B_Z \\ X & Y & Z \\ -Y'd\Delta\kappa - Z'd\Delta\varphi & X'd\Delta\kappa - Z'd\Delta\varphi & X'd\Delta\varphi + Y'd\Delta\omega \end{vmatrix} = 0$$

按相对定向元素集项,将上式整理成如下的形式

$$\begin{vmatrix} B_X & B_Y & B_Z \\ X & Y & Z \\ 0 & -Z' & Y' \end{vmatrix} d\omega + \begin{vmatrix} B_X & B_Y & B_Z \\ X & Y & Z \\ -Z' & 0 & X' \end{vmatrix} d\Delta\varphi + \begin{vmatrix} B_X & B_Y & B_Z \\ X & Y & Z \\ -Y' & X' & 0 \end{vmatrix} d\Delta\kappa -$$

$$\begin{vmatrix} X & Z \\ X' & Z' \end{vmatrix} dB_Y + \begin{vmatrix} X & Y \\ X' & Y' \end{vmatrix} dB_Z + R = 0 \tag{e}$$

其中 R 如式(a)所示。式(e)就是共面条件方程的线性化形式。

使用 $\Delta\varphi$、$\Delta\omega$、$\Delta\kappa$ 等3个角元素为独立参数构成各片的旋转矩阵 $\boldsymbol{M}'$ 将会用到许多角函数的运算,不大方便。为了计算便利起见,在近似垂直摄影的情况下,像片的倾斜角一般很小,我们直接取用3个独立的方向余弦作为独立参数,以取代 $\Delta\varphi$、$\Delta\omega$、$\Delta\kappa$ 等三个角元素。为此,可作如下的代换:$da_2 = -d\Delta\kappa$,$da_3 = -d\Delta\varphi$,$db_3 = -d\Delta\omega$。

此外,在线性化的共面条件方程式(e)中,dB_Y 和 dB_Z 是长度值,而 $d\Delta\varphi$、$d\Delta\omega$、$d\Delta\kappa$ 是角度值,在迭代运算的过程中不便于统一规定限差的标准。为此,再作如下的代换:$T = B_Y/B_X$,$B_Y = B_X T$,$db_Y = B_X dT$;$v = B_Z/B_X$,$B_Z = B_X v$,$db_Z = B_X dv$。

经过上述的代换以后,便得到作业中广泛使用的线性化共面条件方程式为

$$\begin{vmatrix} B_X & B_Y & B_Z \\ X & Y & Z \\ 0 & Z' & -Y' \end{vmatrix} db_3 + \begin{vmatrix} B_X & B_Y & B_Z \\ X & Y & Z \\ Z' & 0 & -X' \end{vmatrix} da_3 + \begin{vmatrix} B_X & B_Y & B_Z \\ X & Y & Z \\ Y' & -X' & 0 \end{vmatrix} da_2 -$$

$$\begin{vmatrix} X & Z \\ X' & Z' \end{vmatrix} B_X dT + \begin{vmatrix} X & Y \\ X' & Y' \end{vmatrix} B_X dv + R = 0 \tag{4-16}$$

式(4-16)可改化为下列形式,具体推导过程从略。

$$(\Delta Z' + \frac{\Delta Y'\Delta Y'}{\Delta Z'})db_3 + \frac{\Delta X'\Delta Y'}{\Delta Z'}da_3 - \Delta X' da_2 + B_X dT - B_X \frac{\Delta Y'}{\Delta Z'}dv - Q = 0 \tag{4-17}$$

其中

$$Q = -B_Y + NY - N'Y' \tag{4-18}$$

$(\Delta X', \Delta Y', \Delta Z')$ 是模型点在以右方摄站 S' 为原点的摄影测量坐标系 $S'-XYZ$ 中的坐标。

(二)连续像对相对定向元素的计算过程

(1)输入原始数据。

①定向点的像坐标(x_i, y_i)和(x_i', y_i'),$i = 1,2,3,\cdots,n(n \geqslant 5)$;

②航摄仪主距 f;

③已知的左片的旋转矩阵 $\boldsymbol{M}$;

④绘定的模型基线分量 B_X（一般可任意给定为某一适当的常数）。

（2）确定相对定向元素的初始近似值。

在近似垂直摄影的情况下，这 5 个相对定向元素的近似值通常可给定为零。

（3）由 b_3、a_3、a_2 的近似值计算右片的旋转矩阵 $\boldsymbol{M}'$。

（4）计算左片和右片相应像点的摄影测量坐标。

$$\begin{bmatrix} X \\ Y \\ Z \end{bmatrix} = \boldsymbol{M}\begin{bmatrix} x \\ y \\ -f \end{bmatrix}, \quad \begin{bmatrix} X' \\ Y' \\ Z' \end{bmatrix} = \boldsymbol{M}'\begin{bmatrix} x' \\ y' \\ -f \end{bmatrix} \tag{4-19}$$

（5）按式（4-19）逐点组成误差方程式，并逐点地加以法化，以形成法方程式。其中所用到的模型坐标（$\Delta X, \Delta Y, \Delta Z$）和（$\Delta X', \Delta Y', \Delta Z'$）等数据按空间前方交会的公式（4-4）和式（4-5）计算。

（6）答解法方程，求出相对定向元素近似值的改正数。

（7）计算改正后的相对定向元素值。

$$\begin{bmatrix} b_3 \\ a_3 \\ a_2 \\ T \\ v \end{bmatrix}^{k+1} = \begin{bmatrix} b_3 \\ a_3 \\ a_2 \\ T \\ v \end{bmatrix}^{k} + \begin{bmatrix} \mathrm{d}b_3 \\ \mathrm{d}a_3 \\ \mathrm{d}b_2 \\ \mathrm{d}T \\ \mathrm{d}v \end{bmatrix}^{k+1} \tag{4-20}$$

这里的 k 代表迭代的次数。

（8）重复上述（3）～（7）各步骤的计算过程，直到所求出的相对定向元素的改正数小于规定的限差，即可以忽略。这时，就把最后一次迭代计算所求得的改正后的相对定向元素值作为该像对的相对定向元素的精确值使用。

第六节　立体模型的绝对定向

当一个立体像对完成相对定向之后，相应光线在各自的核面内成对相交，其交点的集合便形成了一个与实地相似的几何模型。这些模型点在摄影测量坐标系（有时亦称为模型坐标系）中的坐标，可用空间前方交会的方法计算出来。但是，这样建立的模型是相对于摄影测量坐标系统的，它在地面坐标系统中的方位是未知的，其比例尺也是任意的。现在的问题就是要确定立体模型在地面坐标系中的正确方位和比例尺归化因子，从而确定出各模型点所对应的地面点在地辅坐标系中的坐标，这项工作就叫做立体模型的绝对定向。

把模型点的摄影测量坐标变换成相应地面点的地面坐标，包含三方面内容：一是模型坐标系对于地辅坐标系的旋转，二是模型坐标系对于地辅坐标系的平移，三是确定模型缩放的比例尺因子（见图 4-14）。现在，假定某模型点在模型坐标系统中的坐标为（X, Y, Z），其对应的地面点在地辅坐标系中的坐标为（X_T, Y_T, Z_T），那么上述变换在数学上可表达为

$$\begin{bmatrix} X_T \\ Y_T \\ Z_T \end{bmatrix} = \lambda\begin{bmatrix} a_1 & a_2 & a_3 \\ b_1 & b_2 & b_3 \\ c_1 & c_2 & c_3 \end{bmatrix}\begin{bmatrix} X \\ Y \\ Z \end{bmatrix} + \begin{bmatrix} X_0 \\ Y_0 \\ Z_0 \end{bmatrix} \tag{4-21}$$

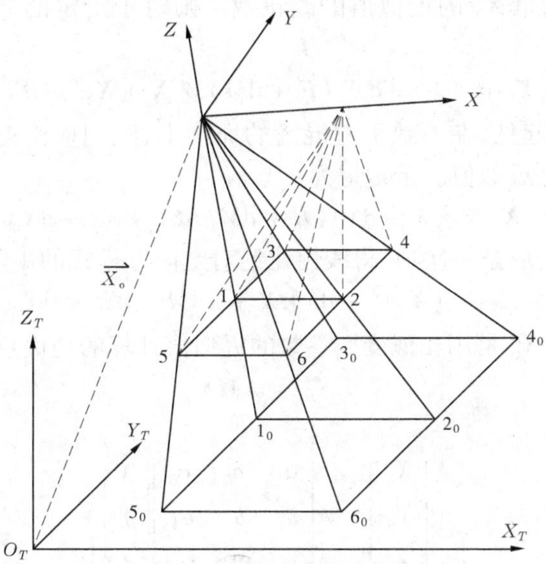

图 4-14　摄影测量坐标与地面摄影测量坐标的转换

这在数学上通称为三维空间的相似变换。记

$X_T=(X_T\quad Y_T\quad Z_T)^{\mathrm{T}}$ 代表模型点所对应的地面点在地辅坐标系中的坐标列向量；

$X=(X\quad Y\quad Z)^{\mathrm{T}}$ 代表模型点在模型坐标系中的坐标列向量；

$X_0=(X_0\quad Y_0\quad Z_0)^{\mathrm{T}}$ 代表模型坐标系原点在地辅坐标系中的位置向量；

$\boldsymbol{M}=\begin{bmatrix} a_1 & a_2 & a_3 \\ b_1 & b_2 & b_3 \\ c_1 & c_2 & c_3 \end{bmatrix}$ 代表模型坐标系对于地辅坐标系的旋转矩阵（它有 3 个独立参数）；

则式(4-21)可用矩阵符号简写为

$$\boldsymbol{X}_T = \lambda \boldsymbol{M}\boldsymbol{X} + \boldsymbol{X}_0 \tag{4-22}$$

式(4-21)或式(4-22)便是立体模型绝对定向用的严格的数学方程式。在这个方程式中共有 7 个变换参数:3 个平移参数 $X_0Y_0Z_0$；构成旋转矩阵 $\boldsymbol{M}$ 的 3 个独立的角元素，习惯上都用 Φ、Ω、K 表示；再一个就是比例尺归化因子 λ。我们称这 7 个参数为模型的绝对定向元素。

显然，如果 7 个绝对定向元素（或称相似变换的 7 个变换参数）为已知，就可以按照式(4-21)将模型点的摄影测量坐标归算成相应地面点的地面坐标。

现在的问题是如何求出这 7 个绝对定向元素。通常都是通过一定数量的控制点反求的。但是由于式(4-21)所表达的三维空间相似变换是变换参数的非线性函数，为了适应于最小二乘法平差运算，必须首先将式(4-21)线性化。为了推导的简单起见，我们从式(4-22)出发。今设 λ^0 为比例尺因子 λ 的近似值；$\mathrm{d}\lambda$ 为比例尺因子 λ 的近似值的改正数；$\boldsymbol{M}^0$ 为旋转矩阵 $\boldsymbol{M}$ 的近似值（应是正交的）；$\boldsymbol{E}+\mathrm{d}\boldsymbol{M}$ 为旋转矩阵近似值 $\boldsymbol{M}^0$ 应该与它相乘的补充旋转矩阵，它本身应是正交的，但与单位阵 $\boldsymbol{E}$ 稍有差别；$\boldsymbol{X}_0{}^0$ 为平移向量 $\boldsymbol{X}_0$ 的近似值;$\mathrm{d}\boldsymbol{X}_0$ 为平移向量 $\boldsymbol{X}_0$ 的近似值的改正数。则对于给定的近似值 λ^0,$\boldsymbol{M}^0$,$\boldsymbol{X}^0$,可将式(4-22)写成为

$$\boldsymbol{X}_T = (\lambda^0 + \mathrm{d}\lambda)(\boldsymbol{E} + \mathrm{d}\boldsymbol{M})\boldsymbol{M}^0\boldsymbol{X} + {\boldsymbol{X}_0}^0 + \mathrm{d}\boldsymbol{X}_0$$

为了符号的简明起见,在不致引起混淆的原则下,我们取消近似值上的角标“^{0}”,但读者应明确,它们仍是近似值。于是记为

$$\boldsymbol{X}_T = (\lambda + \mathrm{d}\lambda)(\boldsymbol{E} + \mathrm{d}\boldsymbol{M})\boldsymbol{M}\boldsymbol{X} + \boldsymbol{X}_0 + \mathrm{d}\boldsymbol{X}_0 \tag{4-23}$$

将式(4-23)展开,取至一次项,得线性化绝对定向方程式的矩阵表达式为

$$\boldsymbol{X}_T = (\boldsymbol{X}_T)^0 + \mathrm{d}\lambda\boldsymbol{M}\boldsymbol{X} + \lambda\mathrm{d}\boldsymbol{M}\cdot\boldsymbol{M}\boldsymbol{X} + \mathrm{d}\boldsymbol{X}_0 \tag{4-24}$$

式中,$(\boldsymbol{X}_T)^0 = \lambda\boldsymbol{M}\boldsymbol{X} + \boldsymbol{X}_0$ 是用相似变换参数的近似值计算的地面点坐标的近似值。记

$$\boldsymbol{X}_{tr} = \lambda\boldsymbol{M}\boldsymbol{X}$$

即

$$\begin{bmatrix} X_{tr} \\ Y_{tr} \\ Z_{tr} \end{bmatrix} = \lambda \begin{bmatrix} a_1 & a_2 & a_3 \\ b_1 & b_2 & b_3 \\ c_1 & c_2 & c_3 \end{bmatrix} \begin{bmatrix} X \\ Y \\ Z \end{bmatrix}$$

并且取

$$\mathrm{d}\boldsymbol{M} = \begin{bmatrix} 0 & -\mathrm{d}K & -\mathrm{d}\Phi \\ \mathrm{d}K & 0 & -\mathrm{d}\Omega \\ \mathrm{d}\Phi & \mathrm{d}\Omega & 0 \end{bmatrix}$$

(注意这里已有近似性,$\boldsymbol{E} + \mathrm{d}\boldsymbol{M}$ 已非正交)则可写出

$$\boldsymbol{X}_T = (\boldsymbol{X}_{\mathrm{tr}})^0 + \boldsymbol{X}_{\mathrm{tr}}\frac{\mathrm{d}\boldsymbol{\lambda}}{\boldsymbol{\lambda}} + \mathrm{d}\boldsymbol{M}\cdot\boldsymbol{X}_{\mathrm{tr}} + \mathrm{d}\boldsymbol{X}_0 \tag{4-25}$$

记

$$\delta\boldsymbol{X} = \boldsymbol{X}_T - (\boldsymbol{X}_T)^0$$
$$\mathrm{d}\lambda' = \mathrm{d}\lambda/\lambda$$

则有

$$\delta\boldsymbol{X} = \mathrm{d}\boldsymbol{X}_0 + \mathrm{d}\lambda'\boldsymbol{X}_{\mathrm{tr}} + \mathrm{d}\boldsymbol{M}\cdot\boldsymbol{X}_{\mathrm{tr}} \tag{4-26}$$

写成具体的展开形式,为

$$\begin{bmatrix} \delta X \\ \delta Y \\ \delta Z \end{bmatrix} = \begin{bmatrix} \mathrm{d}X_0 \\ \mathrm{d}Y_0 \\ \mathrm{d}Z_0 \end{bmatrix} + \mathrm{d}\lambda' \begin{bmatrix} X_{\mathrm{tr}} \\ Y_{\mathrm{tr}} \\ Z_{\mathrm{tr}} \end{bmatrix} + \begin{bmatrix} 0 & -\mathrm{d}K & -\mathrm{d}\Phi \\ \mathrm{d}K & 0 & -\mathrm{d}\Omega \\ \mathrm{d}\Phi & \mathrm{d}\Omega & 0 \end{bmatrix} \begin{bmatrix} X_{\mathrm{tr}} \\ Y_{\mathrm{tr}} \\ Z_{\mathrm{tr}} \end{bmatrix}$$

或改写成

$$\begin{bmatrix} 1 & 0 & 0 & X_{\mathrm{tr}} & O & -Z_{\mathrm{tr}} & Y_{\mathrm{tr}} \\ 0 & 1 & 0 & Y_{\mathrm{tr}} & -Z_{\mathrm{tr}} & O & X_{\mathrm{tr}} \\ 0 & 0 & 1 & Z_{\mathrm{tr}} & Y_{\mathrm{tr}} & X_{\mathrm{tr}} & O \end{bmatrix} \begin{bmatrix} \mathrm{d}X_0 \\ \mathrm{d}Y_0 \\ \mathrm{d}Z_0 \\ \mathrm{d}\lambda' \\ \mathrm{d}\Omega \\ \mathrm{d}\Phi \\ \mathrm{d}K \end{bmatrix} = \begin{bmatrix} \delta X \\ \delta Y \\ \delta Z \end{bmatrix} \tag{4-27}$$

这就是线性化的绝对定向方程式。在此方程式中，如果给出了立体模型绝对定向元素的近似值 λ^0、Ω^0、Φ^0、K^0、X_0^0、Y_0^0、Z_0^0，那么，其中的未知数便只有 7 个，即 7 个绝对定向元素的近似值的改正数。给定一个平面高程控制点，便可按式(4-27)列出一组 3 个方程式；给定两个平面高程控制点和一个高程控制点即可列出 7 个方程式。联立答解这 7 个方程式，便可求得 7 个绝对定向元素的近似值的改正数；加之修正绝对定向元素的近似值，从而取得更精确的绝对定向元素值。

由于式(4-27)是线性化的近似公式，要取得足够精确的绝对定向元素值，绝对定向的计算过程必须是反复趋近的迭代过程。

前文已述，一个立体模型的绝对定向起码要有两个平面高程控制点和一个高程控制点。但是，为了保证绝对定向的质量和提供检核数据，通常总是有多余的地面控制点。这就要按最小二乘法求解绝对定向元素的最小二乘解。

绝对定向元素的近似值的确定应视具体情况而定。在竖直摄影的情况下，模型的倾斜角很小，可取

$$\Omega^0 = \Phi^0 = K^0 = 0$$

λ^0 可由两个已知控制点间的实地距离和它们在模型上的相应距离的比来确定

$$\lambda^0 = \frac{\sqrt{(X_{T1} - X_{T2})^2 + (Y_{T1} - Y_{T2})^2 + (Z_{T1} - Z_{T2})^2}}{\sqrt{(X_1 - X_2)^2 + (Y_1 - Y_2)^2 + (Z_1 - Z_2)^2}}$$

在使用空间相似变换进行模型连接运算的时候，由于相邻模型的比例尺大体相当，此时可直接取用 $\lambda^0 = 1$。至于 3 个平移参数的初始近似值 X_0^0、Y_0^0、Z_0^0，一般可先将摄影测量坐标系的原点移到某一个控制点上，此时，该控制点的地面坐标便提供了相当精确的 3 个平移参数的近似值。

第五章 航测立体测图基础

第一节 立体测图概述

利用空中摄影获取的立体像对,通过相对定向、绝对定向或空间后方交会、空间前方交会,可重建地面按比例尺缩小的立体模型。在这个模型上进行量测,可直接测绘出符合规定比例尺的地形图,获取地理基础信息。其产品可以是图件如地图,也可以是数字化的产品如地面数字高程模型或数字地图。这种测绘方式,将野外测绘工作搬到室内进行,减少了天气、地形对测图的不利影响,提高了工作效率,并使测绘工作逐步向自动化、数字化方向发展。因此,航测立体成图方式已成为测绘地形图的主要方法。

航测立体测图的方法有如下三种。

一、模拟法立体测图

这是一种经典的摄影测量测图方法。它是利用两个投影器,将航摄立体像对的透明底片装在投影器中,再用灯光照射,将地面影像反射回来,重建一个与地面相似的立体模型。在测绘承影面上,用一个量测用的测绘台对这个立体模型进行测图。这种方法曾经是测图的重要方法。因为它是用立体型的航测仪器,模拟摄影过程的反转,所以称为模拟摄影测量。这种方法所用的仪器类型很多。20 世纪 70 年代后,由于电子技术的发展,这类仪器已被解析测图仪和数字摄影测量系统代替,不再生产,已经淘汰。这种仪器测绘的地形图都是线划产品,用于建立地理基础信息库时,还需将地图进行数字化,增加了工作量。目前,仅有少数单位对这类仪器进行技术改造,增加计算机与接口设备,用计算机辅助测图,提高测图效率,并使产品具有线划与数字两种形式,可直接进入地理信息库。

二、解析法立体测图

这是 1957 年以后,随着电子技术的发展而形成的一种测图方法。它所用的仪器称为解析测图仪,它由一台精密立体坐标量测仪、计算机接口设备、绘图仪、计算机软件系统等组成。将航摄立体像对安置在像片盘上,按前面讲述的计算公式进行解析相对定向、解析绝对定向等。求解建立立体模型的各种元素后,存储在计算机中。测图时,软件自动计算模型点对应的左、右像片上同名像点坐标,并通过伺服系统自动推动左、右像片盘和左、右测标运动,使测标切准模型点,从而满足共线方程,进行立体测图。这种方法精度高,且不受模拟法的某些限制,适用于各种摄影资料、各种比例尺测图任务,其产品首先以数字形式存储在计算机中,可直接提供数字形式的地理基础信息,目前这种方法也已经淘汰。

三、数字化测图

它是目前正在发展的并逐步替代传统的摄影测量仪器和作业方法的一种测图方法。

它所用的仪器称为数字摄影测量系统，主要由像片数字化仪、计算机、输出设备及摄影测量软件系统组成。透明底片或像片经数字化以后，变成数字形式的影像，或直接用数字摄影机获得数字影像，再利用数字相关技术，代替人眼观察，自动寻找同名像点并量测坐标。采用解析计算的方法，建立数字立体模型，由此建立数字高程模型，自动绘制等高线，制作正射影像图，提供地理基础信息等。整个过程除少量人机交互外，全部自动化。例如，我国自行研制的全数字摄影测量系统 VirtuoZo 与 JX－4 系列已大规模用于摄影测量生产作业，随着计算机技术、数字图像处理技术、计算机视觉技术、专家系统等的发展，在航测成图方面，数字化测图以其高效率、自动化、智能化而得到了广泛应用。

第二节　模拟法立体测图原理及作业过程

模拟法立体测图是以一个像对作为测图的基本单元，根据摄影过程几何反转原理，采用光学或机械投影的方法，在室内重建和摄区地面相似的立体模型，再在构成的立体模型上进行量测，从而获得该摄区的地形原图。

这种双像投影测图的方法，是摄影测量中立体测图使用最早的一种方法，目前已不再使用。它是摄影测量测图的基本方法之一，这种方法直观性强，除用于各种模拟立体测图仪上测图外，对进一步加深解析摄影测量的几何概念也有着重要意义。

一、模拟法立体测图的基本原理

通过空中摄影，可以获得摄区地形的有一定重叠度的立体像对，也就是说在一个像对的两张像片上，其重叠部分的影像为同一地面景物分别在相邻像片上的构像。如图 5-1 所示，在进行航空摄影时，当飞机在摄站 S_1 对地面摄影，取得一张像片 P_1，地面点 $A,C,D,M\cdots$ 的构像为 $a_1,c_1,d_1,m_1\cdots$。当飞机飞至摄站 S_2 处又一次摄影，取得像片 P_2，地面点 $A,C,D,M\cdots$ 在 P_2 上的相应像点为 $a_2,c_2,d_2,m_2\cdots$，则 P_1P_2 组成了一个像对。$a_1,a_2;c_1,c_2;d_1,d_2;m_1,m_2\cdots$ 为同名像点。AS_1 和 AS_2，CS_1 和 CS_2，DS_1 和 DS_2，MS_1 和 MS_2 为同名光

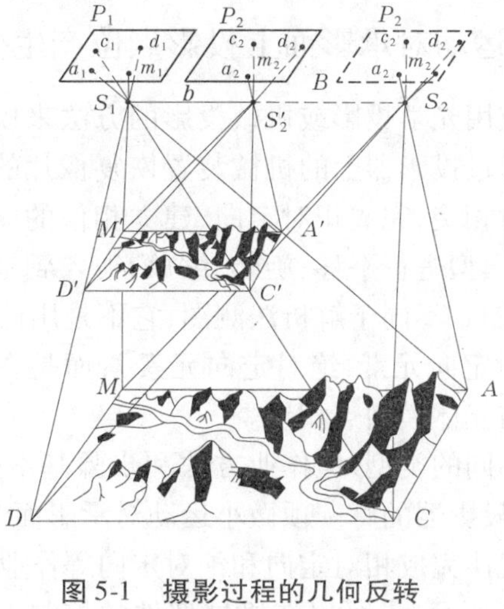

图 5-1　摄影过程的几何反转

线,两摄影站 S_1 和 S_2 之间的距离是空间摄影基线 B。由第四章得知,同名光线与摄影基线在一个平面内,称为三线共面,又常称为同名光线对对相交。

根据摄影过程的可逆性,将底片 P_1、P_2 装回到与摄影机相同的两个投影镜箱(投影器)内,且保持两投影器的方位与摄影时方位相同,用光源照射这一像对,则由底片反投射下来的诸同名光线必相交于相应地面点,这些交点的集合,将重建一个与地面完全相同的模型。若在此基础上保持投影光束(即投影器)姿态不改变的前提下,使其中一个投影光束沿着摄影基线方向从 S_2 移到 S_2'的位置,S_1 与 S_2'的距离为 b,此时,由于投影光束的姿态没变,诸同名光线仍对对相交,诸交点 A',C',D',M'…的集合,成为一个和摄区地面相似的按照一定比例缩小了的立体模型。这个过程称为一个像对摄影过程的几何反转。因此,双像投影测图的原理,就是摄影过程的几何反转原理。

由图 5-1 可知,缩小的比例为

$$\frac{S_1A'}{S_1A} = \frac{S_2A'}{S_2A} = \cdots = \frac{S_1S_2^1}{S_1S_2} = \frac{b}{B} = \frac{1}{M} \tag{5-1}$$

式中,$S_1S_2=B$ 为摄影基线;$S_1S_2'=b$ 为投影基线;$1/M$ 为模型比例尺。

通过恢复像对方位,建立符合规定比例尺的立体模型,就可以采用适当的量测工具在这个立体模型上测绘地形图了。

如何恢复投影光束的方位,使它与摄影时的方位相同,从而建立立体模型进行测图,这就是双像测图中需要解决的问题。在模拟法立体测图中通常通过以下几个作业步骤来完成:

第一步,内定向。恢复像片的内方位元素,建立和摄影光束相似的投影光束。

第二步,相对定向。恢复像对两像片摄影时的相对方位,建立和地面相似的立体模型。

第三步,绝对定向。将立体模型纳入到地面测量坐标系中,并归化为所需要的模型比例尺。

第四步,立体测图。用量测工具量测立体模型,测制地形图。

二、投影器的微小运动对承影面上投影点位产生变化的规律

模拟法立体测图是应用光学投影或机械投影的方法来模拟像对的摄影过程,建立测图所需的立体模型。它通过投影器上的机械装置恢复像片的内方位元素之后,利用投影器的运动使同名光线对对相交,完成相对定向,建立相似的立体模型,然后仍借助机械螺旋的运动,将相似的立体模型进行平移、旋转、缩放,纳入到地面测量坐标系中,并归化为规定的比例尺,再进行测图。不同于解析法测图,它不是用计算的方法解求像对的方位元素(包括内方位元素、相对定向元素、绝对定向元素),而是在立体观察下运动投影器,使得同名光线对对相交并与立体模型点相切。

模拟测图仪有许多不同的类型,但作业方法和步骤基本上相同。现以光学投影类的模拟测图仪为例,先说明投影器的每一项微小运动对承影面上投影点位产生变化的规律,然后介绍如何运用这些规律完成相对定向和绝对定向等作业方法。

光学投影器如图 5-2 所示,它可以在机械部件的控制下做平移、旋转 6 个方位的运

动,以模拟像片的位置和姿态。我们把控制投影器运动的6个螺旋分别称为 bx、by、bz、φ、ω、κ,当6个螺旋分别作一微小运动 $\mathrm{d}bx$、$\mathrm{d}by$、$\mathrm{d}bz$、$\mathrm{d}\varphi$、$\mathrm{d}\omega$、$\mathrm{d}\kappa$ 时,会在承影面上引起投影点的位移,将此位移分别用 $\mathrm{d}X$ 和 $\mathrm{d}Y$ 表示它在 X 和 Y 两个方向上的位移分量。为考察位移变化规律,假设像片近似水平,并在像片上选取按一定规律分布的9个像点:中央的点为像主点,按横排和纵列分布的点分别与仪器或像片的 X 和 Y 轴平行。将像片安放在投影器内,完成内定向,然后将投影器水平悬挂于距承影面为 H 的高度上进行投影。

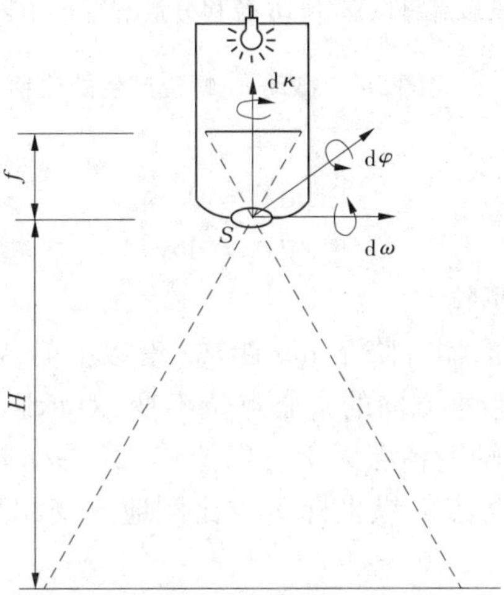

图5-2　光学投影器及其运动

下面先分别讨论某一个螺旋产生微小变动时,引起的各投影点位在仪器 X 方向和 Y 方向的位移规律,然后综合各定向螺旋同时变动时的影响。

(一)运动 bx 螺旋的影响

当微动 bx 螺旋,使投影器在 X 方向移动 $\mathrm{d}bx$ 时,承影面上各投影点在 X 方向都移动了与 $\mathrm{d}bx$ 同样大小的距离,但在 Y 方向上不产生位移,如图5-3所示。

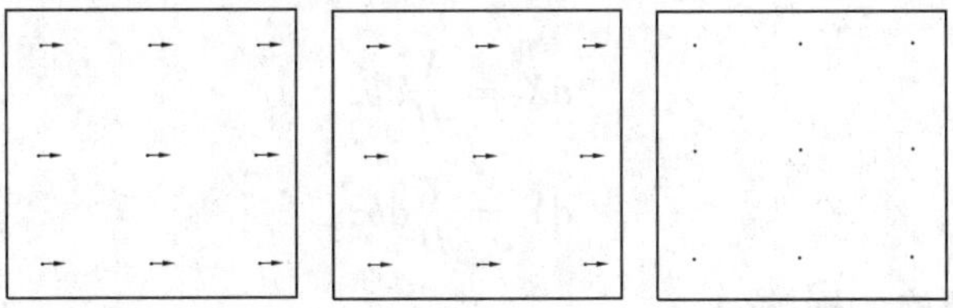

(a)投影点总位移　(b)位移分量 $\mathrm{d}X$　(c)位移分量 $\mathrm{d}Y$

图5-3　微动 bx 螺旋产生的位移

位移分量为

$$\left.\begin{aligned}\mathrm{d}X &= \mathrm{d}bx\\ \mathrm{d}Y &= 0\end{aligned}\right\}\qquad(5\text{-}2)$$

(二)运动 by 螺旋的影响

当微动 by 螺旋,使投影器在 Y 方向移动 $\mathrm{d}by$ 时,承影面上各投影点在 Y 方向都移动了与 dby 同样大小的距离，但在 X 方向上不产生位移，如图 5-4 所示。

(a)投影点总位移　(b)位移分量dX　(c)位移分量dY

图 5-4　微动 by 螺旋产生的位移

位移分量为

$$\left.\begin{aligned} dX &= 0 \\ dY &= dby \end{aligned}\right\} \tag{5-3}$$

(三)运动 bz 螺旋的影响

当微动 bz 螺旋时，投影器升降了 dbz 距离(设以上升为正值)，承影面上各投影点沿辐射方向位移，其中位于铅垂方向的中心点位不变，对承影面上整个图形来说，以中心点为准放大(或缩小)，在 X 轴上各点无 Y 方向位移 dY，在 Y 轴上各点无 X 方向位移 dX，而所有其他各点的 dY 则与各点的纵坐标 Y 成比例地改变，dX 则与各点的横坐标 X 成比例地改变，如图 5-5 所示。

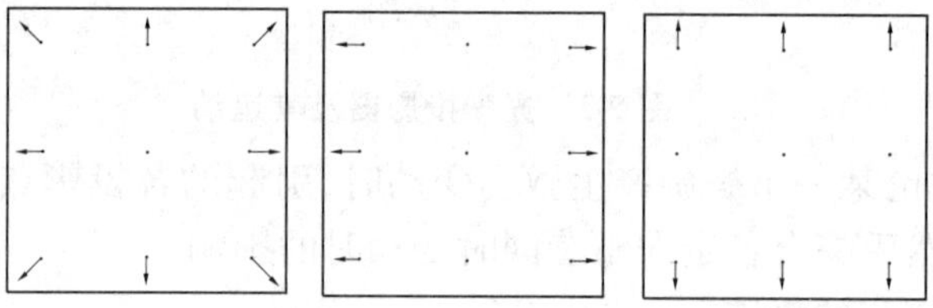

(a)投影点总位移　(b)位移分量dX　(c)位移分量dY

图 5-5　微动 bz 螺旋产生的位移

位移分量为

$$\left.\begin{aligned} dX &= \frac{X}{H}dbz \\ dY &= \frac{Y}{H}dbz \end{aligned}\right\} \tag{5-4}$$

(四)运动 φ 螺旋的影响

当微动 φ 螺旋时，投影光线绕 Y 轴旋转 dφ 角，承影面上位于 X 轴上各点沿 X 方向位移，其他各点按双曲线轨迹移动，如图 5-6 所示。

位移分量为

$$\left.\begin{aligned} dX &= H(1 + \frac{X^2}{H^2})d\varphi \\ dY &= \frac{XY}{H}d\varphi \end{aligned}\right\} \tag{5-5}$$

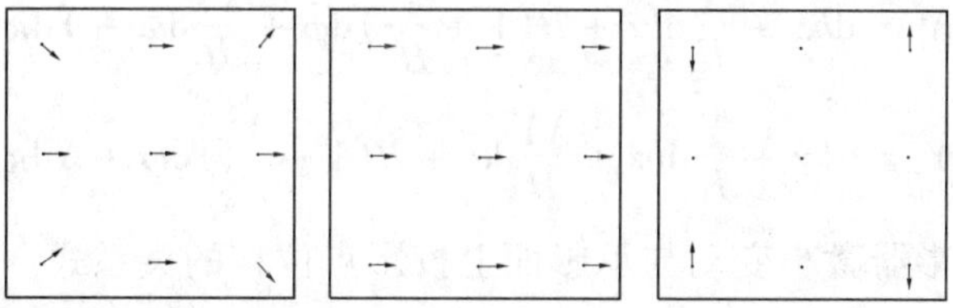

(a)投影点总位移　(b)位移分量dX　(c)位移分量dY

图 5-6　微动 φ 螺旋产生的位移

（五）运动 ω 螺旋的影响

当微动 ω 螺旋时，投影光线绕 X 轴旋转 dω 角，承影面上位于 Y 轴上各点沿 Y 方向位移，其他各点按双曲线轨迹移动，如图 5-7 所示。

(a)投影点总位移　(b)位移分量dX　(c)位移分量dY

图 5-7　微动 ω 螺旋产生的位移

位移分量为

$$\left.\begin{aligned} dX &= \frac{XY}{H}d\omega \\ dY &= H\left(1 + \frac{Y^2}{H^2}\right)d\omega \end{aligned}\right\} \tag{5-6}$$

（六）运动 κ 螺旋的影响

当微动 κ 螺旋时，投影光线绕 Z 轴旋转，承影面上各投影点都绕像主点作圆周运动，像主点的投影点位不变，如图 5-8 所示。

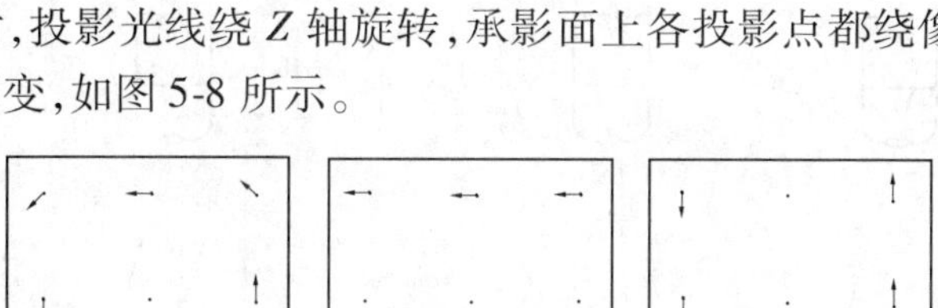

(a)投影点总位移　(b)位移分量dX　(c)位移分量dY

图 5-8　微动 κ 螺旋产生的位移

位移分量为

$$\left.\begin{aligned} dX &= -Yd\kappa \\ dY &= Xd\kappa \end{aligned}\right\} \tag{5-7}$$

综合上述投影器各微小运动的总影响，可得 6 个螺旋（即 6 个方位元素）变动对承影面上投影点的总影响值为

$$
\left.\begin{aligned}
dX &= dbx + \frac{X}{H}dbz + H\left(1 + \frac{X^2}{H^2}\right)d\varphi + \frac{XY}{H}d\omega - Yd\kappa \\
dY &= dby + \frac{Y}{H}dbz + \frac{XY}{H}d\varphi + H\left(1 + \frac{Y^2}{H^2}\right)d\omega + Xd\kappa
\end{aligned}\right\} \tag{5-8}
$$

式(5-8)即为投影器微小变动与承影面上投影点位移的关系式。

三、模拟法立体测图作业过程及仪器简介

模拟法立体测图的作业可分为内定向、相对定向、绝对定向、立体测图 4 个过程,现以光学投影类的模拟测图仪为例,介绍它们的作业步骤和作业方法。

(一)像片的内定向

像片的内定向就是恢复像片的内方位元素,建立和摄影光束相似的投影光束。在模拟立体测图中主要靠制造与航摄仪完全相似的投影器来实现摄影光束的几何反转,即投影器的主距和像幅与航摄仪完全相同。为适应不同型号的航摄仪拍摄的航空像片,在一些模拟型立体测图仪上可以进行投影主距的变换。

像片内定向作业是将待测的航摄负片或正片(有的也可以是像片)安置在投影器承片框上,使航片主点与投影器主光轴重合,即可恢复像片的内方位元素。许多模拟型立体测图仪采用的方法是把航片的框标与投影器的框标重合,使得航片主点与投影器主光轴重合。

(二)立体像对的相对定向

将两相邻像片组成的像对安置在投影器上,恢复内方位元素以后,光线经投影器物镜投影到承影面上成像。这时,同名光线一般不会相交,即承影面上的两个同名投影像点不重合,其差异可分解到 X 和 Y 两个方向上,X 方向上的差异称为左右视差 P,Y 方向上的差异称为上下视差 Q,如图 5-9(a)所示。当升降测绘台时,左右视差可以消除,只存在上

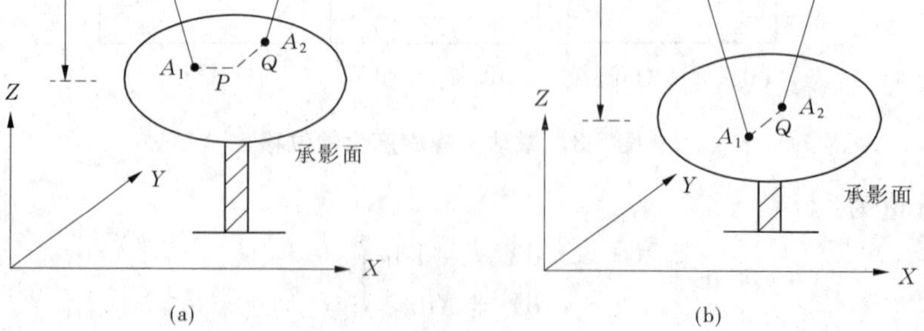

图 5-9　立体像对的相对定向

下视差，如图5-9(b)所示。因此，上下视差是衡量同名光线是否相交的标志，或者说，若同名像点上存在上下视差，就说明没有恢复两张像片的相对关系，即没有完成相对定向。根据这一原则，我们可以通过运动投影器改变投影光束的方位，来消除同名点的上下视差，当承影面上所有同名点的上下视差都为零时，相对定向也就完成了。

1. 相对定向的方程式

当立体像对没有相对定向时，承影面上诸同名点存在上下视差 Q，如图5-9(b)所示，某一对同名像点在承影面上的投影点为 A_1、A_2，其 Y 坐标为 Y_1、Y_2，坐标差就是同名点的上下视差 Q

$$Q = Y_1 - Y_2 \tag{5-9}$$

光学机械法相对定向就是通过有目的地微动投影器的相对定向螺旋，不断加入坐标改正数，即纵向坐标位移 $\mathrm{d}Y_1$、$\mathrm{d}Y_2$，使同名点的纵坐标发生变化，实现同名点的纵坐标加上改正数后的差值为零，以完成相对定向，即

$$(Y_1 + \mathrm{d}Y_1) - (Y_2 + \mathrm{d}Y_2) = 0 \tag{5-10}$$

将式(5-9)代入式(5-10)得

$$Q = \mathrm{d}Y_2 - \mathrm{d}Y_1 \tag{5-11}$$

式(5-11)就是模拟立体测图仪相对定向的基本关系方程式，将它同式(5-8)一并考虑，即可求得连续像对和单独像对的相对定向方程式。

1)连续像对的相对定向方程式

连续像对相对定向的5个相对定向元素为 bx、by、bz、φ、ω、κ，通常固定左像片而移动右像片。因此，左投影器的投影点位不动，即 $\mathrm{d}Y_1 = 0$。根据式(5-8)和式(5-11)，可得连续像对相对定向方程式为

$$Q = \mathrm{d}Y_2 = \mathrm{d}by + \frac{Y_2}{H}\mathrm{d}bz + \frac{X_2Y_2}{H}\mathrm{d}\varphi_2 + H\left(1 + \frac{Y_2^2}{H^2}\right)\mathrm{d}\omega_2 + X_2\mathrm{d}\kappa_2 \tag{5-12}$$

式中：H 为投影器的高度；X_2、Y_2 为右投影点相对于右方主点的坐标。

2)单独像对的相对定向方程式

单独像对相对定向时基线保持不动，5个相对定向元素为 φ_1、κ_1、φ_2、ω_2、κ_2，即只动左投影器的 φ_1、κ_1 螺旋，右投影器只动 φ_2、ω_2、κ_2 螺旋。因此，由式(5-8)和式(5-11)可得单独像对相对定向方程式为

$$Q = \mathrm{d}Y_2 - \mathrm{d}Y_1 = \frac{X_2Y_2}{H}\mathrm{d}\varphi_2 - \frac{X_1Y_1}{H}\mathrm{d}\varphi_1 + H\left(1 + \frac{Y_2^2}{H^2}\right)\mathrm{d}\omega_2 + X_2\mathrm{d}\kappa_2 - X_1\mathrm{d}\kappa_1 \tag{5-13}$$

式中：X_1、Y_1 为左投影点相对于左方主点的坐标；X_2、Y_2 为右投影点相对于右方主点的坐标。

2. 相对定向作业步骤

1)定向点的选择

(1)定向点的数量。光学机械法相对定向是通过消除承影面上所有同名点上下视差完成的。然而，生产中不可能也没必要做到对所有同名点消除上下视差。实际做法是：通过少量点位上下视差的消除而完成两像片相对位置的恢复。为完成相对定向所选择的必

需的少量点位,称为相对定向的定向点。由于相对定向方程式中有 5 个待求值,即 5 个相对定向元素,为此,至少应选择 5 个定向点,按其定向方程列出 5 个独立方程式,组成方程组方可求解。在实际作业中,为了检核,再增加一个点,共计 6 个点。

(2)定向点的位置分布。由上述讨论可知,光学机械法相对定向是依赖 6 个定向点的上下视差消除实现的。显然,定向点的位置分布是否合理,将直接决定相对定向的精度和工作效率。为提高相对定向精度和作业速度,选择的定向点的位置如图 5-10 所示,称为相对定向的标准点位。图 5-10 中,1 和 2 两点分别为左、右片的主点,并分别作为左、右片的坐标原点。

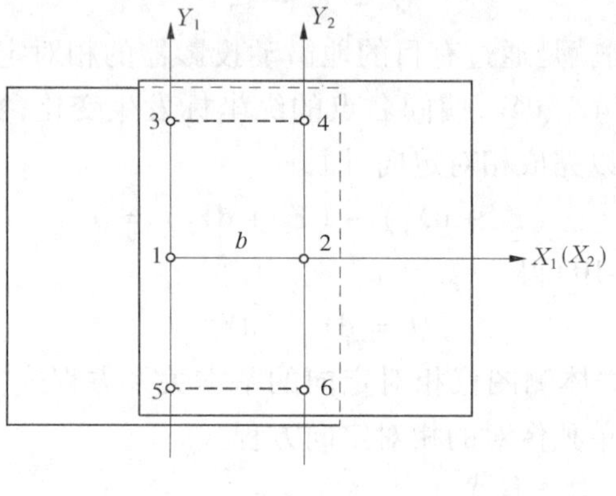

图 5-10　相对定向的标准点位

各定向点的坐标见表 5-1,其中 b 为模型基线,$Y_1 \approx Y_2 = Y$。

表 5-1　各定向点的坐标

点名	坐标		
	X_1	X_2	$Y_1 = Y_2$
1	0	$-b$	0
3	0	$-b$	Y
5	0	$-b$	$-Y$
2	b	0	0
4	b	0	Y
6	b	0	$-Y$

2)连续像对相对定向的作业步骤

设地面平坦,且所有点的投影高度为 H。将表 5-1 中各标准定向点坐标分别代入式(5-12),可以得到 6 个定向点的连续像对相对定向方程

$$\begin{bmatrix} Q_1 \\ Q_2 \\ Q_3 \\ Q_4 \\ Q_5 \\ Q_6 \end{bmatrix} = \begin{bmatrix} 1 & 0 & 0 & H & -b \\ 1 & 0 & 0 & H & 0 \\ 1 & \frac{Y}{H} & -\frac{bY}{H} & (H+\frac{Y^2}{H}) & -b \\ 1 & \frac{Y}{H} & 0 & (H+\frac{Y^2}{H}) & 0 \\ 1 & -\frac{Y}{H} & \frac{bY}{H} & (H+\frac{Y^2}{H}) & -b \\ 1 & -\frac{Y}{H} & 0 & (H+\frac{Y^2}{H}) & 0 \end{bmatrix} \begin{bmatrix} \mathrm{d}by \\ \mathrm{d}bz \\ \mathrm{d}\varphi_2 \\ \mathrm{d}\omega_2 \\ \mathrm{d}\kappa_2 \end{bmatrix} \tag{5-14}$$

按此方程,并遵循一个动作消除一个定向点上全部上下视差,且后一步动作尽可能不破坏前一步结果的思想,可以得出平坦地区连续法相对定向的作业步骤如下:

第一步,移动 dby,消除 2 点的上下视差;

第二步,旋转 dκ,消除 1 点的上下视差;

第三步. 移动 dbz,消除 4 点的上下视差;

第四步,旋转 dφ,消除 3 点的上下视差;

第五步,旋转 dω,在 6 点上作过度改正 $\mu\Delta$;

第六步,重新移动 dby,消除 2 点的上下视差;

第七步,重新移动 dbz,消除 4 点的上下视差;

第八步,观察 5 点进行检查,如果不存在上下视差或者上下视差在限差之内,相对定向完成。否则,重复以上步骤,直到达到要求。

所谓过度改正,是指经过一至四步的相对定向后,已经消除 1、2、3、4 点的上下视差,且后一步动作都不会破坏前一步的结果。第五步要动 ω 螺旋,消除 6 点(或 5 点)的上下视差,但这时 dω 必然会破坏以前几个动作的结果,使 1、2、3、4 点上产生新的上下视差。为了提高作业效率,减少循环趋近的次数,对第六点现有的上下视差乘以一个 μ 后再进行消除,即用 ω 螺旋将 6 点上的上下视差全部消除后,还要继续作适当的旋转,使 6 点上重新出现反方向的上下视差,这称为过度改正,μ 称为过度改正系数。

图 5-11(a)表示完成第一至第四步的结果,这时在 6 点上存在上下视差 Δ,图中○表示左投影点,×表示右投影点。动 ω 螺旋消除 6 点的上下视差以后,作过度改正,其总改正量为 $\mu\Delta$,使 6 点出现反方向上下视差,即右投影点从原来左投影点的下方移动到左投影点的上方,如图 5-11(b)所示。

μ 的计算公式如下

$$\mu = \frac{H^2 + Y^2}{2Y^2} \text{ 或 } \mu = \frac{f^2 + y^2}{2y^2} \tag{5-15}$$

式中:H 为标准点的投影高度;Y 为投影点的纵坐标;f 为航摄像片主距;y 为标准点的像平坐标。此时 6 点的总改正量 $\mu\Delta$ 为

$$\mu\Delta = \frac{H^2 + Y^2}{2Y^2}\frac{2Y^2}{H}\mathrm{d}\omega_2 = (H + \frac{Y^2}{H})\mathrm{d}\omega_2 \tag{5-16}$$

实际相对定向时,定向点多数情况下并非位于标准点位,而是取标准点位附近的明

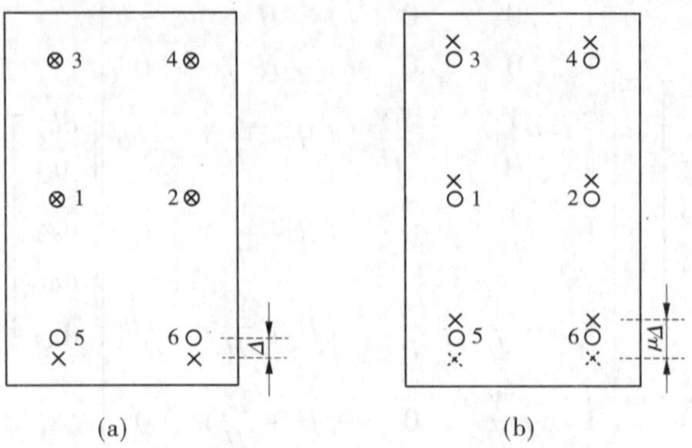

图 5-11　相对定向过度改正

显点;同时,地面并非平坦地区,即各点的 H 值不等;而且过度改正系数估算不准,致使上述定向步骤要重复若干次才能得到正确的结果。

3)单独像对相对定向的作业步骤

对于单独像对法相对定向,与以上连续像对法相对定向讨论方法相同。现给出作业步骤如下:

第一步,旋转 $d\kappa_1$,消除 2 点的上下视差;

第二步,旋转 $d\kappa_2$,消除 1 点的上下视差;

第三步,旋转 $d\varphi_1$,消除 4 点的上下视差;

第四步,旋转 $d\varphi_2$,消除 3 点的上下视差;

第五步,旋转 $d\omega_2$,在 6 点作过度改正,过度改正系数 μ 的计算同式(5-15);

第六步,旋转 $d\kappa_1$ 和 $d\kappa_2$,分别消除 2 点和 1 点上新出现的上下视差;

第七步,旋转 $d\varphi_1$ 和 $d\varphi_2$,分别消除 4 点和 3 点上新出现的上下视差;

第八步,观察 5 点进行检查,如果不存在上下视差或者上下视差在限差之内,相对定向完成。否则,重复以上步骤,直到达到要求。

(三)立体模型的绝对定向

立体像对的相对定向完成后,也就建立起了与地面相似的立体模型。但这个模型的比例尺和空间位置均是任意的,为了用立体模型进行量测,获取正射投影的地形图,必须将该模型纳入到地面测量坐标系中,并归化为测图比例尺。这一过程称为立体模型的绝对定向。

由第三章可知,模型绝对定向从解析角度讲,就是如何利用一定数量的地面控制点反求 7 个绝对定向元素。而在模拟立体测图仪上完成这一工作时,则是通过已相对定向好的模型的平移、旋转和缩放,使模型上的控制点与按大地坐标展绘的相应控制点的图底对应起来即告完成。这一工作可分两大步完成,即确定模型比例尺与模型置平。确定模型比例尺是通过比较图底上两控制点间距离与模型上对应点间的水平距离,确定(或归化)模型比例尺,由此解求出 X_S、Y_S、K 和 λ 4 个绝对定向元素;模型置平则是利用 3 个控制点间高差与模型上对应点间高差的不符值进行模型置平,以解求 Φ、Ω、Z_S 3 个绝对定向元素。其作业方法和步骤如下。

1. 准备图底

在立体像对重叠范围的 4 角各有 1 个平高控制点（实际只需 3 个，多余 1 个做检核用），其地面测量坐标已由野外实测或解析空中三角测量方法测定。将控制点根据其平面坐标按测图比例尺展绘在图纸上，制成图底，如图 5-12 所示。

2. 确定模型比例尺

1）模型平移

首先将图底置于仪器的绘图桌面上，比较模型上某一控制点在绘图桌面上的正射投影点 N'_1 与图底上相应点 N_1 的位置，若不重合，则通过移动图底使它们重合。这相当于解求模型绝对定向元素 X_S、Y_S。

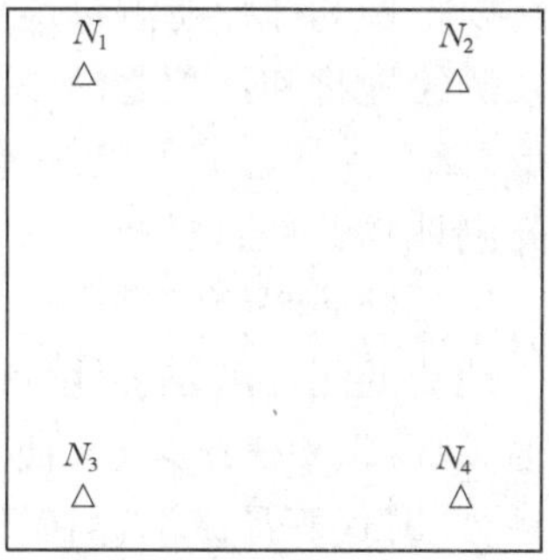

图 5-12　有控制点的图底

2）模型旋转

在第一步的基础上. 比较对角线上另一模型控制点的正射投影 N'_4 与图底上相应点 N_4 的位置差异，若 $N'_1N'_4$ 连线与 N_1N_4 连线不重合，则以 N_1（N'_1）为圆心旋转图底使它们重合。这相当于解求模型绕竖轴 z 的旋角 $\boldsymbol{K}$。

3）模型比例尺的归化

在前两步的基础上，比较图底上两控制点（N_1 和 N_4）间的长度与相应模型点投影（N'_1 和 N'_4）间的长度，两者若不相等，说明模型比例尺与测图比例尺不一致。此时沿投影基线方向移动其中一个投影器，改变模型基线的长度（即改变模型比例尺），直到两模型点的投影正好与图底上相应点重合。这相当于解求模型比例尺归化系数 λ。

3. 模型置平

1）航向置平

取仪器 X 轴方向两控制点 N_1 和 N_2 中任一点如 N_1 为起始点，求出 N_2 对 N_1 的实地高差 $\Delta H_{2-1}=H_2-H_1$，并化算为按测图比例尺计量的数值 $\Delta h_{2-1}=h_2-h_1$，然后通过浮游测标立体量测出模型上相应点之间的高差 $\Delta h'_{2-1}=h'_2-h'_1$，比较 Δh_{2-1} 与 $\Delta h'_{2-1}$ 两者之间是否相符，若不符则说明模型在仪器 X 轴方向有倾斜，此时把模型作为一个整体绕 Y 轴旋转一个 Φ 角，注意当仪器无公共 Φ 螺旋时，可用 φ_1 与 φ_2 螺旋使每张像片绕 y 轴同步旋转，并配合 bz 消除重新出现的上下视差，使得 $\Delta h_{2-1}=\Delta h'_{2-1}$。这相当于解求模型绕 Y 轴的旋角 Φ。

2）旁向置平

按与航向置平相仿办法，比较 Δh_{3-1} 与 $\Delta h'_{3-1}$ 两者之间是否相符，若不符则说明模型在仪器 Y 轴方向有倾斜，同样把模型作为一个整体绕仪器 X 轴旋转 Ω 角（或用 ω_1、ω_2 使每张像片绕 x 轴同步旋转，并配合 by 和 bz 消除重新出现的上下视差），使得 $\Delta h_{3-1}=\Delta h'_{3-1}$。这相当于解求模型绕 X 轴的旋角 Ω。

在上述模型置平时，当把模型上起始点的高程量测读数代表该点的实际高程时，即解求了绝对定向元素 Z_S。定向时用 N_4 作为检查点。至此模型绝对定向的 7 个元素，全部得到解求。

要指出的是，上述光学机械法绝对定向各步骤带有近似性，需重复进行反复趋近，直至合乎限差要求。

(四)立体测图仪测图

像对经相对定向和绝对定向,建立了一个按比例尺缩小的与地面完全相似的立体模型,此时可在立体观察下,由仪器的量测系统对模型进行测绘,取得地形原图。在量测中,始终要把握立体浮游测标应紧贴待测的立体模型表面这一要领。

测绘地物和地貌之前,应仔细研究作业规范与技术设计书。全面观察整个立体,了解地形总貌,并考虑如何更好地反映地面的地貌和地物特征,将图底固定在绘图桌面上,然后先测地物,再绘地貌。

1. 地物的测绘

地物的测绘就是将地形图上需要表示的地物、注记内容测绘在图底上。其基本方法是通过 X、Y、Z 三维运动,使浮游测标与模型表面保持严格相切,并准确地沿地物轮廓线移动,此时代表浮游测标在图底上正射投影的描笔,即可描绘出该地物在图底上的正射投影图形。测绘地物时要参照调绘像片,将调绘像片上所有注记内容标注在图底的相应位置上。地物的取舍根据不同比例尺的要求而定。测绘地物的顺序通常是:居民地、道路网、水系、土壤植被、地类界等。

2. 高程注记点的测绘

根据用图的需要,规范规定在图幅内每 100 cm^2 需测注 15 个左右的高程注记点。点位应选在易于判读且具有方位意义的地方,如山头、谷底、鞍部、地形变换处及道路交叉、水系交叉处等。同时要求点位分布均匀,每个高程注记点要量测两次,差值在容许范围内取中数。测绘时,用浮游测标立体切准模型上所选点位,在图底上标出其平面位置,将量测的高程注记于点旁。

3. 地貌的测绘

地貌是地形图的重要内容之一,因此在测绘地貌时总的要求是位置准确、走向明显、形态逼真地反映地貌特征,为了保证地形图清晰易读,应根据不同情况适当取舍。

测绘地貌的工作主要是勾绘等高线,等高线描绘的方法是,根据预先计算好的各等高线高程的读数表,把要测绘等高线的高程读数安置在仪器的高程分划尺上,在立体观察下,始终保持测标与立体模型表面相切,移动浮游测标即可在图底上绘出该高程截面的等高线。描绘等高线时,应先勾绘地性线,然后绘计曲线和首曲线,必要时还要加绘半距曲线,并将高程均匀地标注在计曲线上。原则上要求计曲线和首曲线都应实测,但对于计曲线间隔小的等倾斜地区,也可只实测计曲线然后内插首曲线,间隔过小的甚至不插绘首曲线。

对不以等高线表示的地貌,如断崖、陡壁、冲沟等,在测绘等高线之前,应在仪器上绘出轮廓和方向,并测注比高,待清绘时再画其相应的地貌符号。

4. 检查接边

在地形图测绘时,应做好相邻像对、相邻航线及相邻图幅间的接边工作。依测图规范规定,如接边误差在限差之内,可平均配赋误差自然接好;如接边误差超限,应查明原因妥善处理。每个像对或一幅图测绘结束后,都应进行细致地自我检查。自我检查的内容包括如下几方面:高程注记点位置和数量是否满足规范要求;高程注记点的高程与等高线有无矛盾;山头、鞍部、曲线是否有遗漏;曲线精度是否合乎要求;地形地貌有无变形;等高线与水系的关系是否合理;地物、地貌要素是否测绘齐全、正确等。

最后可进行航测原图的清绘、整饰,交付原图。

(五)模拟测图仪简介

模拟测图仪曾经是测图的重要设备,在长期的测绘作业生产中占有重要的地位,仪器种类繁多。由于技术的进步和发展,这类仪器已被解析测图仪和数字摄影测量系统替代淘汰,在此仅对它做一般的介绍。

1.模拟测图仪的分类

模拟测图仪有着多种分类方法,这里介绍按不同的投影方式和不同的交会方式分类的两种方法。

1)按投影方式分类

按投影方式不同,模拟测图仪可分为如下三类:

(1)光学投影类。从像点、投影中心至模型点的投影光线全部由实际的光线构成。如多倍投影测图仪(简称多倍仪)、Stereoplanigraph - C5 型立体测图仪等。

(2)机械投影类。从像点、投影中心至模型点的投影光线用一根精密的金属机械导杆来模拟代替,上述三个几何光学点则用机械导杆上的万向转节代替。这类仪器很多,如瑞士威尔特厂的 B8S、AG1、A10,德国欧波同厂的 D 型、E 型、F 型,以及德国蔡司厂的 Topocart B 等。

(3)光学机械投影类。从像点至投影中心由实际光线构成,而从投影中心至模型点则用机械导杆来代替,这类仪器很少,而且没有发展。

2)按交会方式分类

按交会方式不同,模拟测图仪可分为直接交会和间接交会两种。

(1)直接交会。将立体像对的左、右像片分别安放在两投影器内,在恢复内方位元素并进行像对的相对定向和模型的绝对定向以后,同名光线对对相交得到模型点的空间位置,每个模型点都是从投影基线两端点进行空间前方交会的结果,多倍投影仪、B8S 都属于这类交会方式。这种直接交会方式的模型比例尺取决于投影基线与摄影基线之比,即 $\frac{1}{m}=\frac{b}{B}$。

(2)间接交会。在直接交会方式中,如要缩小模型比例尺,就要不断缩短投影基线 b,这就有可能产生投影器之间发生碰头而无法缩短基线的情况。为了克服这一缺陷,大多数模拟测图仪采用间接交会方式。间接交会在保持右方(或左方)投影光束空间方位不变的情况下,将右方投影器从原位置向投影基线侧方移动一段距离,同时将测标一分为二,右测标随右方投影光束也移动相应一段距离,观测系统则分别对两个测标和影像进行观测,基于立体视觉的原理,左右测标将合成为一个空间测标而与立体模型表面相切,从而完成立体测图。这种间接交会方式,是一种“三角形加平行四边形”的几何关系,也称为蔡司平行四边形原理。

2.模拟测图仪的主要结构

模拟测图仪的主要结构一般由投影系统、观测系统、绘图系统和外围设备组成。

1) 投影系统

投影系统由投影镜箱(或安片框和导杆)、照明设备等组成,其作用是建立地面立体模型。将待测像对放在投影系统中,使投影主距与摄影主距相等,即保持摄影时的光束,也就是恢复了投影时的内方位元素。每个投影器均可作 φ、ω、κ 三个角运动,并可作 bx、by、bz 三个直线运动,用以恢复摄影时的两张像片之间的空间姿态。有的仪器将两个投影器连在一起,绕空间 X、Y 轴作公共倾角 Φ、Ω 的旋转,以完成绝对定向。

由于投影器的上述运动,就可以安置投影基线,进行相对定向,建立立体模型,再进行绝对定向,获得可以量测的按比例尺缩小的地面模型。因此,投影系统是模拟测图仪的核心部件。

2) 观测系统

观测系统是对所建立的立体模型进行立体观察和量测的光学系统和机械部件,它由观察系统与量测系统组成。观察系统最简单的是多倍仪上的红绿互补色系统。绝大多数的立体测图仪,都是采用双筒光学系统与双测标进行立体观测的,左、右眼睛分别只能看到左、右影像。量测系统中最简单的是单测标,它由一个可以平移、升降的测绘台(如多倍仪)构成,当测绘台中心的点测标立体切准某一地物点时,从测绘台上可读出高程,点测标下的铅垂位置即为该点平面位置。而双测标量测系统在立体观测中,两测标合为一个空间测标,一般用 X、Y 手轮和 Z 脚轮来控制测标运动,使测标与立体模型相切。

3) 绘图系统

绘图系统是根据立体量测的结果进行绘图的部件。最简单的绘图系统,是用一个小量测台,放在绘图桌上。当切准某点时,用量测台下端的描笔,在绘图桌面的绘图纸上打一点,即为该点的平面位置,量测台上的读数即为该点的高程。当切准某等高线上一点高程后,立体观察并移动测绘台,使测标与立体模型表面相切,下端描笔在图纸上即可画出该等高线,这时绘出地形图的比例尺与模型比例尺完全一致。大多数仪器配备专门的绘图桌,观测系统中的 X、Y 手轮与绘图桌的 X、Y 绘图运动用接杆和齿轮相连,并可更换齿轮比来改变比例尺。这样,当用 X、Y 手轮和 Z 脚轮使测标立体切准模型某一高程,并沿立体模型表面相切移动时,在绘图桌上即可绘出等高线。

4) 外围设备

为了扩大测图仪的功能,在仪器外围加坐标记录装置,以提高效率,并为正射投影提供数据资料。有的直接加正射投影装置,用来印晒正射影像。有的加计算机与电子绘图桌,变为机助测图系统。这些都是为了更好发挥仪器的作业效率和扩大其功能。

3. 主要模拟测图仪简介

模拟型立体测图仪在 20 世纪相当长的时期是地形图测绘的主要仪器设备,它的种类很多。以下主要介绍几种有代表性的模拟测图仪。

1) 多倍投影测图仪

德国制造的多倍投影测图仪是光学投影类直接交会的模拟测图仪,我国江南仪器厂生产的 HCD-3 系列多倍投影测图仪与其相仿。它装备有两个以上的投影器,可以模拟空中摄影时摄影机的姿态,以建立航带模型,进行模拟法空中三角测量,加密测图所需要的控制点,并能够在立体模型上进行测图。为了使仪器轻便,多倍仪的投影器按照航空摄影机的像场角和主距按比例缩小，测图用的航摄像片也按相应比例缩小，因此精度损失大，仅适用于中、小比例尺的测图。

多倍仪由仪器桌、座架、投影器、测绘台、电源控制箱、缩小仪、红绿互补色眼镜等组成。投影器悬挂在座架横梁上，每一个投影器都有 bx、by、bz、φ、ω、κ 六个机械螺旋，可以使投影器作 bx、by、bz 三个直线运动和 φ、ω、κ 三个角运动，以完成像对的相对定向。座架装有控制 X 方向和 Y 方向升降的机械手轮，可以使立体模型作 Φ、Ω 的倾斜，以完成模型的绝对定向。测绘台由基座、可垂直升降的圆形承影板和铅笔架组成，圆形承影板的中央有一个直径为 0.1 mm 的光点测标小孔，铅笔架上的铅芯和光点测标在同一铅垂线上。当完成立体模型定向以后，将图底固定在绘图桌上，就可进行量测和绘图。量测时，在立体观察下，用手在图纸上移动和升降测绘台光点测标，使测标与立体模型表面相切，铅笔架上的铅芯就会描绘出地物和等高线。多倍仪采用红绿互补色进行立体观察。

2）B8S 型立体测图仪

瑞士威尔特厂生产的 B8S 型立体测图仪和国产 HCT－2 型立体测图仪是同类型的，属于机械投影类直接交会的模拟测图仪。B8S 可使用最大像幅为 23 cm×23 cm 的原始航摄测像片进行测图，精度很高，可用于大、中比例尺的测图。

B8S 立体测图仪的同名投影光线是用一对空间金属导杆来体现的，它采用直接交会的方式。左右两导杆与测绘台顶端相连，由升降控制手柄可使测绘台顶端升降，通过高程尺的读数窗，可读出模型点的高程值。两投影器间的基线 b 可以在一定范围内改变，以调整模型比例尺的大小。在 B8S 上作业时，只能按单独像对法进行相对定向。在进行模型的绝对定向时，由左、右投影器分别倾斜等量的 ω_1 和 ω_2 来完成模型的旁向置平，而航向置平则可由两投影器公共的 Φ 螺旋作航向倾斜角安置。

B8S 采用双筒光学系统与双测标进行立体观测，双目分别通过左、右目镜观察。作业时，用手直接推动测绘台作水平 X、Y 方向的运动，并控制测绘台的升降作 Z 方向的运动，使测标与立体模型表面相切，测绘台下的绘图笔即可直接在图底上绘制符合成图比例尺的地形图，也可以通过缩放装置在外接绘图桌上绘制地形图。

本书仅对模拟测图仪作一般的介绍，若要进一步了解仪器性能、结构、作业方法和流程等详细情况，可参阅其他有关文献资料。

第三节　解析测图仪简介

一、概述

模拟测图仪借助于仪器上的投影光线或机械导杆，在进行模拟法相对定向和绝对定向之后，就可重建被摄目标的光学立体模型，从而获取被摄目标的几何信息。

由前面介绍单张航摄像片解析和航摄立体像对解析可知，物点、像点和摄影中心之间存在着严格的数学关系，即共线方程式(3-17)，且立体像对各同名像点间都是共面的，即共面方程式(4-14)。因此，如果利用电子计算机，通过严格的数学解算方法保证像点坐标和模型点坐标之间满足共线关系，并通过共面方程和控制点数据建立一个被摄目标的数字立体模型,同样也可以完成对被摄目标的立体量测。在这样的一个系统中,原来通过复杂的光学和机械投影建立的光学立体模型将由解析方法建立的数字立体模型取代,这就是数字投影,实现获取被摄目标的数字信息的系统便是解析测图仪。

(一)解析测图仪的组成部分

解析测图仪是由一台精密立体坐标量测仪、一台电子计算机、数控绘图桌、相应的接口设备和其他终端设备以及软件系统,并以在线方式组成的测图系统,如图5-13所示。

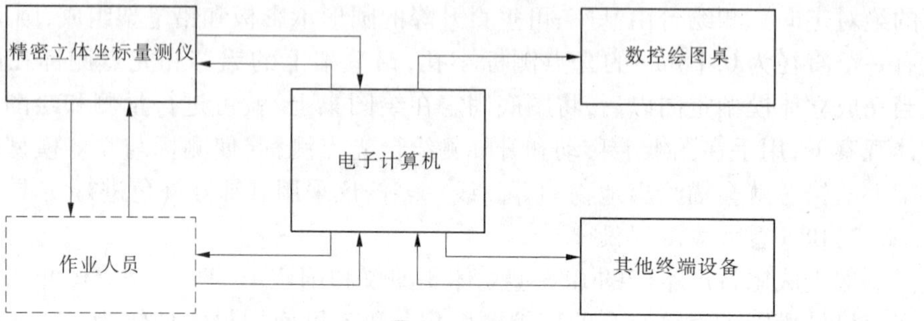

图5-13　解析测图仪系统

精密立体坐标量测仪为立体观察和量测的部件,它的功能在于立体像对数据的采集。电子计算机通过软件,对各种测量数据进行处理,对立体坐标量测仪、数控绘图桌等终端设备进行实时监控,并且可以对测量信息进行存储、转换、入库、输出。计算机与各类终端设备的连接与信息交换,通过接口设备和其他控制部件完成。

(二)解析测图仪的特点

与模拟测图仪相比,解析测图仪有以下明显的特点。

1. 精度高

由于解析测图仪光机部分构造简单,结构稳定,能够对各种像差、像片材料变形以及仪器机械部分的系统误差等通过软件加以改正,且偶然误差的影响也可通过平差法配置,因而仪器的量测精度可达0.002 mm左右。

2. 功能强

采用数字解算,可以方便地进行数字模型、纵横断面和等高线量测,并输出数字的或图解的成果,是获取地理基础信息的主要方法。另外,数字解法不受摄影方式、摄影主距和外方位元素等方面的限制,故除常规摄影的测图外,还可处理交向摄影、全景摄影、非量测相机的像片及遥感图像资料。

3. 效率高

通过计算机控制,在定向过程中可自动驱动到标准点位观测,或对已测过的像对恢复像对的方位。在观测过程中能及时发现观测粗差,减少空中三角测量的返工。另外,可以进行人机对话,输入简单的命令就可以完成一连串烦琐冗长的操作,大大缩短测图辅助性操作的时间,提高总生产率。

4. 具有机助绘图功能

测图时,作业员只需在仪器上观测,成果记录和绘成地形图等工作则由计算机控制和发挥软件的功能来自动完成,使测图过程半自动化。

5. 便于实现测图自动化

如果在解析测图仪的基础上，增加影像相关设备，代替人眼的立体观测，就形成了在线方式的自动化测图系统。

6. 便于建立地图数据库

在解析测图仪上所取得的量测成果如点位、等高线等的量测，不仅可以通过电子绘图桌以图解的方式输出，而且可以以数字形式存储起来。另外，通过断面扫描还可专门采集数字高程模型的数据点以及制作正射影像的数据。这些数据经过相应的计算机软件处理，即可用于建立地图数据库。

二、解析测图仪的结构

解析测图仪由硬件和软件两大部分组成，硬件是实现解析测图仪功能的基础，而软件则决定解析测图仪的功能。

（一）解析测图仪的硬件

解析测图仪的硬件指光、机、电各部分结构的实体，主要包括精密立体坐标量测仪、电子计算机、接口设备、数控绘图桌和其他终端设备，以下仅对前三个部分作一介绍。

1. 精密立体坐标量测仪

解析测图仪中的精密立体坐标量测仪的基本结构和功能与常规的立体坐标量测仪大体相同，但其机械结构要求偏重于稳定性，而机械的精确度方面的系统误差可以通过软件纠正。在观测系统中增设了由计算机控制的 Dove 棱镜和 Zoom 变倍系统，前者可以在连续像对观测时或在立体观察时消除旋像现象，后者则可以连续地调节观测影像的放大率，使得在左、右片影像比例尺不一致的情况下也能获得良好的立体视觉。此外，与常规的立体坐标量测仪不同的是，仪器的像片架或观测系统的物镜的移动，大都是在计算机的控制下通过伺服系统控制完成的。

2. 电子计算机

从系统的角度看，解析测图仪是一个对立体像对各种测量信息进行处理的数据处理系统，而电子计算机是解析测图仪的核心部件，它担负着全部数据的计算与管理任务。解析测图仪的数据处理任务通常包括实时输入/输出（模/数及数/模变换）、接口（计算机与量测机件间的通信）、坐标变换（即数字投影）和其他摄影测量运算。

3. 接口设备

接口设备起着在计算机、立体坐标量测仪、绘图桌及操作台之间沟通信息的功能。除电路和电子元件外，主要是传感器（编码器）和伺服系统。

传感器的作用是把仪器的机械位移量转换成计算机能识别的数字量，即模/数转换作用，解析测图仪常用的传感器多为旋转编码器、线性编码器。立体坐标量测仪上的手轮和脚盘、像片车架、绘图桌及需要自动控制的棱镜、透镜等部位，都需要安置传感器。图 5-14 表示像片车架的机械位移量向数字量转换，并传送给计算机的过程。

伺服系统的作用是把计算机给出的数字信息转变为仪器部件的机械位移，将部件（如像片车架、绘图笔等）驱动到应有的位置。根据是否带有反馈控制，伺服系统可分成开环系统和闭环系统两种。

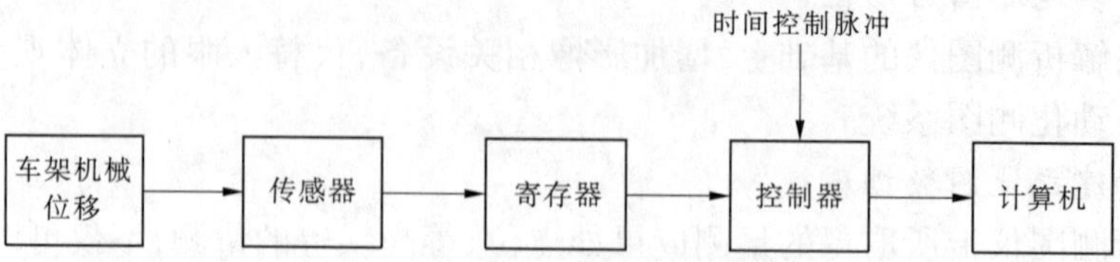

图 5-14　数/模转换流程

以车架驱动伺服系统为例,开环系统的结构如图 5-15 所示。来自计算机的位置给定数字信息输出到控制器,控制器按照一定的时间要求把信息传送给数/模转换器,数/模转换器把数字信息转换成电压信号或脉冲串,经过放大电路输送给伺服电机,以驱动车架。

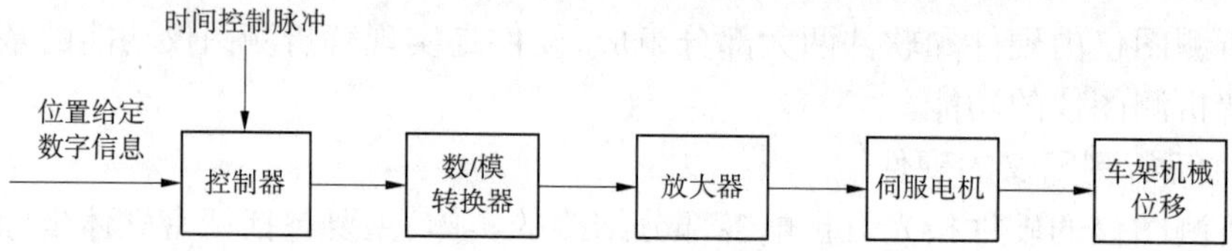

图 5-15　开环系统

闭环系统的结构如图 5-16 所示。来自计算机的数字信息,一路经控制器、数/模转换器、放大器,由伺服电机驱动像片车架。另一路,由控制器将计算机传来的位置给定数字信息输给寄存器。当车架移动时,车架上的传感器就把车架位移又变成数字反馈给寄存器,将两方面传来的信息进行比较,如有粗差,就按差值送给后面的驱动线路继续驱动车架。这样的反馈循环直到寄存器中的数字与来自计算机的数字相等时停止。

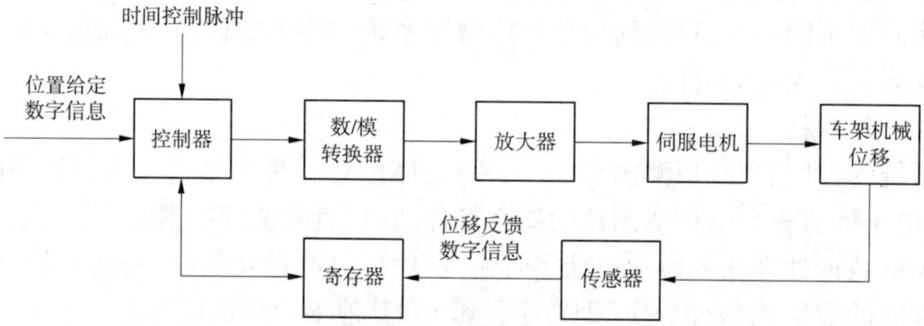

图 5-16　闭环系统

(二)解析测图仪的软件

解析测图仪的软件通常分成计算机操作系统和摄影测量软件两部分。

1. 计算机操作系统

由计算机厂家提供的软件,它在计算机运行过程中担负着一系列的任务,如指令收集与执行、内存管理、文件编辑、程序编译与运行控制、外围设备触发等。解析测图仪的全部应用程序都必须依赖于操作系统的支持,用户扩展程序也要通过操作系统。因此,操作系统的性能在很大程度上影响着解析测图仪的总性能。

2. 摄影测量软件

专门为摄影测量目的制作的软件,它的功能是通过立体影像信息建立数字立体模型和利用这个模型完成各项量测任务，主要由实时程序和应用程序两部分构成。

解析测图仪的作业涉及大量的数学运算和实时控制，如各种坐标之间的转换、各项误差的改正、按照数学模型和各种变量通过伺服系统控制解析测图仪作实时机械运动等，所有这些数学运算和实时控制完成的一个时间周期必须小于0.02 s，这样才能保证在操作员的立体观测中不会觉察到模型闪跳，即保证眼睛的视觉暂留。这种时间性要求很强，计算量大，且需要进行实时控制的部分就设计为实时程序。在解析测图仪工作过程中，实时程序不是由人工操作的，而是由系统按一定的周期自动启动的。实时程序一般用汇编语言编成，由厂家提供。

应用程序一般用高级语言编写，在工作过程中由作业员操作运行。用户在必要时可作扩充、修改。各种类型的解析测图仪的应用程序一般包括：像片内定向，立体像对相对定向，模型绝对定向，模型数据的存储与恢复，点的观察，地面模型数字化，面积、体积和矢量计算，空中三角测量等基本部分。

三、解析测图仪工作原理

图5-17为解析测图仪的工作原理。

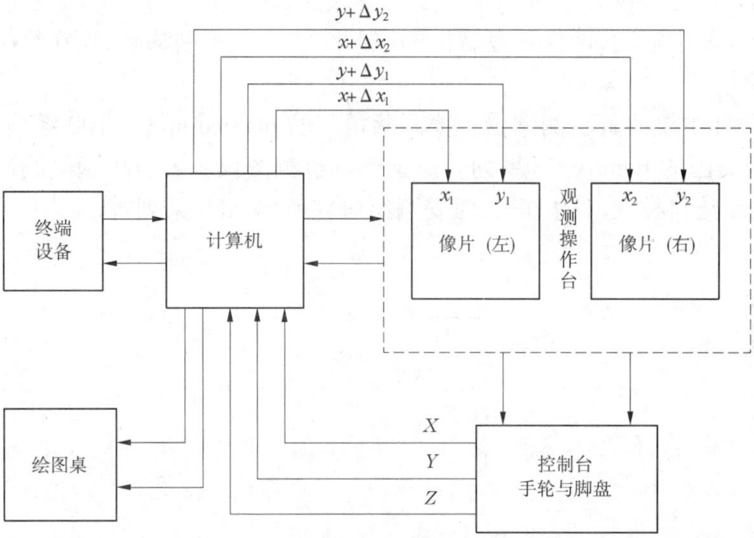

图5-17　解析测图仪的工作原理

作业人员把立体像片对分别安放在解析测图仪左、右像片盘上，将摄影参数如摄影机内方位元素、底片缩放系数、物镜畸变差、地球曲率、大气折光差及测图必要的数据（如控制点地面坐标等）输入到计算机中。接着进行内定向，用测标逐次对准每张像片的框标，由应用程序完成内定向，即确定出每张像片的主点位置以及像片坐标系与仪器坐标系之间的转换参数。再分别照准相对定向点和绝对定向点，获取它们的像点坐标之后，应用程序对它们进行解算，求出各定向元素存储备用。至此，像片的外方位元素均已求出，即立体数字模型已经建立完成。在对模型进行观察和量测时，解析测图仪是利用共线条件方程来实现数字投影的实时运算的，两张像片同名像点按共线方程可列出4个方程式：

$$
\left.\begin{aligned}
x &= -f\frac{a_1(X_A - X_S) + b_1(Y_A - Y_S) + c_1(Z_A - Z_S)}{a_3(X_A - X_S) + b_3(Y_A - Y_S) + c_3(Z_A - Z_S)} \\
y &= -f\frac{a_2(X_A - X_S) + b_2(Y_A - Y_S) + c_2(Z_A - Z_S)}{a_3(X_A - X_S) + b_3(Y_A - Y_S) + c_3(Z_A - Z_S)}
\end{aligned}\right\}
$$

式中外方位元素 X_S、Y_S、Z_S、a_i、b_i、c_i 已知，尚有 7 个参数 x_1、y_1、x_2、y_2、X_A、Y_A、Z_A 待定。在此，解析测图仪有两种方式来实现数字投影的运算：一种是输入物点的空间坐标，求出相应像点坐标，另一种是输入像点坐标，求出相应物点的空间坐标。在实践中以输入物点的空间坐标更加实用，大多数解析测图仪，都属于这一类型。而在输入物点空间坐标中，尤以输入模型坐标最为常见。以输入模型坐标，计算像点坐标方式为例，模型的观察和量测是通过观测系统，由作业员操纵手轮和脚盘将欲测模型点的坐标（X_A，Y_A，Z_A）输入到计算机中，计算机先按共线方程算出理论的像点坐标，在顾及像点的各项改正以后，转换为实际的像点坐标以及仪器架坐标，经数/模转换后再由伺服系统对两张像片控制移动，以达到测标对准相应的模型点。同时进行的有模型坐标与地面测量坐标间的换算，当然还要顾及地球曲率与大气折光的改正。

当联机绘图作业时，需要实时地进行模型坐标与图面坐标的换算，并由伺服系统驱动绘图笔绘图。当把脚盘 Z 安置在某一条等高线高程的相应数值时，转动手轮 X 和 Y，保持测标在模型表面上运动，两像片盘就由伺服系统实时地控制移动，而在绘图桌上就可绘出相应的等高线。

目前，国外主要的解析测图仪有德国蔡司厂的 planieornp C－100 系列，瑞士威尔特厂的 BC 系列，美国的 Bendix US 系列等。国产解析测图仪主要有中国测绘研究院的JX－1、JX－3，武汉测绘科技大学的 DPG，西安测绘研究所的 APS 系列等。

第六章　解析空中三角测量基础

第一节　解析空中三角测量概述

应用航摄像片测绘地形图必须有一定数量的地面控制点坐标,这些控制点若采用常规的大地测量方法,需要在困难的野外作业环境和复杂的地形条件下,耗费相当的人力、物力和时间。解析空中三角测量的产生,极大地改变了这种状况。它仅需要少量必要的野外地面控制点,在室内量测出一批测图所需的像片点坐标,通过解析的方法,求出它们相应地面点的地面坐标,供测图或其他使用。这些由像片点解求的地面控制点,也称为加密点。

解析空中三角测量通常采用的平差模型可分为航带法、独立模型法和光束法。按加密区域分为单航带法和区域网法。单航带解析空中三角测量以一条航带构成的区域为加密单元进行解算,区域网法按整体平差时所取用的平差单元不同,主要分为如下三种:

(1)航带法区域网平差。以航带作为整体平差的基本单元。

(2)独立模型法区域网平差。以单元模型为平差单元。

(3)光线束法区域网平差。以每张像片的相似投影光束为平差单元,从而求出每张像片的外方位元素及各个加密点的地面坐标。

由于物理因素(摄影材料变形、摄影物镜畸变、大气折光、地球曲率等)影响,使像点偏离了三点共线的理论位置,像对立体测图时系统误差对成图精度影响不显著,一般不予考虑。但在解析空中三角测量中,由于误差的传递积累,对加密点的点位精度影响显著,要预先改正。在参与区域网平差之前,每张像片的像点坐标都应进行由于摄影材料片变形、摄影物镜畸变差、大气折光和地球曲率所引起的像点误差改正。

第二节　航带法解析空中三角测量

航带法区域网空中三角测量是在每条航线构成航带模型后,各航带依次根据本航带地面控制点和上一条相邻航带公共点进行概略定向,使全区域的各条航带统一在共同的坐标系中。然后以单个航带模型作为一个基本单元,利用地面控制点的摄影测量坐标与实际地面坐标相等以及相邻航带公共点坐标应相等为条件,将这些点经概略绝对定向后的坐标作为观测值,用平差方法在全区域同时整体解算各条航带模型的非线性变形纠正系数,从而求得各个加密点的地面坐标。

一、航带模型的建立

建立航带模型实际就是求得各模型点在统一的航带像空间辅助坐标系中的坐标,包括按连续像对法进行像对的相对定向建立像对立体模型和统一模型比例尺两项工作。在建立航带模型之前,每张像片的像点坐标都应进行由于底片变形、摄影物镜畸变差、大气折光和地球曲率所引起的像点误差改正。

(一)像对的相对定向

通常是以航线首张像片的空间坐标系作为航带像空间辅助坐标系。如果像对从左向右编号,第一个像对的左片相对于统一的航带空间辅助坐标系的角元素为零。经像对的相对定向求出的本像对右片相对于航带空间辅助坐标系的相对定向角元素 φ_2、ω_2、κ_2,该值对下一个像对而言,就是左片的已知角元素。

连续像对相对定向误差方程式可由式(4-17)得出。若像对内有多对同名像点参加相对定向,可列多个误差方程式,根据最小二乘原理列立法方程,求出未知相对定向元素,计算出各模型点在各自像对模型中的坐标。

(二)模型比例尺归化

每个像对模型的比例尺是按其相对定向时所取的 b_u 而定的,大小不确定。为了建立航带模型应将各像对模型归化到统一的比例尺中,称为归化或模型连接。

如图 6-1 所示,对于第一个像对而言,模型①的比例尺是任意的,可将此比例尺作为整条航带模型的比例尺。对第二个像对进行相对定向,得到模型②,由于两个模型比例尺不等,其公共点 M 分别位于 M_1 和 M_2 处,对模型②进行比例尺归化,使它和模型①的比例尺相同,即使 M_1 点和 M_2 点重合($S_1M_1 = S_2M_2$)。按下式计算模型归化系数 k

$$k = \frac{S_1M_1}{S_2M_2} = \frac{(N'w_2)_{模型1}}{(Nw_1)_{模型2}} = \frac{(N'w_1)_{模型1} - b_w}{(Nw_1)_{模型2}} \tag{6-1}$$

求出模型归化系数 k 后,将后一对像对模型的所有模型点、摄站点坐标和基线分量均乘以 k,即可将比例尺统一于前一像对的模型比例尺中。各个像对依次按上述方法进行比例尺归化,进而建立统一比例尺的航带模型。

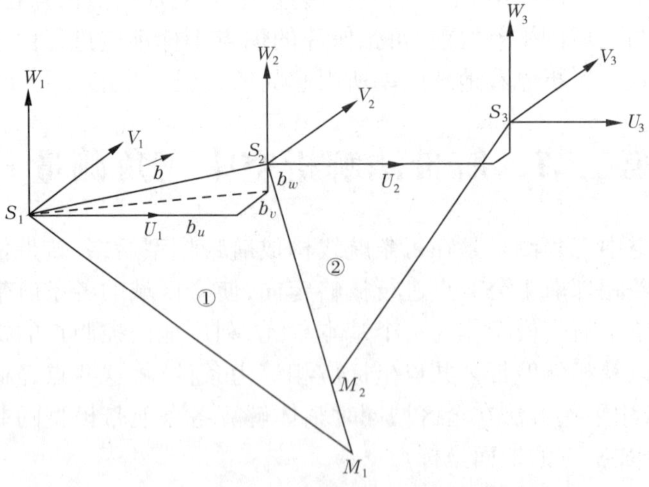

图 6-1　模型比例尺归化

为使以后的整体平差计算方便,将所有模型坐标 U、V、W 和基线分量 b_u、b_v、b_w 都乘以

一个比例尺分母 M,这相当于把模型放大到与实地一样。因前一模型的右摄站是后一模型的左摄站,顾及模型比例尺归化系数,则第二个模型及以后各模型的摄站点在全航带统一的坐标为

$$\left.\begin{aligned} U_{S2} &= U_{S1} + kMb_u \\ V_{S2} &= V_{S1} + kMb_v \\ W_{S2} &= W_{S1} + kMb_w \end{aligned}\right\} \tag{6-2}$$

第二个模型及以后各模型中的模型点在全航带统一的坐标为

$$\left.\begin{aligned} U &= U_{S1} + kMNu_1 \\ V &= V_{S1} + \frac{1}{2}(kMNv_1 + kMN'v_2 + kMb_v) \\ W &= W_{S1} + kMNw_1 \end{aligned}\right\} \tag{6-3}$$

式中:U、V、W 为模型点坐标值;U_{S1}、V_{S1}、W_{S1} 为本像对左摄站的坐标值,均由前一像对模型求得;u_1、v_1、w_1 为左像点的像空间辅助坐标,v_2 为右像点的像空间辅助坐标;N、N' 为本像对左、右投影射线的比例因子(参见式(4-5))。

至此完成了统一比例尺的航带模型的建立。

二、航带模型的概略绝对定向

航带模型概略绝对定向目的是将航带模型在统一的航带像空间辅助坐标系的坐标转换到航带统一的地面参考坐标系中(即地面摄影测量坐标系),取得模型的地面概略坐标,为全区域整体平差做准备。

(一)地面参考坐标系的建立

根据首条航带模型内两地面控制点 A 和 B,根据式(6-4)将地面坐标系转换到 X 轴大致与航带平行的地面参考坐标系。

$$\begin{pmatrix} X \\ Y \\ Z \end{pmatrix} = \begin{pmatrix} a & b & 0 \\ b & -a & 0 \\ 0 & 0 & \lambda \end{pmatrix} \begin{pmatrix} X_t - X_{tA} \\ Y_t - Y_{tA} \\ Z_t \end{pmatrix} \tag{6-4}$$

式中:X、Y、Z 为控制点地面参考坐标; X_t、Y_t、Z_t 为控制点地面坐标; X_{tA}、Y_{tA}为 A 点在地面坐标系中的坐标。

$$a = \frac{\Delta U_{(B-A)} \Delta X_{t(B-A)} - \Delta V_{(B-A)} \Delta Y_{t(B-A)}}{\Delta X^2_{t(B-A)} + \Delta Y^2_{t(B-A)}}$$

$$b = \frac{\Delta U_{(B-A)} \Delta Y_{t(B-A)} + \Delta V_{(B-A)} \Delta X_{t(B-A)}}{\Delta X^2_{t(B-A)} + \Delta Y^2_{t(B-A)}}$$

$$\lambda = \sqrt{a^2 + b^2}$$

式中:ΔU、ΔV 为模型点坐标差;ΔX、ΔY、ΔX_t、ΔY_t 为地面参考坐标差、地面坐标差。

(二)坐标重心化

地面参考坐标系中地面控制点坐标的重心化,重心坐标为

$$X_G = \frac{\sum X}{n}, \quad Y_G = \frac{\sum Y}{n}, \quad Z_G = \frac{\sum Z}{n}$$

重心化坐标为

$$\overline{X} = X - X_G, \quad \overline{Y} = Y - Y_G, \quad \overline{Z} = Z - Z_G \tag{6-5}$$

航带模型辅助坐标系中模型点坐标的重心化，重心坐标为

$$U_G = \frac{\sum U}{n}, \quad V_G = \frac{\sum V}{n}, \quad W_G = \frac{\sum W}{n}$$

重心化坐标为

$$\overline{U} = U - U_G, \quad \overline{V} = V - V_G, \quad \overline{W} = W - W_G$$

求重心坐标时，地面控制点和模型点的数目和点号应一一对应。

（三）航带模型的概略定向

航带模型的概略定向是将航带模型作为一个整体，通过空间相似变换来实现，其公式如下

$$\begin{pmatrix} \overline{X} \\ \overline{Y} \\ \overline{Z} \end{pmatrix} = \lambda R \begin{pmatrix} \overline{U} \\ \overline{V} \\ \overline{W} \end{pmatrix} + \begin{pmatrix} \Delta X_G \\ \Delta Y_G \\ \Delta Z_G \end{pmatrix} \tag{6-6}$$

式中：$\overline{X}$、$\overline{Y}$、$\overline{Z}$ 为模型点经空间变换后的重心化地面参考坐标；ΔX_G、ΔY_G、ΔZ_G 为航带模型重心平移值；λ、R 为相似变换参数。

根据参加概略定向的控制点列出误差方程式(6-7)，求得变换参数的改正值，第一条航带模型是根据本航带内已知地面控制点进行概略绝对定向，而其他航带模型取本航带内地面控制点的地面参考坐标和上一航带公共点的地面概略坐标进行坐标重心化和航带模型的概略绝对定向，进而求得区域内各航带模型点在地面参考坐标系的地面概略坐标。

$$\begin{bmatrix} v_{\overline{U}} \\ v_{\overline{V}} \\ v_{\overline{W}} \end{bmatrix} = \begin{bmatrix} 0 & -\overline{W} & -\overline{V} & \overline{U} & 1 & 0 & 0 \\ -\overline{W} & 0 & \overline{U} & \overline{V} & 0 & 1 & 0 \\ \overline{V} & \overline{U} & 0 & \overline{W} & 0 & 0 & 1 \end{bmatrix} \begin{bmatrix} \Delta\Omega \\ \Delta\Phi \\ \Delta K \\ \Delta\lambda \\ \mathrm{d}\Delta X_G \\ \mathrm{d}\Delta Y_G \\ \mathrm{d}\Delta Z_G \end{bmatrix} - \begin{bmatrix} l_{\overline{U}} \\ l_{\overline{V}} \\ l_{\overline{W}} \end{bmatrix} \tag{6-7}$$

其中
$$\begin{bmatrix} l_{\overline{U}} \\ l_{\overline{V}} \\ l_{\overline{W}} \end{bmatrix} = \begin{bmatrix} \overline{X} \\ \overline{Y} \\ \overline{Z} \end{bmatrix} - \begin{bmatrix} \Delta X_G \\ \Delta Y_G \\ \Delta Z_G \end{bmatrix} - \lambda_0 R_0 \begin{bmatrix} \overline{U} \\ \overline{V} \\ \overline{W} \end{bmatrix}$$

三、航带法区域网平差

航带法区域网平差的任务是在全区域整体解算各条航带模型的非线性改正式的系数，然后利用所求得各条航带模型改正系数，求出待定点坐标，进而得到各加密点的地面坐标。在航带模型构建过程中，由于误差积累会产生非线性变形。通常采用一个多项式曲面来代替复杂的变形曲面，使曲面经过航带模型已知控制点时，所求得坐标变形值与实际变形值相等或其差的平方和最小。

一般采用的多项式有两种：一种是对 X、Y、Z 坐标分列的二次和三次多项式，另一种是平面坐标改正采用三次或二次正形变换多项式，而高程采用一般多项式。二次和三次多项式改正公式为

$$\left.\begin{aligned}\Delta X &= a_0 + a_1\overline{X} + a_2\overline{Y} + a_3\overline{X}^2 + a_4\overline{X}\overline{Y} + a_5\overline{X}^3 + a_6\overline{X}^2\overline{Y}\\ \Delta Y &= b_0 + b_1\overline{X} + b_2\overline{Y} + b_3\overline{X}^2 + b_4\overline{X}\overline{Y} + b_5\overline{X}^3 + b_6\overline{X}^2\overline{Y}\\ \Delta Z &= c_0 + c_1\overline{X} + c_2\overline{Y} + c_3\overline{X}^2 + c_4\overline{X}\overline{Y} + c_5\overline{X}^3 + c_6\overline{X}^2\overline{Y}\end{aligned}\right\} \tag{6-8}$$

式中：ΔX、ΔY、ΔZ 为航带模型经概略绝对定向后模型点的非线性变形坐标改正值；$\overline{X}$、$\overline{Y}$、$\overline{Z}$ 为航带模型经概略绝对定向后模型点重心化概略坐标；a_i、b_i、c_i 为非线性变形多项式的系数。

平面坐标的正形变换改正公式为

$$\left.\begin{aligned}\Delta X &= A_1 + A_3\overline{X} - A_4\overline{Y} + A_5\overline{X}^2 - 2A_6\overline{X}\overline{Y} + A_7\overline{X}^3 - 3A_8\overline{X}^2\overline{Y}\\ \Delta Y &= A_2 + A_4\overline{X} + A_3\overline{Y} + A_6\overline{X}^2 + 2A_5\overline{X}\overline{Y} + A_8\overline{X}^3 + 3A_7\overline{X}^2\overline{Y}\end{aligned}\right\} \tag{6-9}$$

对式(6-8)、式(6-9)而言，去掉三次项，即得二次项变换公式。

航带模型的非线性改正视实际布设控制点情况确定采用二次项公式还是三次项公式。对单航带解析空中三角测量若采用三次多项式作非线性变形改正，则每个式中包含 7 个参数，共计 21 个参数，解算至少需要 7 个平高控制点。

假设采用二次多项式进行航带模型的非线性改正，则控制点的误差方程式为

$$\begin{aligned}-v_X &= a_0 + a_1\overline{X} + a_2\overline{Y} + a_3\overline{X}^2 + a_4\overline{X}\overline{Y} - l_X\\ -v_Y &= b_0 + b_1\overline{X} + b_2\overline{Y} + b_3\overline{X}^2 + b_4\overline{X}\overline{Y} - l_Y\\ -v_Z &= c_0 + c_1\overline{X} + c_2\overline{Y} + c_3\overline{X}^2 + c_4\overline{X}\overline{Y} - l_Z\end{aligned} \tag{6-10}$$

其中

$$\left.\begin{aligned}l_X &= X - X_G - \overline{X}\\ l_Y &= Y - Y_G - \overline{Y}\\ l_Z &= Z - Z_G - \overline{Z}\end{aligned}\right\} \tag{6-11}$$

利用控制点建立误差方程式，建立相应的法方程，求解非线性变形改正式系数 a_i、b_i、c_i，然后利用式(6-8)解求航带模型经概略绝对定向后模型点的非线性变形坐标改正值，进而求得模型点的地面参考坐标。最后经过坐标旋转公式(6-4)的逆变换得到最终的地面点坐标。

第三节　独立模型法解析空中三角测量

独立模型法区域网空中三角测量是以构成的每一个单元模型为一个独立单元，参加全区域的整体平差计算，实际上每个单元都被视为一个整体，只作平移、缩放和旋转，最终达到整个区域内各单元模型处于最或是位置。

一、单元模型的建立

建立单元模型就是为获取包括地面控制点、摄影测量加密点和摄影站点等模型点的

坐标。单元模型可以由一个像对构成,也可以由若干个相邻像对构成。建立单元模型一般采用单独像对法,根据单独像对相对定向误差方程式建立法方程,求解像对的相对定向独立参数。单独像对相对定向完成,亦即求得了左、右像片的旋转矩阵的独立参数,可将像点的像空间坐标化算为像空间辅助坐标系中的坐标,并计算其模型点坐标。

二、区域网的建立

相对定向完成后,由于每个单元模型的像空间辅助坐标系的轴系方向不一致,导致同一地面模型点在相邻单元模型中的坐标值不相同。现在要将各单元模型归化到同一个坐标系,即建立区域网。

在单元模型归化至统一的坐标系过程中,利用相邻两单元模型间的公共点坐标值应相等的条件,通过后一模型单元相对于前一模型作旋转、缩放和平移的空间相似变换,把后一单元模型归化到前一模型的坐标系中,依次类推,进行到最后一个单元模型为止。经空间相似变换的单元模型,依然保持模型的原来形状和独立性。

三、全区域单元模型的整体平差

区域网整体平差依然将区域内的单元模型视为整体作为平差单元,按照在整个区域内相邻模型公共点在各单元模型上的坐标相同,以及地面控制点的模型计算坐标和实测坐标相同的原则,依据最小二乘原理,经旋转、缩放和平移的空间相似变换,确定出每个单元模型在区域中的最或是位置。区域网的建立与整体平差,实际上可用相同的数学模型一次解算完成。

(一)单元模型坐标的重心化

为了计算方便,在区域网整体平差中,对每个单元模型进行坐标重心化。可取单元模型内参加整体平差的模型连接点和地面控制点的坐标,计算出单元模型的重心坐标。此时摄影站点不参与测求重心坐标。

单元模型重心的坐标为

$$U_G = \frac{\sum U}{n}, \quad V_G = \frac{\sum V}{n}, \quad W_G = \frac{\sum W}{n}$$

式中:n 为所取控制点和连接点个数之和。

单元模型上模型点重心化坐标为

$$\overline{U} = U - U_G, \quad \overline{V} = V - V_G, \quad \overline{W} = W - W_G$$

单元模型内相应地面点重心的地面参考坐标为

$$X_G = \frac{\sum X}{n}, \quad Y_G = \frac{\sum Y}{n}, \quad Z_G = \frac{\sum Z}{n}$$

式中:X、Y、Z 为对控制点而言是其地面参考坐标值,对模型公共连接点而言取该点在各相邻模型上诸坐标的平均值。

单元模型内相应地面点重心化地面参考坐标为

$$\overline{X} = X - X_G, \quad \overline{Y} = Y - Y_G, \quad \overline{Z} = Z - Z_G$$

(二)整体平差误差方程式的建立

对于每个单元模型在整体平差中的空间变换矩阵为

$$\begin{bmatrix} X \\ Y \\ Z \end{bmatrix} = \lambda \boldsymbol{R} \begin{bmatrix} \overline{U} \\ \overline{V} \\ \overline{W} \end{bmatrix} + \begin{bmatrix} X_G \\ Y_G \\ Z_G \end{bmatrix} \tag{6-12}$$

对式(6-12)线性化,可得误差方程形式为

$$-\begin{bmatrix} v_U \\ v_V \\ v_W \end{bmatrix}_{i,j} = \begin{bmatrix} 1 & 0 & 0 & \overline{U} & -\overline{W} & 0 & -\overline{V} \\ 0 & 1 & 0 & \overline{V} & 0 & -\overline{W} & \overline{U} \\ 0 & 0 & 1 & \overline{W} & \overline{U} & \overline{V} & 0 \end{bmatrix}_{i,j} \begin{bmatrix} \mathrm{d}X_G \\ \mathrm{d}Y_G \\ \mathrm{d}Z_G \\ \mathrm{d}\lambda \\ \mathrm{d}\varphi \\ \mathrm{d}\omega \\ \mathrm{d}\kappa \end{bmatrix}_j - \begin{bmatrix} \Delta X \\ \Delta Y \\ \Delta Z \end{bmatrix}_{i,j} - \begin{bmatrix} l_U \\ l_V \\ l_W \end{bmatrix}_{i,j} \tag{6-13}$$

其中

$$\begin{bmatrix} l_U \\ l_V \\ l_W \end{bmatrix}_{i,j} = \begin{bmatrix} X_0 \\ Y_0 \\ Z_0 \end{bmatrix} - \lambda_0 \boldsymbol{R}_0 \begin{bmatrix} \overline{U} \\ \overline{V} \\ \overline{W} \end{bmatrix}_{i,j} - \begin{bmatrix} X_{G0} \\ Y_{G0} \\ Z_{G0} \end{bmatrix}_j$$

式中:$\overline{U}$、$\overline{V}$、$\overline{W}$ 为单元模型中模型点 i 的重心化坐标;X、Y、Z 为单元模型点 i 的地面参考坐标平差值;λ 为单元模型的比例因子;$\boldsymbol{R}$ 为单元模型的旋转矩阵;X_G、Y_G、Z_G 为单元模型重心在地面参考坐标系中的坐标;i、j 为模型点、单元模型的编号;ΔX、ΔY、ΔZ 为待定点坐标改正数;X_0、Y_0、Z_0 为模型公共点的均值;X_{G0}、Y_{G0}、Z_{G0} 为 X_G、Y_G、Z_G 的初始值;$\mathrm{d}X_G$、$\mathrm{d}Y_G$、$\mathrm{d}Z_G$、$\mathrm{d}\lambda$、$\mathrm{d}\varphi$、$\mathrm{d}\omega$、$\mathrm{d}\kappa$ 为模型 7 个变换参数改正数。

误差方程的矩阵形式为

$$\boldsymbol{V} = \boldsymbol{A}\boldsymbol{X} - \boldsymbol{L} \tag{6-14}$$

(三)法方程的组成和解算

根据误差方程式(6-14)按最小二乘法组成法方程的矩阵形式为

$$\boldsymbol{A}^{\mathrm{T}}\boldsymbol{A}\boldsymbol{X} - \boldsymbol{A}^{\mathrm{T}}\boldsymbol{L} = 0 \tag{6-15}$$

解法方程得 7 个相似变换参数的改正数值为

$$\boldsymbol{X} = (\boldsymbol{A}^{\mathrm{T}}\boldsymbol{A})^{-1}\boldsymbol{A}^{\mathrm{T}}\boldsymbol{L} \tag{6-16}$$

独立模型法区域网空中三角测量的计算量很大,若区域网内有 N 条航带,每条航带有 n 个模型,则全区的相似变换待定参数应有 $7nN$ 个;若参加整体平差的连接点点数为 m,则连接点坐标改正数为 $3m$ 个。在解算时,法方程系数阵占很大的存储空间。为了提高解算效率,有许多不同的解算方法,在此不再赘述。

(四)模型点坐标值的计算

根据求得的每个单元模型 7 个变换参数和式(6-12),可以求取各个模型点的地面参考坐标(X,Y,Z)。对于各模型间的连接点取其在各模型中的平均值作为该点的地面参考坐标最或是值。最后利用坐标变换公式将模型点地面参考坐标(X,Y,Z)转换为地面坐标系(X_t,Y_t,Z_t)。

第四节　光线束法解析空中三角测量

光线束法以摄影时地面点、摄影站点和像点三点共线为基本条件，以每张像片所组成一束光线作为平差的基本单元，以共线条件方程作为平差的基础方程。通过各个光束在空中的旋转和平移，使模型之间公共点的光线实现最佳交会，并使整个区域很好纳入到已知控制点地面坐标系中。光线束法区域网平差就是在全区域内建立误差方程式，求得每张像片的 6 个外方位元素和加密点地面坐标。在参与区域网平差之前，每张像片的像点坐标都应进行由于底片变形、摄影物镜畸变差、大气折光和地球曲率所引起的像点误差改正。

一、光线束区域网平差的概算

光线束区域网平差概算的目的就是获取像片的外方位元素和加密点地面坐标的近似值，其方法以下面两种为主。

（一）用航带网加密成果作为概略值

当第一条航带建立后，利用本航带的已知控制点作概略绝对定向，获取加密点概略地面坐标。以下各航带用上条相邻航带的公共点和本航带的已知控制点作绝对定向，用各相邻航带的公共点坐标平均值作为地面坐标近似值。用单像空间后方交会方法求得每张像片外方位元素概略值。

（二）用空间后方交会和前方交会交替进行的方法

（1）对于单条航带而言，假定航带左边第一张像片水平、地面水平，摄站点坐标$(0,0,H)$，则可计算此像片的 6 个标准像点的相应地面位置。

（2）将第一片和第二片组成像对，利用前方交会算出 6 个标准点相对起始面高差，然后修正第一片上的标准点坐标值；利用空间后方交会求得第二片相对第一片的外方位元素；利用第一、二两片的外方位元素求立体像对的地面点近似值，推算第三片主点的近似坐标。

（3）第三片可利用像主点坐标和三度重叠内的点，进行空间后方交会求出第三片的外方位元素；用第二片、第三片外方位元素进行前方交会，求得第二个模型中各点的地面近似坐标。以后各片与第三片同样的方法求得航带中各像片的外方位元素和各点地面坐标近似值。

（4）利用第一条航带两端控制点进行绝对定向，相邻航带利用航带控制点和相邻公共点对本航带各像片进行空间后方交会，求得各片方位元素，作为本带各片外方位元素的概略值。然后进行各像对的前方交会求得地面点的概略值。依次类推，全区域各航带上点的地面近似坐标值统一在同一坐标系内。

二、光线束区域网平差的误差方程式和法方程式

（一）误差方程式的建立

每一个像点都符合共线条件，可列出以下两个关系式

$$
\left.\begin{aligned}
x &= -f\frac{a_1(X-X_S)+b_1(Y-Y_S)+c_1(Z-Z_S)}{a_3(X-X_S)+b_3(Y-Y_S)+c_3(Z-Z_S)}\\
y &= -f\frac{a_2(X-X_S)+b_2(Y-Y_S)+c_2(Z-Z_S)}{a_3(X-X_S)+b_3(Y-Y_S)+c_3(Z-Z_S)}
\end{aligned}\right\} \tag{6-17}
$$

将共线方程线性化,此时对 X、Y、Z 也要偏微分,其误差方程为

$$
\left.\begin{aligned}
v_x &= a_{11}\Delta X_S + a_{12}\Delta Y_S + a_{13}\Delta Z_S + a_{14}\Delta\varphi + a_{15}\Delta\omega + a_{16}\Delta\kappa - \\
&\quad a_{11}\Delta X - a_{12}\Delta Y - a_{13}\Delta Z - lx\\
v_y &= a_{21}\Delta X_S + a_{22}\Delta Y_S + a_{23}\Delta Z_S + a_{24}\Delta\varphi + a_{25}\Delta\omega + a_{26}\Delta\kappa - \\
&\quad a_{21}\Delta X - a_{22}\Delta Y - a_{23}\Delta Z - lx
\end{aligned}\right\} \tag{6-18}
$$

式中各系数详见第二章第五节内容。若像片外方位元素改正值 $\Delta\varphi$、$\Delta\omega$、$\Delta\kappa$、ΔX_S、ΔY_S、ΔZ_S 用列向量 $\boldsymbol{X}$ 表示,待定点坐标改正数 ΔX、ΔY、ΔZ 用列向量 $\boldsymbol{t}$ 表示,则某一像点的误差方程式的矩阵表达为

$$
\boldsymbol{V} = [B \quad C]\begin{bmatrix} X \\ t \end{bmatrix} - \boldsymbol{L} \tag{6-19}
$$

(二)区域网平差的法方程式

误差方程式(6-18)按最小二乘法组成法方程式

$$
\begin{bmatrix} B^{\mathrm{T}}B & B^{\mathrm{T}}C \\ C^{\mathrm{T}}B & C^{\mathrm{T}}C \end{bmatrix}\begin{bmatrix} X \\ t \end{bmatrix} - \begin{bmatrix} B^{\mathrm{T}}L \\ C^{\mathrm{T}}L \end{bmatrix} = 0 \tag{6-20}
$$

通常在解算法方程时先消去 t,利用循环分块法解算 X 值,然后加上近似值后,得到该点的地面坐标。

光束法区域网平差,理论严密,易引入各种辅助数据(如由 GPS 获得摄影中心坐标数据)、各种约束条件进行严密平差,光束法区域网平差为目前应用最为广泛的区域网平差方法。航带法区域网平差常用于精度要求不高的情况和获取光束法区域网平差的初值。

三、GPS 辅助空中三角测量

GPS 全球定位系统是美国研制的卫星导航和定位系统,由卫星、地面控制和用户接收机三个部分组成。卫星部分由 18 颗工作卫星和 3 颗备用卫星组成,工作卫星均匀分布在 6 个相对于赤道的倾角为 55°的近圆轨道上,轨道间的夹角为 60°,平均高度为 20 200 km。在地球上任何一点,均可连续地同步观测至少 4 颗 GPS 卫星,从而保障了全球、全天候的连续地三维定位。

GPS 定位技术主要包括静态定位和动态定位,静态定位是指确定地球表面某些静止点的三维空间坐标,动态定位则是确定运动物体的轨迹,它在摄影测量中已得到越来越广泛的应用。

GPS 辅助空中三角测量就是利用 GPS 动态定位原理,采用机载 GPS 接收机与地面基准站的 GPS 接收机同时、快速、连续地记录相同的 GPS 信号,通过相对定位技术的离线数据处理后,获得航摄飞行中摄站点相对于该地面基准点的三维坐标,并将它作为辅助数据应用于光线束法区域网平差中,可以节省大量地面控制点的个数。

如图 6-2 所示,分别在地面基准站和飞机上设置至少两台 GPS 接收机进行空中摄影,通过对 GPS 数据处理,解求摄站坐标,并将 GPS 摄站坐标视为带权观测值,与摄影测量数据一起进行联合平差。

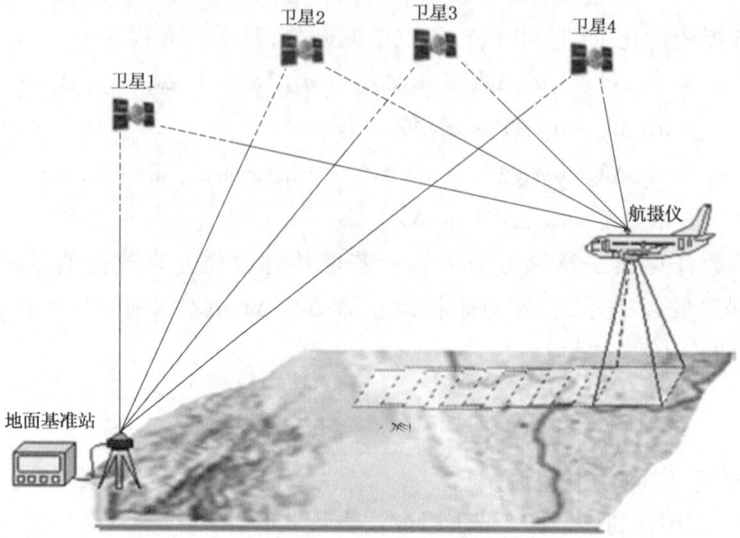

图 6-2　GPS 航摄系统

第五节　解析空中三角测量的作业过程

摄影测量可分为外业工作与内业工作两部分。外业工作包括控制点测量与地物的调绘,内业工作包括空中三角测量、纠正、测图等。其中,空中三角测量是摄影测量的重要环节,解析空中三角测量的基本目的,就是利用少量实测控制点确定全部影像的方位,加密出测图所需控制点,也称为加密点。通过空中三角测量可以节省大量的外业控制工作。解析空中三角测量提供的平差结果是后续的一系列摄影测量处理与应用的基础。数字摄影测量系统的诞生,使解析空中三角测量实现了自动化、智能化,大大提高了作业效率。

解析空中三角测量包括以下主要工作过程。

一、原始资料处理

解析空中三角测量必备的资料为影像资料、相机检校文件、控制点文件等。对原始资料的准备处理包括:检查影像是否清晰,特别是框标是否清晰;查看相机和控制点资料;制作控制点略图,检查控制点分布状况,根据控制点分布划分测区,制订接边方案等。

(一)认真检查分析航摄资料

首先重点检查测区内航摄资料的完整性,是否缺失,像片比例尺是否一致,像片的片号是否重复或漏掉,扫描像片的格式是否全部正确,像片的形状是否变形等情况。这里提到的每一个环节都是十分重要的,对于加密作业的精度和速度都有很大的影响。如果发现错误,必须对影像及时预处理或者重新扫描。

(二)旋转相机

航空摄影时,一般相邻航线的航拍飞机的飞行方向是相反的,因此相机方向也是相反的。理想状态的条件下,像主点的坐标位于像坐标原点,即 $x=0$, $y=0$。相机即使不进行旋转也不影响精度。而实际航摄影像像主点坐标与像坐标系原点是不重合的,这时根据航线相机方向,对影像参数文件进行修改,使相机方向与实际方向一致。

这里提供两种常用的方法:一是在影像格式转换时选中“旋转相机”选项,二是在“影像列表”设置中把需要旋转的相机影像选为“旋转相机”。其中第二种方法较为常用。

(三)影像的处理

使用 VirtuoZo 系统作业时,构成立体像对的影像分辨率必须相同,不然是无法进行影像匹配的。如果出现分辨率不同的情况,必须重新扫描,当不能对其扫描时,我们可以使用 Photoshop 软件,采用影像分辨率转换的方法解决,但只能是高分辨率向低分辨率的转换。操作方法如下:

第一步,使用 Photoshop 软件打开影像,调整图像大小。第二步,对影像“分辨率”框的单位和大小进行修改。第三步,修改“像素大小”,使它的高度、宽度与其目标值一致。

(四)格式转换

由于 VirtuoZo 系统目前只支持 RGB 方式存储的 24 位彩色影像和以灰度存储的 8 位黑白影像,以其他方式存储的影像就会出现彩色反转现象。所以,我们最好采用 Photoshop 软件等图像处理软件将它转换为系统可识别的图像格式,再转换为 VZ 格式。

从作业经验总结,做空中三角测量加密之前,尽量不要用图像处理软件对影像的亮度、对比度、反差进行调整,因为这样会引起影像灰度值的变化,让影像上的地面地物产生微小的变化,会影响加密精度,甚至部分丢失地表信息。

二、自动空中三角测量准备

自动空中三角测量准备部分包括创建影像列表,即指定测区内各航带影像,建立影像索引列表;对测区内的影像作自动内定向处理;转测航带偏移点以确定航线间的相互关系。为了实现在航线间自动转点,需要确定航线之间的相对位置。通常需在相邻航带的旁向重叠范围内转测数对同名点(称为航线间偏移点)来确定航线间偏移量,以确定航线之间的相对位置。

(一)创建影像列表

在资源管理器中将一条航带的影像选中,拖至影像列表框中。如顺序不对一定要重新调整顺序。建立影像索引号,方便后面连接点的粗差改正。

(二)自动内定向

自动识别影像框标以及计算内定向参数。测定 4 个或 8 个框标,计算内定向参数。一般建议所有的影像都要进行内定向处理。

首先,建立框标模板,如果发现四个小框不在影像的框标处,要检查相机的参数是否正确,转换影像时的扫描分辨率是否正确。其次,调整好一张影像后,程序后自动处理其他所有的影像,当出现“?”或“×”提示时,要检查该片的内定向。最后,可调用“内定向”中的“检查内定向成果”功能,检查内定向是否合格,如果图形中有红“×”,则表示该片内定向超限。

(三)转测航带偏移点

一般在所有两两相邻航带间的首、尾要各加一对偏移点,当加密的航带比较长时,建议在航带中间也加一些点,这样有助于程序自动在航带间转刺连接点。偏移点选取的原则:应是四度重叠点,点不能太靠近影像的边缘,若存在交叉航带,则航带的组间也应该添加偏移点,并且要保证所加的偏移点不能少于3对,且尽量不要选在一条直线上。

三、加密点自动生成

传统的作业方式通常仅在像主点附近的垂直线上选择3个点位,每个点位上只选一个点,将它转到其他相邻像片上。传统作业方式中连接点的标准位置和连接点的转点略图如图6-3所示。

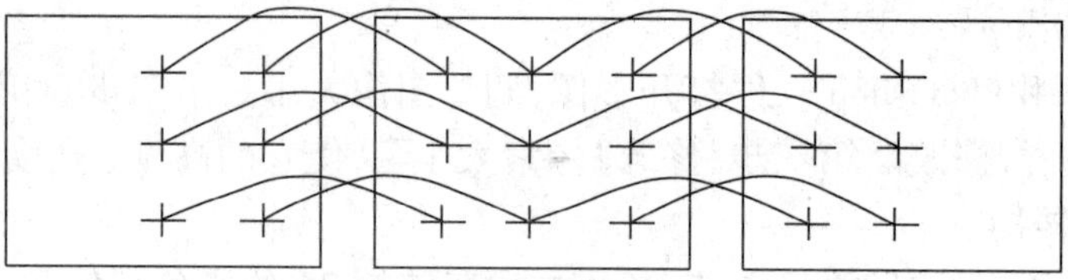

图6-3　连接点的转点略图

在数字摄影测量系统的空中三角测量自动转点程序中,可在每张影像靠近像主点的垂直线上选择3~14个点位,每一点位附近可选1~9个点,如图6-4所示。

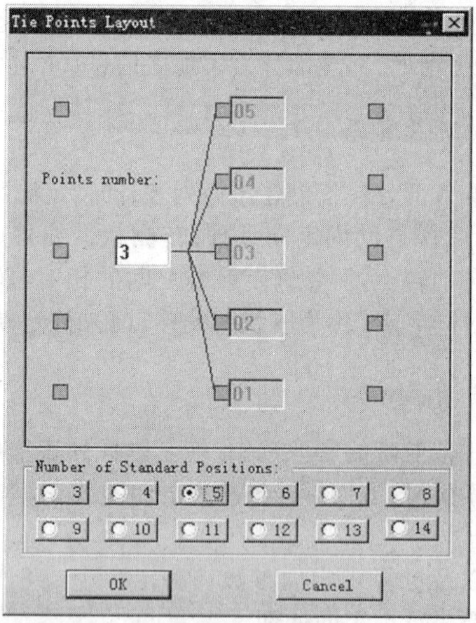

图6-4　自动提取连接点布点方式

在做完自动空中三角测量准备和确定连接点的布局之后,利用自动提取连接点模块,可自动实现相对定向、自动选点、自动转点和自动量测。

这部分作业需要计算机运算较长时间,但不需要作业员监管。因此,为了减小人工作业强度,可将数据准备工作安排在白天进行,而将自动转点过程安排到夜间进行。另外,自动转点模块支持断电继续运行。即使自动转点过程中遇到停电情况,作业员也可以在第二天让程序重新启动后继续运行。

四、交互式编辑

经自动提取和转测连接点后,还需加入控制点参与平差解算,利用交互式编辑点位模块,进行必要的检查和编辑连接点的工作。之后进行连接点的粗差检测,剔除粗差。平差计算,直到满足要求。

(一)加入外业控制点

根据外业布控的图片,手工方式加入 3 ~4 个控制点(尽量不要靠得太近,均匀分布在测区中),调用 PATB 解算,然后预测其他控制点的点位。一一对照外业布控的图片后,将其他控制点添加到影像上。

(二)平差解算

调用 PATB 进行平差解算。

(三)交互式编辑

根据 PATB 的输出 pri 报告,编辑一些被作为粗差剔除的点,一般这样的点的残差后面用一个“ * ”表示。编辑所有的粗差点,然后调用 PATB 解算和交互式编辑,直到无粗差点。

(四)生成加密点文件

点击主界面中的“创建加密点”按钮,程序自动创建加密点文件。

五、接边及成果输出

接边及成果输出指成果生成、接边检查和平差后的成果整理与输出。

第七章　数字摄影测量基础

数字摄影测量的发展起源于摄影测量自动化的实践,即利用相关技术,实现真正的自动化测图。当代的数字摄影测量是传统摄影测量与计算机视觉相结合的产物,它研究的重点是从数字摄影自动提取所摄对象的空间信息。基于数字摄影测量理论建立的数字摄影测量工作站和数字摄影测量系统,现已取代传统摄影测量所使用的模拟测图仪与解析测图仪。

第一节　数字摄影测量概述

最早涉及摄影测量自动化的专利可追溯到 1930 年,但并未付诸实施。在 20 世纪 60 年代,第一台解析测图仪 AP－1 问世不久,美国也研制了全数字化测图系统 DAMC。1996 年 7 月,在维也纳第 17 届国际摄影测量与遥感大会上,展出了十几套数字摄影测量工作站,这表明数字摄影测量工作站已进入了使用阶段。现在,数字摄影测量得到了迅速的发展,数字摄影测量工作站得到了越来越广泛的使用,它的品种也越来越多,如国内由原武汉测绘科技大学王之卓教授于 1978 年提出了发展全数字自动化测图系统的设想与方案,并于 1985 年完成了全数字自动化测图系统 WUDAMS(后发展为全数字自动化测图系统 VirtuoZo),也采用数字方式实现摄影测量自动化。再如北京四维远见信息技术有限公司的 JX－4A 等,国外有 Helava 的 DPW 等。

一、数字摄影测量的定义

对数字摄影测量的定义,目前在世界上有两种观点。

一种认为,数字摄影测量是基于数字影像与摄影测量的基本原理,应用计算机技术、数字影像处理、影像匹配、模式识别等多种学科的理论与方法,提取所摄对象用数字方式表达的几何与物理信息的摄影测量学的分支学科。这种定义在美国等国家称为软拷贝摄影测量(Softcopy Photogrammetry)。中国著名摄影测量学者王之卓教授称之为全数字摄影测量(All Digital Photogrammetry 或 Full Digital Photogrammetry)。这种定义为,在数字摄影测量中,不仅其产品是数字的,而且其中间数据的记录以及处理的原始资料均是数字的,所处理的原始资料也是数字摄影或数字化的影像。

另一种数字摄影测量定义则只强调其中间数据记录及最终产品是数字形式的,即数字摄影测量是基于摄影测量的基本原理,从摄影测量与遥感所获取的数据中,采用数字摄影影像或数字化影像,在计算机中进行各种数值、图形和影像处理,以研究目标的几何特性和物理特性,从而获得各种形式的数字化产品,如数字地形图、数字高程模型、数字正射影像、景观图等。

数字摄影测量系统是由计算机视觉(其核心是影像匹配与识别)代替人的立体量测

与识别,完成影像几何信息与物理信息的自动提取。为了让计算机能够完成这一任务,必须使用数字影像。若处理的原始资料是光学影像(即像片),则需要利用影像数字化仪对其数字化。

二、全数字摄影测量的若干问题

(一)纹理信息

全数字摄影测量与解析摄影测量、模拟摄影测量根本的差别在于对影像的计算机处理。在此之前,影像的纹理信息即目标的辐射信息,是利用光机设备给以极简单的处理(如利用加强光源对其增强)并由人眼与脑进行判读处理,但在当时,我们是无法精确地测定它的,随着传感器与遥感技术的快速发展,这种情况得到了完全改变,辐射信息在摄影测量中也变得非常重要,不利用辐射信息是无法实现摄影测量自动化的。现在我们可以利用各种传感器精确获取多种频带多时域的辐射信息,即直接获取数字摄影;也可以利用摄影数字化仪将像片上的影像数字化,获取数字化影像(为了叙述方便,以下将数字影像与数字化影像均称为数字影像)。由于数字影像的运用,许多在传统摄影测量中很难甚至不可能实现的处理,在全数字摄影测量中都能够处理甚至变得极为简单。如消除影像的运动模糊、按所需要的任务方式进行纠正、反差增强、多影像的分析与模式识别等。

随着虚拟现实与可视化需求的迅速增长,快速确定目标的纹理 $D=D(X,Y,Z)$ 已经成为当代数字摄影测量的一项重要任务了。也就是说,当代数字摄影测量不仅要自动测定目标点的三维坐标,还要自动确定目标点的纹理等信息。

(二)数据量

数字摄影是一个灰度矩阵 $\boldsymbol{g}$:

$$\boldsymbol{g} = \begin{bmatrix} g_{0,0} & g_{0,1} & \cdots & g_{0,n-1} \\ g_{1,0} & g_{1,1} & \cdots & g_{1,n-1} \\ \vdots & \vdots & \vdots & \vdots \\ g_{m-1,0} & g_{m-1,1} & \cdots & g_{m-1,n-1} \end{bmatrix}$$

其中每一个数据代表了被摄物体(或光学影像)上一个点的辐射强度(或灰度),这个点称为像元素,通常称为像素。像素的灰度值常用 8 位二进制数表示,在计算机中占用一个字节(Bit)。若是彩色影像,则需要 3 个字节分别存放红、绿、蓝或其他色彩系统的数值。像素的间隔即采样间隔根据采样定理由影像的分辨率确定。如果一张 23 cm × 23 cm 的 45 μ 黑白影像,需要的存储空间大约是 60 兆(M)字节($1\ M=10^6$)。直接由传感器获取的高分辨率遥感影像的数据量甚至更大,如一幅 IKONOS 影像可能包含 1.6 千兆(G)字节($1\ G=10^9$)。因而,数据量大是全数字摄影测量的一个特点与问题,要处理这样大的数据量,必然依赖于计算机的发展,而目前的计算机已经能够在一定程度上达到这一要求。

(三)速度

数字摄影测量已经获得了迅速的发展,尽管它尚处在不甚成熟(或基本成熟)的阶段,可是它已经创造了惊人的奇迹,无论量测的速度还是达到的精度,都大大超过了人们最初的想象。例如,利用现有的计算机,其匹配速度一般可以达到 500 ~ 1 000 点/s,利用全数字摄影测量自动立体量测 DTM 的速度可达 100 ~ 200 点/s 甚至更高,这是人工量测无法比拟的。但是由于数字摄影测量中量测与识别的计算任务如此巨大,以致目前的计算机速度还不能实时完成,对于许多需要实时完成的应用,快速算法依然是必要的。

(四)影像匹配

影像匹配的理论与实践是实现自动立体量测的关键,也是数字摄影测量的重要研究课题之一。影像匹配的精确性、可靠性、算法的适应性及速度均是其重要的研究内容,特别是影像匹配的可靠性一直是其关键之一。从早期的由粗到细的多级影像匹配理论,到后来发展为单点匹配,再到整体匹配,其匹配的可靠性与结果的相容性、一致性都得到了很大的提高,但离全自动化还有一段距离。

(五)影像解译

数字摄影测量的基本范畴还是确定被摄对象的几何属性与物理属性,即量测与理解。前者虽有很多问题尚待解决,需继续研究,但已开始达到使用程度;后者则离实用阶段还有很大的距离,尚处于研究阶段,但其中某些专题信息(如道路与房屋等)的半自动将会首先进入实用阶段。

随着对影像进行自动解译的要求以及城镇地区大比例尺航摄影像、近景等工业摄影测量中几何信息提取需利用"基于特征匹配"与"关系(结构)匹配"的要求,全数字摄影测量领域很自然地展开了影像中的物体,遥感技术则利用多光谱信息辅以其他信息实现机助分类。数字摄影测量中对居民地、道路河流等地面目标的自动识别与提取,主要依赖于对影像结构与纹理的分析,这方面已经有了一些较好的研究成果。

第二节　数字影像解析

一、数字影像内定向

(一)概述

确定或恢复影像内方位元素的作业过程称为影像内定向(Interior Orientation)。影像内定向的目的是恢复影像摄影时的光束形状。

在数字摄影测量中,数字化影像内定向是通过输入像片主距和量测像片框标并进行相应计算来完成的,其目的是确定像片扫描坐标系与以像主点为原点的像平面坐标系之间的关系,以及影像可能存在的变形。在数字摄影测量系统中,像点的位置是用扫描坐标表示的。如果利用自动定位技术自动量测像点位置,直接得到的是像点在扫描坐标系的坐标;如果是将数字影像显示在计算机显示屏上用人工恢复量测像点的位置,直接得到的是像点在屏幕坐标系的屏幕坐标。以像主点为原点的像平面坐标系和量测坐标系(扫描坐标系、屏幕坐标系)都是不重合的,所以必须确定它们之间的关系以获得像点在以像主点为原点的像平面坐标系中的坐标。数字化影像是将模拟像片扫描数字化后形成的数字影像,影像也存在变形,为了提高量测精度也必须确定影像的变形参数。

(二)数字影像内定向的基本原理

数字影像内定向作业主要依赖影像的框标来进行。现代航摄仪一般有 8 个框标,位于影像的 4 个边和 4 个角，位于影像边中央的边框标一般为机械框标，位于影像角的角框标一般为光学框标，它们一般为对称分布，如图 7-1 所示。量测相机的检定结果可以提供框标在以像主点为原点的像平面坐标系的理论坐标，量测出框标在量测坐标系（扫描坐标系、屏幕坐标系）的坐标，就可以用解析计算方法确定量测坐标系与以像主点为原点的像平面坐标系的关系和像片可能存在的变形，从而获得量测像点在以像主点为原点的像平面坐标系的坐标。量测框标和进行相应解析计算的过程就是数字化影像内定向的作业过程。

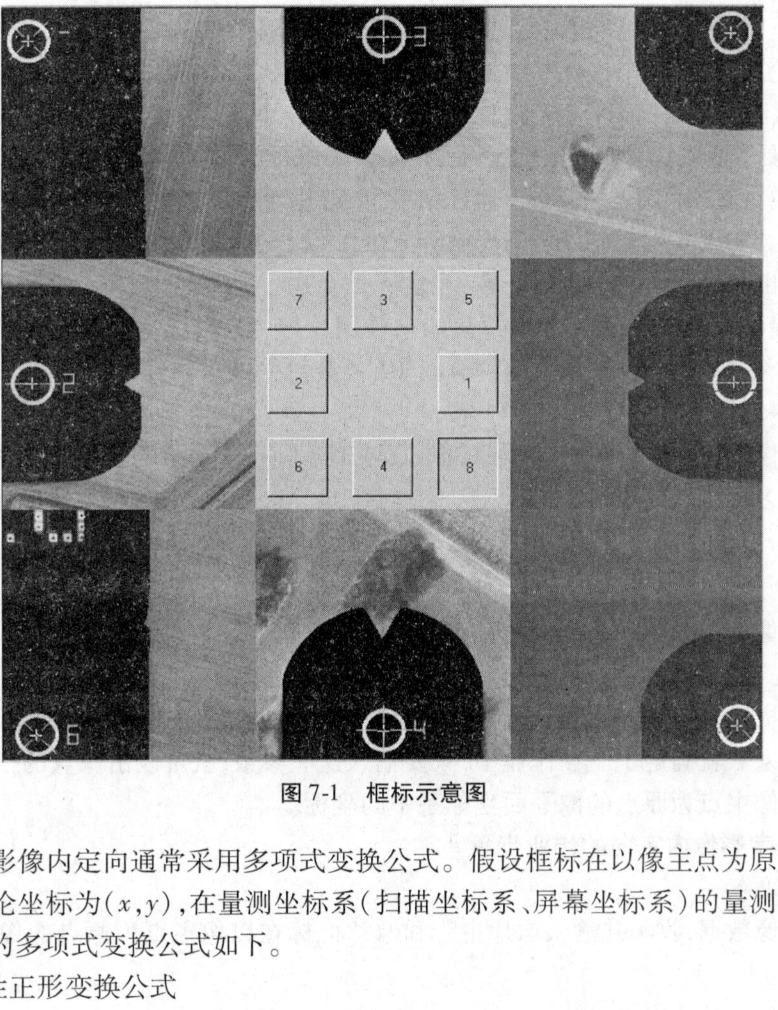

图 7-1　框标示意图

数字化影像内定向通常采用多项式变换公式。假设框标在以像主点为原点的像平面坐标系的理论坐标为(x,y)，在量测坐标系（扫描坐标系、屏幕坐标系）的量测坐标为(x',y')，则常用的多项式变换公式如下。

（1）线性正形变换公式

$$\left.\begin{aligned} x &= a_0 + a_1x' - a_2y' \\ y &= a_3 + a_2x' + a_1y' \end{aligned}\right\} \tag{7-1}$$

（2）仿射变形公式

$$\left.\begin{aligned} x &= a_0 + a_1x' + a_2y' \\ y &= b_0 + b_1x' + b_2y' \end{aligned}\right\} \tag{7-2}$$

（3）双线性变换公式

$$
\left.\begin{aligned}
x &= a_0 + a_1 x' + a_2 y' + a_3 x'y' \\
y &= b_0 + b_1 x' + b_2 y' + b_3 x'y'
\end{aligned}\right\} \tag{7-3}
$$

(4)投影变换公式

$$
\left.\begin{aligned}
x &= a_0 + a_1 x' + a_2 y' + a_3 x'y' + a_4 x'^2 \\
y &= b_0 + b_1 x' + b_2 y' + b_3 x'y' + b_4 y'^2
\end{aligned}\right\} \tag{7-4}
$$

数字化影像内定向的计算与采用的多项式变换公式有关。如果采用式(7-1),需要解算4个参数。对于参加定向的框标点,只要获得其量测坐标,就可以按式(7-1)列出2个方程,在理论上,只要2个框标参加定向,就可以解算出4个参数完成定向计算;在实际作业中,为了保证精度,一般用4个框标参加定向,按最小二乘法解算4个参数。如果采用式(7-2),需要解算6个参数。在理论上,只要3个框标参加定向,就可以解算出6个参数完成定向计算;在实际作业中,为了保证精度,一般用4个框标参加定向,按最小二乘法解算6个参数。如果采用式(7-3),需要解算8个参数。在理论上,只要4个框标参加定向,就可以解算出8个参数完成定向计算;在实际作业中,为了保证精度,一般用8个框标参加定向,按最小二乘法解算8个参数。如果采用式(7-4),需要解算10个参数。在理论上,只要5个框标参加定向,就可以解算出10个参数完成定向计算;在实际作业中,为了保证精度,一般用8个框标参加定向,按最小二乘法解算10个参数。

数字影像在计算机屏幕上显示时,像点的扫描坐标(x',y')与像点的屏幕坐标(I,J)之间的关系为

$$
\left.\begin{aligned}
I &= I_0 + kx' \\
J &= J_0 + ky'
\end{aligned}\right\} \tag{7-5}
$$

由于影像的位置和缩放比例由显示软件设置,所以式(7-5)的参数I_0、J_0、k是由显示软件确定的。

数字相机经过检定后,数字影像扫描坐标系与以像主点为原点的像平面坐标系之间的坐标变换系数就确定了。在作业中,只要输入这些参数,就可以由像点的扫描坐标计算出像点在以像主点为原点的像平面坐标系中的坐标。

(三)数字影像内定向的作业步骤

1. 数据准备

获取影像数据,收集并输入像片主距和像片框标在以像主点为原点的像平面坐标系的理论坐标。

2. 获取框标的量测坐标

(1)用特征提取的方法自动获取框标的扫描坐标。即先用线特征提取算子提取组成框标的直线边缘点,并在此基础上用Hough变换提取这些直线,再用点特征提取算子提取组成框标的点;根据框标的具体形状,由提取的点、线拟合计算各框标在扫描坐标系中的坐标。用此方法还可以制作相机各框标的模板。

(2)用各框标的模板,通过模板匹配的方法自动获取各框标在扫描坐标系中的坐标。影像匹配的概念、基本原理和方法将在本章第三节中介绍。

(3)将数字化影像显示在计算机屏幕上,用人工交互的方法量测各框标在屏幕坐标系中的坐标。

3. 计算坐标变换参数

以各框标在像主点为原点的像平面坐标系的理论坐标和选用的多项式变换公式为基础,用各框标的量测坐标列出相应的误差方程,计算坐标变换参数。

4. 定向结果显示与交互修改

自动定向结束后,将显示计算结果和各定向余差,如果对定向结果不满意,可通过人工交互的方法重新量测某框标的坐标并重新进行定向计算。

二、单像空间后方交会

(一)单像空间后方交会的概念及迭代求解过程

单像空间后方交会的概念及迭代求解过程见第三章。

(二)单像空间后方交会的作业步骤

1. 数据准备

获取影像数据,收集并输入像片内定向参数、地面控制点坐标及相应控制片。

2. 量测控制点像坐标

将数字影像(或数字化影像)显示在计算机屏幕上,用人工交互的方法量测各控制点的像坐标。在已知像片外方位元素初始值的条件下,定向软件可以根据控制点的地面坐标估算出各控制点在像片上的概略位置,并将测标移至控制点附近,由人工精确对准量测。

3. 计算外方位元素

用选择的后方交会解算方法计算像片的外方位元素。

4. 定向结果显示与交互修改

后方交会计算结束后,将显示计算结果和各定向点余差,如果对定向结果不满意,可通过人工交互的方法重新量测某定向点的像坐标并重新进行定向计算。

三、数字影像相对定向

摄影测量的主要任务之一就是基于一张或多张遥感影像获取目标的三维几何信息,这可以通过两种方法来实现:第一种方法为一步法,即基于共线条件方程利用光束法平差的方法重建三维目标。该方法的优点是,具有广泛的适应性,并且可以同时求解相机参数和目标点三维坐标。第二种方法称为两步法,该方法首先建立与场景相似的三维几何模型,然后通过模型的外部定向提取目标三维信息,它与传统的模拟或解析摄影测量模式相似,有较好的直观背景,并且可以使后续的摄影测量过程(如 DEM 量测与地图编辑等过程)在立体的方式下进行。第二种方法的另一优点是,在建立与场景相似的几何模型过程中,可以获取立体像对的相对定向元素,利用这种方位元素可以对原来的立体像对进行影像纠正,形成核线影像。核线几何约束是数字影像匹配中最常用且最有效的约束条件之一。欲采用第二种方法建立与场景相似的三维几何模型,必须确定立体像对中两张影像之间的相对方位(实际上是确定曝光瞬间两相机的相对方位),这一过程称为立体像对的相对定向。

在模拟摄影测量阶段,相对定向是通过在模拟型仪器(如多倍仪)上,消除所选定的若干像点的上下视差来完成的。解析摄影测量则通过作业员人工选取、量测立体像对中一定数量的同名点,然后由程序解算相对定向元素的数值。数字摄影测量中,对数字立体像对的相对定向则通过计算机程序自动(或交互式)地实现,包括立体重叠范围的自动确定、定向点的自动选择与量测及相对定向元素的自动解算。

在模拟摄影测量或解析摄影测量的相对定向中,作业员的主要任务就是识别、量测符合相对定向要求的同名点。由于作业效率,一般只选择能够提供结果检核的最小数量的定向点。严格说来,数学意义上的点在影像上是不存在的,作业员量测的所谓"点",是复杂的影像解译过程的结果。作业员的这种能力,计算机的算子或程序是远远达不到的。与作业员相比,数字摄影测量中的算子尽管很容易提取特征,但在恰当的相对定向点的选取与量测方面则要低级得多。精度方面,传统相对定向中,作业员量测的点的精度可能在几个微米左右。而在数字摄影测量中,考虑到特征描述中的单个像素可能没有共轭点(如同名边缘中可能不包含同名边缘像素那样),因而同名点的量测精度可能达到若干个像素。假如每个像素的大小为15 μm,那么共轭点的精度可能在50 μm左右,是传统方法的10倍。随着计算机计算能力的提高,数字摄影测量的相对定向中参加平差的点已不是几个,而是成百上千个,大量的多余观测大大增强了系统粗差剔除、提高精度的能力。这种以多余观测求可靠的策略是数字摄影测量中常用的方法。传统的手工相对定向与数字摄影测量中的自动相对定向的主要区别见表7-1。

表7-1　传统的手工相对定向与数字摄影测量中的自动相对定向的主要区别

比较类别	传统方法	自动方法
作业特点	采用人工作业员的特点: 选点与测量, 精心设计, 少数几个点, 立体方式量测, 精度很高	采用计算机算子的特点: 提取特征、匹配特征, 随机选取特征, 许多特征, 匹配特征, 精度较低
平差程序采用的方法	平差程序均是利用共线或共面模型,基于点的方法	同样采用基于点的平差程序,尽管配准的实体不是点而是特征
相对定向元素的精度	相对定向元素的精度 $\sigma_p \approx \sigma_0\sqrt{\frac{c}{r}}$	
精度分析	σ_0 较小,多余观测 r 也小,协因子 c 依赖于点的分布	σ_0 较大,协因子 c 近似相同,但 r 很大,从而补偿了较大的 σ_0

总的来说,相对定向元素的精度依赖于量测的精度和多余观测数。100倍的多余观测可以期望实现提高10倍的量测精度,这几乎可与经典的人工作业精度相媲美。令人难以置信的结论是:低劣的点位量测质量可以通过大量的多余观测来补偿——以数量求质量,即以量求可靠和高精度。

（一）数字影像相对定向的定义及模型

相对定向的目的就是恢复立体像对中两幅影像在成像瞬间的相对方位，使同名光线成对相交，形成与地面场景相似的三维立体模型。

1. 相对定向的理论模型

在数字摄影测量中，数字影像的相对定向就是指依据摄影测量原理，利用计算机软件自动（或半自动）解算数字立体像对的相对定向元素的过程。在此基础上可以通过相对定向元素的设置，实现同名数字光线成对相交，形成与地面场景相似的三维立体模型。

进行数字立体影像的相对定向，确定立体像对成像时刻的相对方位的前提是首先选定立体像对（或两个相机）的外部参考坐标系。可以将第一幅影像（也称为左像，第二幅影像称为右像）的像空间坐标系作为参考坐标系，此时的相对定向元素称为连续像对相对定向元素系统。还可以将两幅影像的基线坐标系选为参考，形成单独像对相对定向元素系统。连续像对相对定向模型和单独像对相对定向模型已在本书第四章详细叙述。

2. Gruber 区域

数字摄影测量中，数字立体像对的自动相对定向方法已经比较成熟，常用的方法是基于兴趣点的自动相对定向。这种基于兴趣点的自动相对定向一般按照同模拟测图仪上相对定向类似的顺序进行，即以与逐步消除位于 Gruber 位置的定向点上的 $\bar{y}$ 视差相似的方式，迭代求解立体像对的相对定向元素。具体的过程是首先在 6 个 Gruber 区域中提取参加相对定向的兴趣点，然后对立体像对中相应 Gruber 区域内的兴趣点进行匹配，根据配准的同名点，按照连续像对相对定向的基本误差方程式或单独像对相对定向的误差方程式列出误差方程组，最后求解相对定向元素值。

这里的 Gruber 区域是指如图 7-2（a）所示的 6 个子区域。区域中所标的相对定向元素指的是：在该小区域中消除该元素所引起的 $\bar{y}$ 视差时，可近似地认为不会产生由其他元素所形成的、前面曾经消除过的视差。

实际计算过程中，通常是在立体像对的重叠区域内，以图 7-2（b）中所标明的点 1 ~ 6 为中心将重叠区域分隔成 6 个互不重叠的影像块，作为 Gruber 区域。在各个子区域中分别提取特征点并进行匹配，并且这种提取与匹配可以交替迭代的方式进行，依上一步得到的配准点求解出相对定向元素，进而生成核线影像。再以核线几何约束来对配准的特征点进行评价、筛选，剔除严重不符合核线条件的特征点。如果点数较少，则重新提取特征点。

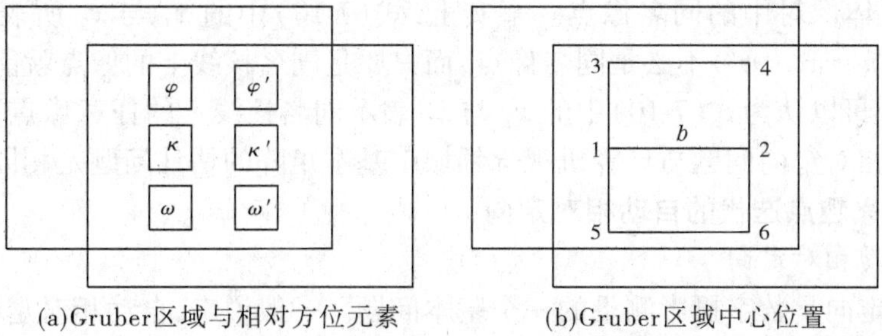

(a)Gruber区域与相对方位元素　　(b)Gruber区域中心位置

图 7-2　Gruber 区域及中心位置

3. 基本矩阵

当立体像对的相对定向元素恢复或解算正确时，同名光线在目标空间成对相交，形成与所摄场景相似的三维模型。此时，根据连续像对相对定向模型即三向量共面条件，将该方程的左端按行列式规则展开，共面方程变为

$$u\begin{vmatrix} B_Y & B_Z \\ v' & w' \end{vmatrix} - v\begin{vmatrix} B_X & B_Z \\ u' & w' \end{vmatrix} + w\begin{vmatrix} B_X & B_Y \\ u' & v' \end{vmatrix} = 0 \tag{7-6}$$

合并整理，得

$$[u \quad v \quad w]\begin{bmatrix} 0 & -B_Z & B_Y \\ B_Z & 0 & -B_X \\ -B_Y & B_X & 0 \end{bmatrix}\begin{bmatrix} u' \\ v' \\ w' \end{bmatrix} = 0 \tag{7-7}$$

式(7-6)与式(7-7)中的(u,v,w)和(u',v',w')为相应像点p和p'在相对定向中所选定的参考坐标系下的坐标。如果将左、右影像在参考坐标系下的旋转矩阵分别记为$\boldsymbol{R}_1$与$\boldsymbol{R}_2$，即

$$\left.\begin{aligned} [u \quad v \quad w]^{\mathrm{T}} &= \boldsymbol{R}_1[x \quad y \quad -f]^{\mathrm{T}} \\ [u' \quad v' \quad w']^{\mathrm{T}} &= \boldsymbol{R}_2[x' \quad y' \quad -f]^{\mathrm{T}} \end{aligned}\right\} \tag{7-8}$$

将式(7-8)代入式(7-7)可得

$$[x \quad y \quad -f]\boldsymbol{R}_1^{\mathrm{T}}\begin{bmatrix} 0 & -B_Z & B_Y \\ B_Z & 0 & -B_X \\ -B_Y & B_X & 0 \end{bmatrix}\boldsymbol{R}_2\begin{bmatrix} x' \\ y' \\ -f \end{bmatrix} = 0 \tag{7-9}$$

记

$$\boldsymbol{F} = \boldsymbol{R}_1^{\mathrm{T}}\begin{bmatrix} 0 & -B_Z & B_Y \\ B_Z & 0 & -B_X \\ -B_Y & B_X & 0 \end{bmatrix}\boldsymbol{R}_2$$

$$\boldsymbol{x}_1 = (x \quad y \quad -f)$$

$$\boldsymbol{x}_2 = (x' \quad y' \quad -f)^{\mathrm{T}}$$

则共面条件方程可写为

$$\boldsymbol{x}_1\boldsymbol{F}\boldsymbol{x}_2 = 0 \tag{7-10}$$

式(7-10)中的$\boldsymbol{F}$就是计算机视觉研究领域中常说的基本矩阵(fundamental matrix)，而$\boldsymbol{x}_1$与$\boldsymbol{x}_2$表示了立体像对中的同名像点。事实上，式(7-10)中的$\boldsymbol{x}_1$与$\boldsymbol{x}_2$所表示的像点或$(u \quad v \quad w)$与$(u' \quad v' \quad w')$不必是同名像点，而只要是同名核线上的像点就能保证上述关系成立。因此，可以认为式(7-10)中的$\boldsymbol{x}_1$与$\boldsymbol{x}_2$表示同名核线上的任意像点。由此看来，摄影测量中的相对定向问题与计算机视觉领域中基本矩阵的估计问题是相同的。

(二)基于兴趣点迭代的自动相对定向

1. 传统自动相对定向

自动相对定向是数字摄影测量的一个基本问题。一般说来，自动相对定向应快速、精确、稳健及可靠。表7-2列出了已有的自动相对定向算法。在这些算法里，自动相对定向被分成多项任务：

表 7-2　已有的自动相对定向算法

文献	匹配方法	应用领域
Hannah, 1989	相关系数匹配(双向)	航空与近景影像
Schenk et al. ,1991	线匹配与最小二乘匹配	航空影像
Muller et al. ,1992; Haala et al. ,1993	特征匹配,相关系数检查	航空影像
Tang et al. , 1993; Tang et al. ,1996	特征匹配,相关系数检查	航空影像
Deriche et al. ,1994	相关系数匹配(双向)	近景影像
Wang , 1994 ; Wang, 1995	关系匹配	航空与近景影像
Cho, 1995;Cho,1996	关系匹配	航空影像

(1)对立体像对中的两张立体影像分别计算影像金字塔。

(2)近似确定两张影像重叠范围及可能存在的旋转与尺度差异(在金字塔的最上层)。

(3)特征提取。

(4)特征匹配。

(5)确定近似方位参数。

(6)将这些特征提取、匹配及参数估计过程沿金字塔的最高层(最低分辨率)逐级向最底层(原始影像最高分辨率)传导,以提高结果精度。

(7)同名点的子像素精度定位。

(8)相对定向元素计算。

在上述 8 个步骤中,特征匹配是最重要也是最困难的一步,后面影像匹配中讨论的多种方法,如相关系数匹配、特征匹配、关系匹配及整体匹配都可以用于特征匹配。最后一步,相对定向元素的计算中,可以采用线性化的连续像对相对定向误差方程式或单独像对相对定向方程式迭代求解各相对定向元素的最或然值。

2. 交替自动相对定向

在上述算法步骤中,迭代计算仅出现在最后一步的相对定向元素解算中。也就是说,一旦沿立体像对的金字塔数据结构经传导过程确定出子像素级的相对定向点后,这些定向点就不再变动,只要根据线性化误差方程迭代求解即可。Seo 等提出了一种特征匹配与相对定向元素计算交替进行的另一种基于点特征的自动相对定向方案。该方案首先利用立体像对中两张影像采样后的缩小影像,确定立体重叠范围;然后在立体模型的 Gruber 区域内提取特征点(利用 SUSAN 角点提取算子);对提取的特征点进行匹配,在配准特征点的基础上计算相对定向元素,同时形成初步核线影像;利用生成的核线影像再评价、检核配准的特征点并剔除质量不高(即与核线几何约束不太一致)的特征点;基于精化后的配准特征点对(有时需要重新提取特征点)再计算相对定向元素。该方案的特点就是相对定向点的提取步骤与相对定向元素的计算步骤是一种相互关联的交替迭代过程。该方法的算法流程如图 7-3 所示。

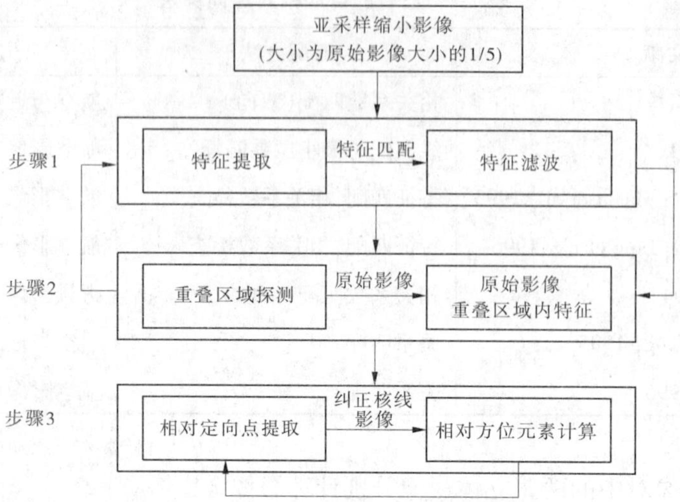

图 7-3　相对定向流程

图 7-3 的相对定向流程主要分为 3 个步骤。

第一步:提取用于探测重叠区域的特征点。

第二步:用相关系数及其他约束对特征点进行匹配,形成特征点对,并确定重叠区域;在此基础上仅保留那些位于重叠区域内的特征点。

第三步:最后保留的配准特征称为相对定向点;利用这些定向点计算相对定向元素,并形成核线影像。基于核线影像,对相对定向点进行再匹配,两个过程交替进行,直到参数改正数小于一定的阈值。

(1)重叠区域探测。

立体像对中包含有共同的区域,这是相对定向点自动提取的前提。为了检测两张影像中的重叠区域,该算法将两幅原始影像进行减采样,形成大小只有原始影像 1/5 的缩小影像。之所以不需要知道重叠区域的精确信息,是因为这是近似估计出的重叠区域中的特征点而不是重叠区域本身参加相对定向。对两幅缩小影像上提取的特征点(利用 SUSAN 算子)进行匹配,形成对应特征点。结合其他的约束条件,利用匹配效果较好的点对,确定两幅影像间的变换关系。在该映射关系的基础上,近似估计两幅影像的重叠区域。

(2)相对定向点提取。

为了在立体重叠范围内提取相对定向点,首先将重叠区域分成 6 个子区域,即为计算相对定向元素的 Gruber 区域。在这些子区域中重新提取特征点并进行点特征匹配,利用配准的特征点定义两影像间的变换,并生成核线影像。基于核线几何约束,对已配准的特征点重新进行匹配、评价,通过评价过程的特征点才作为相对定向点。

(3)相对定向元素计算。

计算相对定向元素所必需的相对定向点至少是 5 对同名特征点,但为了检核通常用 6 对同名特征点,利用最小二乘的方法求解相对定向元素。但在上一步的提取过程中,并不可能像人工作业员那样正好提取 6 对同名特征点,而是利用计算机快速计算的能力,在影像重叠范围内选择均匀分布的数百对同名特征点,参加平差计算求解相对定向元素。这也是数字摄影测量中自动相对定向的一个特点,即以数量求质量。正是利用这些大量的多余观测检测并剔除粗差,才能达到提高精度的目的。尽管相对定向点已经得到较好的匹配,计算出的相对定向元素仍然会有误差。为提高精度,相关的步骤如特征提取、滤波、核线影像纠正、匹配应重复交替进行,直到用最小二乘法计算出的相对方位参数稳定。

自动相对定向在摄影测量领域已有很长的研究历史,形成了一些商业化相对定向软件,各商业化数字摄影测量系统中也均包含自动相对定向模块。可用的商业化自动相对定向软件有 Leica/Helava 公司的 HATS、Zeiss 公司的 Phodis - AT、Intergraph 公司的 ISDM、INPHO 公司的 MATCH - AT 等。

四、数字立体模型绝对定向

当立体像对完成相对定向之后,相应光线必在各自的核面内成对相交,所有交点的集合便形成了一个与实物相似的立体模型——几何模型。模型点在摄影测量坐标系中的坐标,可用空间前方交会的方法计算。但是,这样建立的数字立体模型是相对于摄影测量坐标系的,它在规定的物方坐标系中的方位是未知的,其比例尺也是任意的。现在的问题就是要确定数字立体模型在规定的物方空间坐标系中的方位和比例因子,从而确定出模型点所对应的物点在规定的物方空间坐标系中的坐标。确定数字立体模型在规定的物方空间坐标系中的方位和比例因子的工作,即解算绝对定向元素的工作,就是数字立体模型(几何模型)的绝对定向。

数字立体模型绝对定向的基本原理及计算过程同第四章所述。这里不再赘述。此处仅介绍绝对定向的作业步骤。

(一)数据准备

获取数字立体像对数据,收集并输入数字立体像对相对定向参数、各控制点的地面坐标和控制片。

(二)定向点模型坐标的获取

在量测各定向点在数字立体像对上的相应像点像坐标的基础上,利用数字立体像对相对定向参数计算各定向点的模型坐标。

量测各定向点在数字立体像对上相应像点像坐标的方法有两种:一种是在立体环境下量测,另一种是在非立体环境下量测。在立体环境下量测相应像点像坐标时,是通过手轮、脚盘直接驱动测标完成相应像点像坐标的量测。在非立体环境下量测相应像点像坐标时,由人工在左影像(或右影像)上定位定向点点位,采用影像匹配技术确定同名点在右影像(或左影像)上的点位。

(三)绝对定向计算

利用控制点的模型坐标和相应地面坐标计算数字立体模型的绝对定向元素。

(四)定向结果显示及交互修改

绝对定向计算结束后,将显示计算结果和各定向点余差,如果对定向结果不满意,可通过人工交互的方法重新量测某定向点的相应像点像坐标,并重新进行定向计算。

五、核线几何解析与核线影像生成

摄影测量中的很多影像都是中心投影影像,中心投影立体像对有一个很强的约束条件,称为核线几何(Epipolar Geometry)。给定立体像对的两张影像,对三维空间的任一点(模型空间或目标空间),包含该点与两幅影像投影中心的平面称为核面,核面与两幅影像相交形成的截痕直线称为核线(Epipolar Line)。如果立体像对中两幅影像间的相对方位已知,那么对其中一幅影像上重叠范围内的某一点,它在另一张影像上的相应核线就可以计算出来,而且该点的同名像点(共轭点)如果存在,也必定位于该条相应核线上。这样,影像匹配问题就从一个二维问题转化为一维问题。这种从二维到一维的约束条件称为核线几何约束(Epipolar geometry Constraint)。这一约束不仅缩小了搜索空间,简化了匹配算法,提高了匹配速度,而且可以增加可靠性。核线几何约束是数字影像匹配中最常用,也是最有效的约束条件之一,在数字摄影测量的影像匹配研究和生产中都采用了这一限制条件,几乎所有的商业化数字摄影测量软件系统及数字摄影测量工作站都具有核线几何纠正和核线影像生成的功能模块。

一般情况下,倾斜影像平面内的核线在像平面坐标系下,不是水平(即平行于 x 轴)的直线,如图 7-4(a)、(b)所示。但是如果对原始倾斜影像沿每一条核线进行重采样,形成一幅核线方向与离散数字影像的行方向一致的影像,就消除了 $\bar{y}$ 视差,但 $\bar{x}$ 视差仍然存在,这种 $\bar{x}$ 视差正是场景中目标高差的反映。这种如图 7-4(c)、(d)所示的新生成的影像就称为核线立体像对(Epipolar Stereopair),有时也称为归一化立体像对(Normalized Stereopair)。核线立体像对中的每一幅影像称为核线影像,形成核线影像的过程称为核线影像纠正或核线影像生成。本节将以框幅式遥感影像为例讨论核线影像与原始倾斜影像之间的解析关系,核线影像生成的计算过程及核线影像的例子。

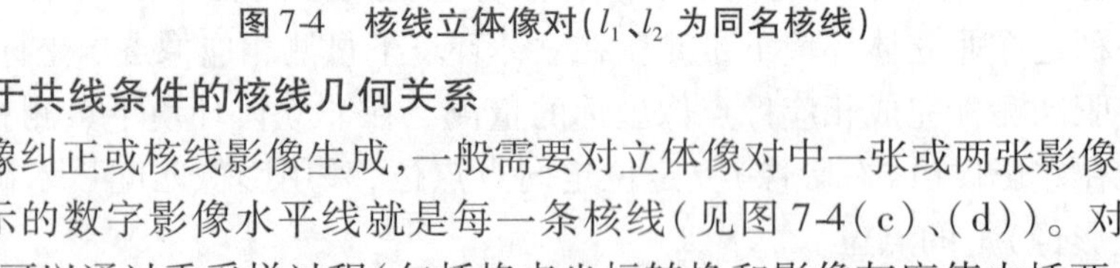

(a)左倾斜影像　(b)右倾斜影像　(c)左核线影像　(d)右核线影像

图 7-4　核线立体像对(l_1、l_2 为同名核线)

(一)基于共线条件的核线几何关系

核线影像纠正或核线影像生成,一般需要对立体像对中一张或两张影像进行旋转,使得屏幕上显示的数字影像水平线就是每一条核线(见图 7-4(c)、(d))。对数字影像来说,这种旋转可以通过重采样过程(包括格点坐标转换和影像灰度值内插两个过程)来实现,同时这一重采样过程还应该保证核线影像与倾斜影像有相同的 GSD。

1. 核线影像基本关系

以单独像对相对定向元素为例,基线坐标系下立体像对的相对定向元素为 φ、κ、ω'、φ'、κ',如图 7-5 所示。立体像对中左、右两张影像在基线坐标系下的角元素分别为 φ、κ

与 ω'、φ'、κ'，所形成的左、右影像的旋转矩阵分别为 $\boldsymbol{R}_1$、$\boldsymbol{R}_2$。由图 7-5 可以看出，如果将立体像对中的左、右影像分别按 $\boldsymbol{R}_1$ 与 $\boldsymbol{R}_2$ 进行旋转纠正，形成平行于基线且有相同主距的"暂时水平"影像，即为核线影像立体像对。

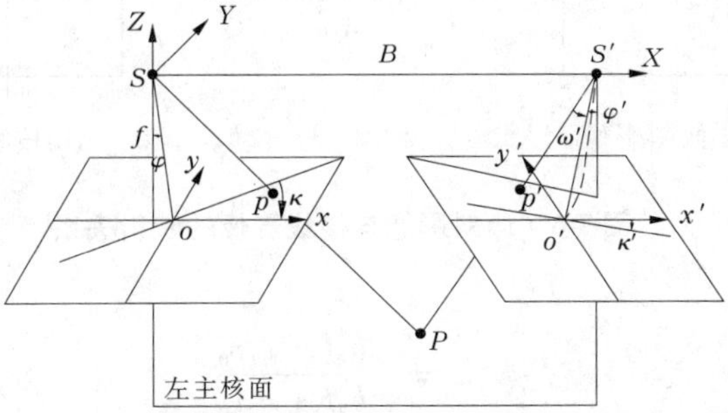

图 7-5　单独像对相对定向

以左影像的核线纠正为例，设核线影像像平面上某点的像空间坐标为(u,v,w)，该点在倾斜影像上的像空间坐标为$(x,y,-f)$，则有

$$(u,v,w)^{\mathrm{T}} = \boldsymbol{R}_1(x,y,-f)^{\mathrm{T}} \tag{7-11}$$

其中，$\boldsymbol{R}_1$ 为左影像旋转矩阵。为了书写方便，在不会引起混淆的情况下去掉下标"1"，可将旋转矩阵表示为

$$\boldsymbol{R} = \begin{bmatrix} a_1 & a_2 & a_3 \\ b_1 & b_2 & b_3 \\ c_1 & c_2 & c_3 \end{bmatrix}$$

如果令所有像点在同一平面上，即所有像点的 w 坐标相等，由式(7-11)可得到核线影像与倾斜影像平面坐标间的基本映射关系为

$$\left.\begin{aligned} u &= u(x,y) = -f\frac{a_1x + a_2y - a_3f}{c_1x + c_2y - c_3f} \\ v &= v(x,y) = -f\frac{b_1x + b_2y - b_3f}{c_1x + c_2y - c_3f} \end{aligned}\right\} \tag{7-12}$$

$$\left.\begin{aligned} x &= x(u,v) = -f\frac{a_1u + b_1v - c_1f}{a_3u + b_3v - c_3f} \\ y &= y(u,v) = -f\frac{a_2u + b_2v - c_2f}{a_3u + b_3v - c_3f} \end{aligned}\right\} \tag{7-13}$$

式(7-12)及式(7-13)可以用图 7-6 加以说明。

2. 核线几何关系解析

任给核线影像上一条核线 $v=v_0$，它在倾斜影像上对应的直线（倾斜核线）为 l_0，有

$$v_0 = -f\frac{b_1x + b_2y - b_3f}{c_1x + c_2y - c_3f} \tag{7-14}$$

经整理，可得 l_0 的表达式为

$$y = kx + b \tag{7-15}$$

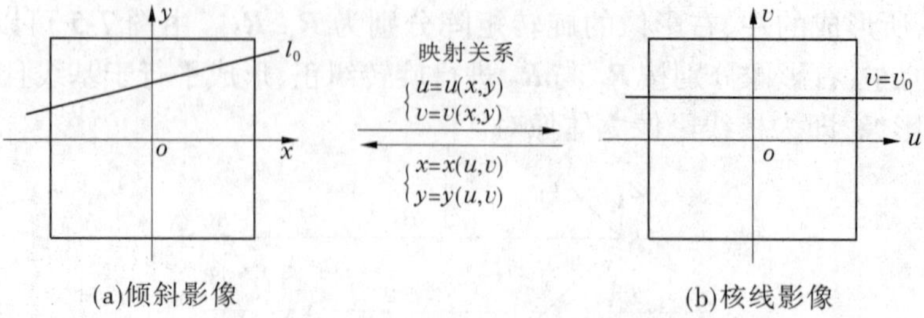

图 7-6　倾斜影像与核线影像的映射关系

其中

$$k = -\frac{b_1 f + c_1 v_0}{b_2 f + c_2 v_0} \tag{7-16}$$

$$b = f\frac{b_3 f + c_3 v_0}{b_2 f + c_2 v_0} \tag{7-17}$$

1)斜率 k 的偏导数

由于 v_0 的任意性,可知 k 是 v 的函数,对式(7-16)关于 v 求一阶导数,有

$$\frac{\partial k}{\partial v} = \frac{a_3}{(b_2 f + c_2 v)^2} f \tag{7-18}$$

在相对定向元素确定后,a_3 的符号就是不变的。由式(7-18)可得下述结论:

(1) $a_3 \geqslant 0, \frac{\partial k}{\partial v} \geqslant 0$,斜率 k 是 v 的非减函数。

(2) $a_3 < 0, \frac{\partial k}{\partial v} < 0$,斜率 k 是 v 的严格减函数。

由此可得到倾斜影像上的倾斜核线与核线影像上水平核线间的变化映射关系,如图 7-7所示。从图 7-7 可以看出,当核线影像上水平核线沿像平面自上而下扫描完整幅核线影像时,倾斜影像上相应的倾斜核线以核点为中心自上而下(当 $a_3 \geqslant 0$ 时)或自下而上(当 $a_3 < 0$ 时)扫描完整幅倾斜影像。这一单调的映射变化关系有助于分块生成核线影像。

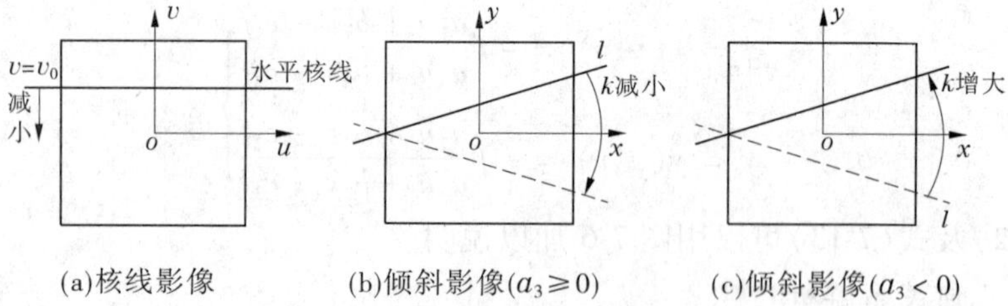

图 7-7　核线影像与倾斜影像的映射变化关系

2)临界核线

一般情况下,核线影像上平行于 u 轴的水平核线对应着倾斜像片上像平面坐标系下的倾斜核线 l。但如果令式(7-16)中的 $k=0$,则有

$$\frac{b_1 f + c_1 v}{b_2 f + c_2 v} = 0 \Rightarrow v^{\text{spe}} = -\frac{b_1}{c_1} f \tag{7-19}$$

而将式(7-19)中的 v^{spe} 代入式(7-13),可得

$$y^{\text{cri}} = -\frac{a_2}{a_3} f \tag{7-20}$$

式(7-19)与式(7-20)的结果说明,在核线影像上存在一条特殊的核线 $v = v^{\text{spe}}$,它在倾斜影像上对应的核线也是一条平行于 x 轴的水平直线 $y = y^{\text{cri}}$,将倾斜影像上的这一条水平核线称为临界核线,如图 7-8 所示。

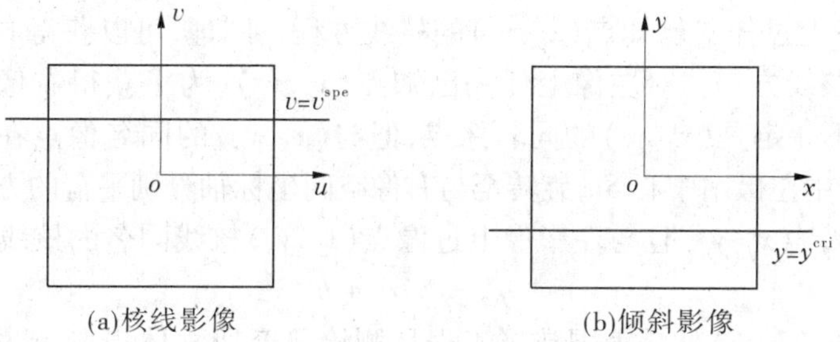

图 7-8 临界核线

3)核点坐标

由于在倾斜影像上的所有核线相交于一点,所以由临界核线可知,在倾斜影像上像平面坐标系下,核点的纵坐标应为

$$y_{\text{epipole}} = -\frac{a_2}{a_3} f \tag{7-21}$$

此外,对核线影像上任意两条核线 $v = v_1$、$v = v_2$,在倾斜影像上相应的倾斜核线 l_1、l_2 分别为

$$y = k_1 x + b_1$$
$$y = k_2 x + b_2$$

联立解算上述两方程,可得核点的横坐标为

$$x_{\text{epipole}} = -\frac{a_1}{a_3} f \tag{7-22}$$

由式(7-21)和式(7-22)可知,倾斜像片上核点的坐标为

$$(x_{\text{epipole}}, y_{\text{epipole}}) = \left(-\frac{a_1}{a_3} f, -\frac{a_2}{a_3} f\right) \tag{7-23}$$

有了核点坐标,对倾斜影像上的任一点(x_0, y_0),便很容易写出过该点的核线方程。

(二)基于共面条件的核线几何关系

共面条件方程是基于 3 个向量共面的条件得到的。现考虑左像平面内的任一已知像点(x_p, y_p),而(x, y)也是左像平面内与(x_p, y_p)在同一核线上的任一动点,若采用连续像对相对定向元素系统,那么在左像空间坐标系 $S_1 - X_1 Y_1 Z_1$ 下,显然有向量$(x, y, -f)$、$(x_p, y_p, -f)$及基线向量(B_x, B_y, B_z)是共面的,因而有

$$\begin{vmatrix} B_x & B_y & B_z \\ x_p & y_p & -f \\ x & y & -f \end{vmatrix} = 0 \tag{7-24}$$

将式(7-24)按最后一行展开,可得方程

$$y = kx + b \tag{7-25}$$

其中

$$k = \frac{fB_y + y_p B_Z}{fB_x + x_p B_Y}, \quad b = \frac{y_p B_X - x_p B_Y}{fB_x + x_p B_Z}$$

此即左影像上过任一已知点(x_p, y_p)的核线方程。同理,可以获得右影像上过任一已知点(x_q, y_q)的核线方程。对左像上任一已知点(x_p, y_p),为了获得右像同名核线上任一像点(x_q, y_q)(不一定是(x_p, y_p)的同名像点,但与(x_p, y_p)的同名像点在同一核线上),可将整个坐标系绕中左摄站中心S_1,旋转至与右像空间坐标轴分别平行的方向,仿式(7-24)可得右影像上过像点(x_q, y_q)且与左影像上过像点(x_p, y_p)核线同名的核线方程

$$y' = k'x' + b' \tag{7-26}$$

式(7-25)、式(7-26)就是美国陆军工程兵测绘研究所立体摄影测量系统的核线几何解析关系。

基于共线条件的核线几何关系即式(7-12)和式(7-13),更多揭示了倾斜影像与核线影像两平面之间的解析映射关系,得到了一些如核点坐标、临界核线等内在的几何关系。由此不仅可以实现直接在倾斜影像上进行重采样形成核线影像,而且可以间接生成核线影像。首先确定核线影像上的像素坐标,然后按映射关系投影到倾斜影像上,最后经内插得到像素灰度值。此外,由这种清晰的映射关系还可以分块形成核线影像及生成任意区域的核线影像。而基于共面条件的核线几何关系即式(7-25)、式(7-26)则原理简洁易懂、推导简单,更多地揭示了左、右两个核线影像之间的关系,利用该关系也可直接在倾斜影像上形成核线影像。

(三)核线影像生成

所谓核线影像,就是基于核线几何关系,利用倾斜影像生成沿核线方向(数字影像的行方向为核线方向)排列的数字影像。核线影像生成(或纠正)一般有两种方法,分别是间接法和直接法。直接法生成核线影像,就是根据式(7-12)将倾斜影像上每个像素映射到核线影像上,并将原始灰度值赋予核线影像。但由于按式(7-12)映射后的像素坐标未必是整数,所以形成的核线影像是非规则的,还需要在核线影像上进行重采样形成规则格网后才能供后续使用,由于这种方法还要在经纠正形成的核线影像上进行二次重采样,所以实用中通常不采用该方法。下面以框幅式影像为例,主要分析间接法生成核线影像及直接在倾斜影像上生成核线影像的方法。

1. 间接法核线影像生成

所谓间接法核线影像生成,就是首先确定核线影像上每一像素的像平面位置坐标(u,v),然后按倾斜影像与核线影像之间的映射关系,将位置映射到倾斜影像上的坐标(x,y)。因为(x,y)不一定是整数,所以需用内插方法获得(x,y)的灰度值$g(x,y)$,并将此灰度值赋予核线影像上的像素(u,v)。

间接法核线影像生成一般基于共线条件的核线几何关系式(7-12)、式(7-13)与式(7-16)、式(7-17)。特别地,利用核线几何关系式(7-16)、式(7-17),可以根据单调映射的关系,生成任意区域的核线影像,并且还可以分块读入原始倾斜影像,形成快速算法。基于核线几何关系式(7-12)、式(7-13)的间接法核线影像过程如下。

第一步:确定范围。利用映射关系式(7-12)将倾斜影像的4个角点A、B、C、D映射至核线影像上的A'、B'、C'、D',并确定如图7-9(b)所示的外接矩形(虚线表示)。

第二步:以图7-9(b)的外接矩形为核线影像范围,用与原始倾斜影像同样的采样间隔Δ对该外接矩形进行细分,形成如图7-9(c)所示的采样格网。

第三步:利用图7-9(c)中的每个小单元的中心坐标(u,v)与核线几何关系式(7-13),计算出该像素在倾斜像片上的对应位置(x,y)。

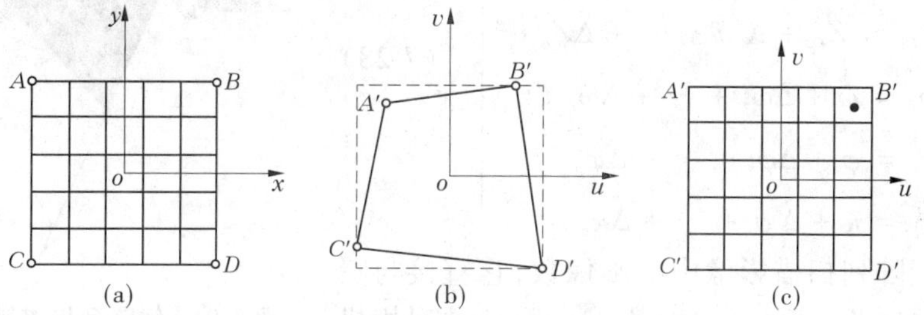

图7-9 确定核线影像范围

第四步:灰度内插。根据周围像素点的灰度值,内插出(x,y)处的灰度值$\hat{g}(x,y)$,实现量化,并将此灰度值赋予核线影像上(u,v)处。

2. 直接在倾斜影像上生成核线影像

对倾斜影像上的任一点(x_0,y_0),由式(7-23)可知过该点的核线方程为

$$y + \frac{a_2}{a_3}f = \frac{a_3 y_0 + a_2 f}{a_3 x_0 + a_1 f}\left(x + \frac{a_1}{a_3}f\right) \tag{7-27}$$

对离散的数字倾斜影像,在经过内定向和相对定向后,利用式(7-27)可直接在倾斜影像上生成过(x_0,y_0)点的核线数字影像。具体过程为:在像平面坐标系下(倾斜影像)计算出式(7-27)的核线与倾斜数字影像上每一列中心的交点(x',y'),然后利用内插获得该交点处的影像灰度值。除单条核线影像生成以外,也可以利用上述方式生成完整核线影像或任意区域的核线影像。

(四)基于不同成像模型的线阵列扫描影像核线几何分析

线阵列扫描数字相机在不同曝光位置的每一扫描行都有不同的投影中心和姿态。因此,其外方位元素(Exterior Orientation Parameter,EOP)随着扫描行的变化而变化。相应地,其核线几何关系及核线影像也与前面所讲的框幅式影像的核线几何关系有所不同。如图7-10所示,对左景像(这里的景像是指具有不同EOP的多个扫描行影像所组成的影像)中以O为投影中心的任一一维影像来说,点p可以对应许多个核面,这与框幅式影像有很大的不同。此时,右景像中包含有多少个投影中心,就有多少个核面。因此,核线不能像框幅式影像那样定义为核面与像面的交线。p点的核线定义为另一景像上所有可能

共轭点的轨迹。为了确定核线，这些扫描线的 EOP 及内方位元素（Interior Orientation Parameter，IOP）必须已知。

Kim 首先进行了通过模型化 EOP 变化确定核线的研究。该研究完全基于线阵列扫描成像传感器的严格成像模型（Rigorous Model）。这种严格模型要求已知每个扫描线的内方位元素，以及景像中每一影像的外方位元素。一般情况下，外方位元素在同一景像中的连续两行扫描影像之间不会有突然的变化，特别对于卫星平台传感器更是如此。因此，大多数严格成像模型都采用了外方位元素的多项式表达式。

$$\left.\begin{aligned}
X_{Oi} &= X_O + \Delta X i + \cdots + \Delta X_{n_X} i^{n_X} \\
Y_{Oi} &= Y_O + \Delta Y i + \cdots + \Delta Y_{n_Y} i^{n_Y} \\
Z_{Oi} &= Z_O + \Delta Z i + \cdots + \Delta Z_{n_Z} i^{n_Z} \\
\omega_i &= \omega + \Delta\omega i + \cdots + \Delta\omega_{n_\omega} i^{n_\omega} \\
\varphi_i &= \varphi + \Delta\varphi i + \cdots + \Delta\varphi_{n_\varphi} i^{n_\varphi} \\
\kappa_i &= \kappa + \Delta\kappa i + \cdots + \Delta\kappa_{n_\kappa} i^{n_\kappa}
\end{aligned}\right\} \quad (7\text{-}28)$$

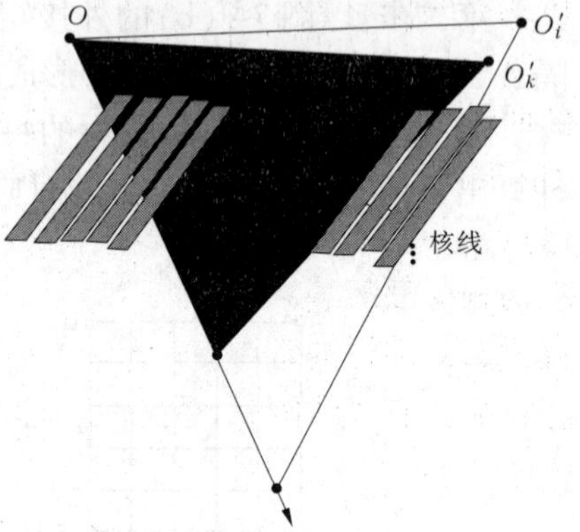

图 7-10　线阵列扫描景像中的核线

式中：i 为线阵列扫描影像中的影像数，它直接与曝光时间有关；(X_{Oi}, Y_{Oi}, Z_{Oi}) 为影像 i 曝光时刻相机的空间位置；φ_i、ω_i、κ_i 为影像 i 的旋转角；n_X、n_Y、n_Z 分别为多项式的阶数；n_φ、n_ω、n_κ 分别为 φ_i、ω_i、κ_i 的多项式中各自的阶数；(X_O, Y_O, Z_O) 为本景像中第一行影像（影像 O）曝光时刻相机的空间位置；$(\Delta X, \Delta Y, \Delta Z)$ 为扫描器位置的线性变化（即线阵列扫描相机速度向量的分量，或相机位置的一阶分量）；$(\Delta X_{n_X}, \Delta Y_{n_Y}, \Delta Z_{n_Z})$ 为相机位置的第 n_X、n_Y、n_Z 阶分量；φ、ω、κ 为当前景像中第一行影像的旋转角；$\Delta\varphi$、$\Delta\omega$、$\Delta\kappa$ 为旋转角的线性变量（或相机旋转角的一阶分量）；$\Delta\varphi_{n_\varphi}$、$\Delta\omega_{n_\omega}$、$\Delta\kappa_{n_\kappa}$ 分别为相机旋转角的第 n_φ、n_ω、n_κ 阶分量。需要注意的是，依赖于相机的运动模式，n_X、n_Y、n_Z、n_φ、n_ω、n_κ 的值是变化的，每一影像的外方位参数多项式即式（7-28）的阶数均不相同。

基于这种严格成像模型，Kim 给出了描述 SPOT 景像中 EOP 变化的实用多项式模型

$$\left.\begin{aligned}
X_{Oj} &= X_O + \Delta X j + \Delta X_2 j^2 \\
Y_{Oj} &= Y_O + \Delta Y j + \Delta Y2 j^2 \\
Z_{Oj} &= Z_O + \Delta Z j + \Delta Z2 j^2 \\
\omega_j &= \omega \\
\varphi_j &= \varphi \\
X'_{Oi} &= X'_O + \Delta X' i + \Delta X'_2 i^2 \\
Y'_{Oi} &= Y'_O + \Delta Y' i + \Delta Y'_2 i^2 \\
Z'_{Oi} &= Z'_O + \Delta Z' i + \Delta Z'_2 i^2 \\
\omega'_i &= \omega'' \\
\varphi'_i &= \varphi' \\
\kappa'_i &= \kappa' + \Delta\kappa' i + \Delta\kappa' 2 i^2
\end{aligned}\right\} \quad (7\text{-}29)$$

其中，j 和 i 分别是左、右景像上的第 j 和第 i 个影像。Kim 还证明了下述表达核线的关系式

$$y' = \frac{k_1 j + k_2 y + k_3}{(k_4 j + k_5 y + k_6)\sin Q(i) + (k_7 j + k_8 y + k_9)\cos Q(i)} \tag{7-30}$$

式中：y 为待确定核线的左景像中沿第 j 条扫描线上的点；y' 为扫描线 i 的函数，是右景像中的对应点；$k_1 \sim k_9$ 为对给定左景像上扫描线 j 来说的常数；$Q(i)$ 为 i 的二次函数，与右传感器的偏航角有关。

由式(7-30)可以看出，y' 和 i 的关系已不再是线性函数，实际上其形状是一种双曲型的曲线，这与框幅式影像中的线性核线关系式(7-15)、式(7-25)、式(7-26)有明显的区别。Kim 还分析了 SPOT 景像中共轭核线的存在性。如图 7-11 所示，p 是 SPOT 左景像中的一像点，p 在右景像中的核线为一曲线，在该曲线上任选两点 p_1、p_2，那么 p_1 和 p_2 在左景像上的相应核线 L_{p_1} 和 L_{p_2} 并不重合，而在第四章中这种核线完全是同一条直线。所以，像框幅式影像那样的常用"核线对"，在外方位元素变化模型为式(7-28)的线阵列景像中是不存在的。有关线阵列景像的核线几何纠正详细内容可参见文献(Morgan，2004)。

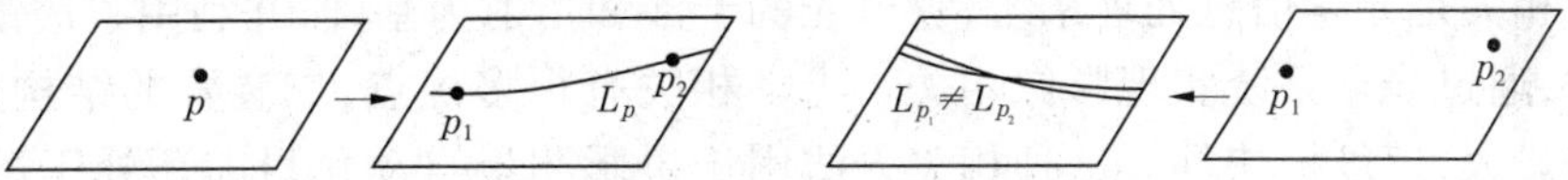

图 7-11　线阵列景像中的共轭核线对

对线阵列扫描影像的核线几何解析，除式(7-28)这种严格的成像模型外，常用的模型还有广义模型(Generalized Model)。广义模型表示了目标和景像坐标之间的一种近似关系，而并不代表二者之间的精确变换，因此可以认为是一种近似模型。这些广义传感器模型可以看做是所有传感器类型的一般解，包括有理函数模型(RFM)、直接线性变换 DLT 模型及二维仿射模型。

第三节　影像匹配基础知识

在数字摄影测量与遥感中，匹配可以定义为在不同数据集合之间建立对应或相关关系。这些不同的数据集合可以是影像，也可以是地图或目标模型及 GIS 数据。如果是在影像间建立对应关系(如同一物点之间的标记)，则称为影像匹配；如果是在遥感影像和地图间建立对应关系，则常称为配准。如果影像匹配中的影像均为数字影像，则称为数字影像匹配。

摄影测量处理链中的许多过程都以这样或那样的方式与匹配问题关联。内定向就是局部框标影像与二维框标模板相匹配；相对定向中的选点与空中三角测量的转点就是一张影像中的点与另一张影像中的点之间的匹配，从而形成定向点或连接点；绝对定向则是局部影像与地面控制特征描述之间的匹配(多数情况下这些地面特征是地面控制点)；数字高程模型自动生成则是一张影像局部之间的匹配，并由此生成三维目标点集；最后，影像理解或解释也与匹配有关，它是局部影像同目标模型之间的匹配，以便对场景中的目标进行识别和定位。了解到摄影测量中的这么多任务都与匹配问题有关，就不会奇怪匹配

问题长期以来一直是,并且今后仍将是摄影测量研究与发展中最具挑战性的问题。

所谓影像匹配,即是在两幅(或多幅)影像之间识别同名元素(点)的技术。此处主要讨论数字影像匹配。在数字摄影测量与遥感领域,数字影像匹配较严格的定义可以描述为:数字影像匹配就是在两张或多张数字影像的要素之间自动建立关系,这些影像是(或至少局部是)对同一场景在不同位置和不同时刻的成像,而要素可以是数字影像中的点(即像素),也可以是数字影像中提取的其他特征。利用影像匹配可以从数字立体像对上自动识别并量测相应像点,以实现摄影测量立体观测自动化的目的。

一、基本原理

由于原始像片中的灰度信息可转换为电子、光学和数字等不同形式的信号,因而用于影像匹配的相关技术可构成电子相关、光学相关和数字相关等不同的相关方式。

电子相关是研究最早的一种相关技术,它以左右影像灰度的视频信号作为输入,采用电子线路构成的相关器来实现影像相关。由于作为相关器的电子线路复杂,而且噪声源多,所以电子相关的性能受到限制,20 世纪 70 年代后就不再研究电子相关了。

光学相关是光学信息处理系统,它以光的干涉和衍射为基础,并利用了透镜的傅里叶变换特性,通过光学系统实现影像相关。光学相关有很多优点,如装置的结构简单,可处理的数据量大,速度极快等。这种相关方法用于摄影测量自动化目前还处于试验研究阶段,有许多技术问题尚待解决。

数字相关是利用计算机对数字影像进行数值计算的方式完成影像的相关。数字相关的算法除相关函数外,还有许多种算法,它们都是根据一定准则,比较左、右影像的相似来确定其是否为同名影像,从而确定相应像点。数字相关具有极大的灵活性,它将随着数字图像处理技术和计算机技术的发展而得到广泛的应用。本节主要介绍的就是数字相关。

影像相关是利用两个信号的相关函数,评价它们的相似性以确定同名点。即首先取出以待定点为中心的小区域中的影像信号,然后取出它在另一影像中相应区域的影像信号,计算两者的相关函数,以相关函数最大值对应的相应区域中心点为同名点,即以影像信号分布最相似的区域为同名区域。同名区域的中心点为同名点,这就是自动化立体量测的基本原理。

(一)相关函数

两个随机信号 $x(t)$ 和 $y(t)$ 的互相关函数定义

$$R_{xy}(\tau) = \int_{-\infty}^{\infty} x(t)y(t+\tau)\,\mathrm{d}t \tag{7-31}$$

对信号能量无限的情况则取其均值,形式为

$$R_{xy}(\tau) = \lim_{T\to\infty}\frac{1}{T}\int_0^T x(t)y(t+\tau)\,\mathrm{d}t \tag{7-32}$$

在实际应用中信号不可能是无限的,即 T 是有限值,但 T 要适当地大,使它构成的统计方差小到可以接受。实用估计为

$$R_{xy}(\tau) = \frac{1}{T}\int_0^T x(t)y(t+\tau)\,\mathrm{d}t \tag{7-33}$$

当 $x(t)=y(t)$ 时,则得到自相关函数的相应定义与估计公式,即

$$
\left.\begin{aligned}
R_{xx}(\tau) &= \int_{-\infty}^{+\infty} x(t)x(t+\tau)\,\mathrm{d}t \\
R_{xx}(\tau) &= \lim_{T\to\infty}\frac{1}{T}\int_{0}^{T} x(t)x(t+\tau)\,\mathrm{d}t \\
R_{xx}(\tau) &= \frac{1}{T}\int_{0}^{T} x(t)x(t+\tau)\,\mathrm{d}t
\end{aligned}\right\} \tag{7-34}
$$

自相关函数有下列主要性质:

(1)自相关函数是偶函数,即

$$R(\tau) = R(-\tau) \tag{7-35}$$

这是因为

$$
\begin{aligned}
R(\tau) &= \lim_{T\to\infty}\frac{1}{T}\int_{0}^{T} x(t)x(t+\tau)\,\mathrm{d}t \\
&= \lim_{T\to\infty}\frac{1}{T}\left[\int_{0}^{T-\tau} x(t)x(t+\tau)\,\mathrm{d}t + \int_{T-\tau}^{T} x(t)x(t+\tau)\,\mathrm{d}t\right] \\
&= \lim_{T\to\infty}\frac{1}{T}\int_{0}^{T-\tau} x(t)x(t+\tau)\,\mathrm{d}t
\end{aligned}
$$

令 $t' = t - \tau$,则

$$
\begin{aligned}
R(-\tau) &= \lim_{T\to\infty}\frac{1}{T}\int_{0}^{T} x(t)x(t-\tau)\,\mathrm{d}t \\
&= \lim_{T\to\infty}\frac{1}{T}\int_{-\tau}^{T-\tau} x(t'+\tau)x(t')\,\mathrm{d}t' \\
&= \lim_{T\to\infty}\frac{1}{T}\left[\int_{-\tau}^{0} x(t')x(t'+\tau)\,\mathrm{d}t' + \int_{0}^{T-\tau} x(t')x(t'+\tau)\,\mathrm{d}t'\right] \\
&= \lim_{T\to\infty}\frac{1}{T}\int_{0}^{T-\tau} x(t)x(t+\tau)\,\mathrm{d}t \\
&= R(\tau)
\end{aligned}
$$

(2)自相关函数在 $\tau = 0$ 处取得最大值,即

$$R(0) \geqslant R(\tau) \tag{7-36}$$

因为 $a^2 + b^2 \geqslant 2ab$,所以

$$x(t)x(t) + x(t+\tau)x(t+\tau) \geqslant 2x(t)x(t+\tau)$$

两边取时间 T 的平均值并取极限,有

$$\lim_{T\to\infty}\frac{1}{T}\int_{0}^{T} x(t)x(t)\,\mathrm{d}t + \lim_{T\to\infty}\frac{1}{T}\int_{0}^{T} x(t+\tau)x(t+\tau)\,\mathrm{d}t \geqslant \lim_{T\to\infty}\frac{1}{T}\int_{0}^{T} 2x(t)x(t+\tau)\,\mathrm{d}t$$

上式左边两部分均为 $R(0)$,所以

$$R(0) \geqslant R(\tau)$$

这个性质极为重要,它是三种相关技术确定同名像点的依据。

(二)相关的搜索方法

数字相关可以在线进行,也可以离线进行。一般情况下它是一个二维的搜索过程。1972 年 Masry、Helava 和 Chapelle 等引入了核线相关原理,化二维搜索为一维搜索,大大提高了相关的速度,使数字相关技术在摄影测量中的应用得到了迅速的发展。

1. 二维相关

二维相关时一般在左影像上先确定一个待定点，称为目标点，以此待定点为中心选取 $m \times n$（可取 $m = n$）个像素的灰度阵列作为目标区或称目标窗口。为了在右影像上搜索同名点，必须估计出该同名点可能存在的范围，建立一个 $k \times l(k > m, l > n)$ 个像素的灰度阵列作为搜索区，相关的过程就是依次在搜索区中取出 $m \times n$ 个像素灰度阵列（搜索窗口通常取 $m = n$），计算它与目标区的相似性测度

$$\rho_{ij}\left(i = i_0 - \frac{l}{2} + \frac{n}{2}, \cdots, i_0 + \frac{l}{2} - \frac{n}{2}; j = j_0 - \frac{k}{2} + \frac{m}{2}, \cdots, j_0 + \frac{k}{2} - \frac{m}{2}\right)$$

(i_0, j_0) 为搜索区中心像素。当 ρ 取得最大值时，该搜索窗口的中心像素被认为是同名点。如

$$\rho_{c,r} = \max\left\{\rho_{ij}\left(i = i_0 - \frac{l}{2} + \frac{n}{2}, \cdots, i_0 + \frac{l}{2} - \frac{n}{2}; j = j_0 - \frac{k}{2} + \frac{m}{2}, \cdots, j_0 + \frac{k}{2} - \frac{m}{2}\right)\right. \tag{7-37}$$

则 (c, r) 为同名点（有的相似性测度可能取最小值）。

2. 一维相关

根据核线的定义，相应像点一定在相应核线上，如果数字影像是沿核线方向取样或重新排列的，则影像匹配中只需要沿核线方向搜索就可以找到相应像点，搜索是沿核线方向进行的，也就形成了一维搜索（或一维相关），习惯上把这种影像匹配叫做核线数字相关或核线相关。

理论上，一方面一维相关的目标窗口与搜索区均可以是一维窗口，但是，由于两影像窗口的相似性测度一般是统计量，为了保证相关结果的可靠性，应有较多的样本进行估计，因而目标窗口中的像素不应太少。另一方面，若目标区长，由于一般情况下灰度信号的重心与几何重心并不重合，相关函数的高峰值总与最强信号一致，加之影像的几何变形，这就会产生相关误差。因此，目标区一般应与二维相关时相同，取一个以待定点为中心，$m \times n$（可取 $m = n$）个像素的窗口。此时搜索区为 $m \times l(l > n)$ 个像素的灰度阵列，搜索工作只在一个方向进行，即计算相似性测度

$$\rho_i\left(i = i_0 - \frac{l}{2} + \frac{n}{2}, \cdots, i_0 + \frac{l}{2} - \frac{n}{2}\right)$$

若

$$\rho_c = \max\left\{\rho_i\left(i = i_0 - \frac{l}{2} + \frac{n}{2}, \cdots, i_0 + \frac{l}{2} - \frac{n}{2}\right)\right\} \tag{7-38}$$

则 (c, j_0) 为同名点，其中 (i_0, j_0) 为搜索区中心。

二、数字影像匹配基本算法

同名点的确定是以匹配测度为基础的，因而如何定义匹配测度，则是影像匹配最首要的任务。基于不同的理论或不同的思想可以定义各种不同的匹配测度，因而形成了各种影像匹配方法及相应的实现算法，其中基于统计理论的一些基本方法得到了较广泛的应用。

若影像匹配的目标窗口的灰度矩阵为 $\boldsymbol{G}(g_{i,j})(i = 1, 2, \cdots m; j = 1, 2, \cdots n)$，$m$ 与 n 为矩阵 $\boldsymbol{G}$ 的行列数，一般情况下为奇数。与 $\boldsymbol{G}$ 相应的灰度函数为 $g(x, y)$，$(x, y) \in D$，将 $\boldsymbol{G}$

中元素排成一行构成一个 $N=m\cdot n$ 维的目标向量 $\boldsymbol{X}=(x_1,x_2,\cdots,x_N)$。搜索区灰度矩阵为 $\boldsymbol{G}'=(g'_{i,j})(i=1,2,\cdots,k;j=1,2,\cdots,l)$，$k$ 与 l 是矩阵 $\boldsymbol{G}'$ 的行列数，一般情况下也为奇数。与 $\boldsymbol{G}'$ 相应的灰度函数为 $g'(x',y')$，$(x',y')\in D'$。

$\boldsymbol{G}'$ 中任意一个 m 行 n 列的子块（即搜索窗口）记为

$$\boldsymbol{G}'_{r,c}=(g'_{i+r,j+c})$$

式中

$$i=1,2,\cdots,m;j=1,2,\cdots,n;$$
$$r=\mathrm{INT}\left(\frac{m}{2}\right)+1,\cdots,k-\mathrm{INT}\left(\frac{m}{2}\right);$$
$$c=\mathrm{INT}\left(\frac{n}{2}\right)+1,\cdots,l-\mathrm{INT}\left(\frac{n}{2}\right)$$

将 $\boldsymbol{G}'_{r,c}$ 的元素排成一行构成一个 $\boldsymbol{N}=m\cdot n$ 维的搜索向量，记为 $\boldsymbol{Y}=(y_1,y_2,\cdots,y_N)$，则影像匹配的一些基本算法如下。

（一）相关函数

$g(x,y)$ 与 $g'(x',y')$ 的相关函数定义为

$$R(p,q)=\iint_{(x,y)\in D}g(x,y)g'(x+p,y+q)\mathrm{d}x\mathrm{d}y \tag{7-39}$$

若 $R(p_0,q_0)>R(p,q)(p\neq p_0,q\neq q_0)$，则认为在搜索区内相对于目标区影像位移 p_0、q_0 的影像为目标区影像的匹配影像。对于一维相关，应有 $q\equiv 0$。

与离散灰度数据相对应的相关函数的估计公式为

$$R(c,r)=\sum_{i=1}^{m}\sum_{j=1}^{n}g_{i,j}g'_{i+r,j+c} \tag{7-40}$$

若

$$R(c_0,r_0)>R(c,r)\quad(r\neq r_0,c\neq c_0)$$

则认为在搜索区内相对于目标区影像位移 r_0 行、c_0 列的影像为目标区影像的匹配影像。对于一维相关有 $r\equiv 0$。

相关函数的估计值即矢量 $\boldsymbol{X}$ 与 $\boldsymbol{Y}$ 的数量积，因目标向量 $\boldsymbol{X}$ 是已知常数向量，故相关函数最大等价于矢量 $\boldsymbol{Y}$ 在矢量 $\boldsymbol{X}$ 上的投影最大。该算法没有考虑影像灰度畸变的影响，而且在没有影像灰度畸变的情况下，也可能产生假配准。

（二）协方差函数

协方差函数是中心化的相关函数。$g(x,y)$ 与 $g'(x',y')$ 的协方差函数定义为

$$\left.\begin{aligned}C(p,q)&=\iint_{(x,y)\in D}\{g(x,y)-E[g(x,y)]\}\{g'(x+p,y+q)-\\&\qquad E[g'(x+p,y+q)]\}\mathrm{d}x\mathrm{d}y\\E[g(x,y)]&=\frac{1}{S_D}\iint_{(x,y)\in D}g(x,y)\mathrm{d}x\mathrm{d}y\\E[g'(x+p,y+q)]&=\frac{1}{S_D}\iint_{(x,y)\in D}g'(x+p,y+q)\mathrm{d}x\mathrm{d}y\end{aligned}\right\} \tag{7-41}$$

式中，S_D 为 D 的面积。若

$$C(p_0,q_0) > C(p,q)(p \neq p_0, q \neq q_0)$$

则认为在搜索区内相对于目标区影像位移 p_0、q_0 的影像为目标区影像的匹配影像。对于一维相关,应有 $q \equiv 0$。

与离散灰度数据相对应的协方差函数的估计公式为

$$\left.\begin{aligned} C(c,r) &= \sum_{i=1}^{m}\sum_{j=1}^{n}(g_{i,j}-\overline{g})(g'_{i+r,j+c}-\overline{g'}_{r,c}) \\ \overline{g} &= \frac{1}{mn}\sum_{i=1}^{m}\sum_{j=1}^{n}g_{i,j} \\ \overline{g'}_{r,c} &= \frac{1}{mn}\sum_{i=1}^{m}\sum_{j=1}^{n}g'_{i+r,j+c} \end{aligned}\right\} \tag{7-42}$$

若

$$C(c_0,r_0) > C(c,r) \quad (c \neq c_0, r \neq r_0)$$

则认为在搜索区内相对于目标区影像位移 r_0 行、c_0 列的影像为目标区影像的匹配影像。对于一维相关,应有 $r \equiv 0$。

设矢量 $\overline{\boldsymbol{X}} = (\bar{x},\bar{x},\cdots,\bar{x})$,$\overline{\boldsymbol{Y}} = (\bar{y},\bar{y},\cdots,\bar{y})$,$\boldsymbol{X}' = \boldsymbol{X} - \overline{\boldsymbol{X}}$,$\boldsymbol{Y}' = \boldsymbol{Y} - \overline{\boldsymbol{Y}}$,$\bar{x} = \frac{1}{N}\sum_{i=1}^{N}x_i$,$\bar{y} = \frac{1}{N}\sum_{i=1}^{N}y_i$,则协方差函数的估计值即为矢量 X' 与 Y' 的数量积,故协方差函数最大等价于矢量 $\boldsymbol{Y}'$ 在矢量 $\boldsymbol{X}'$ 上的投影最大。

由频谱分析可知,减去信号的均值等于去掉其直流分量,因而当两影像的灰度强度平均相差一个常量时,应用协方差函数测度可不受影响。

(三)相关系数

相关系数是标准化的协方差函数,即协方差函数除以两信号的均方差即得相关函数。$g(x,y)$ 与 $g'(x',y')$ 的相关系数为

$$\rho(p,q) = \frac{C(p,q)}{\sqrt{C_{gg}C_{g'g'}(p,q)}} \tag{7-43}$$

式中

$$C'_{g'g'}(p,q) = \iint_{(x+p,y+q)\in D'} \{g'(x+p,y+q) - E[g'(x+p,y+q)]\}^2 \mathrm{d}x\mathrm{d}y$$

$$C_{gg}(p,q) = \iint_{(x,y)\in D} \{g(x,y) - E[g(x,y)]\}^2 \mathrm{d}x\mathrm{d}y$$

$C(p,q)$,$E[g(x,y)]$ 与 $E[g'(x+p,y+q)]$ 由式(7-4)定义。

若 $\rho(p_0,q_0) > \rho(p,q)(p \neq p_0, q \neq q_0)$,则认为在搜索区内相对于目标区影像位移 p_0、q_0 的影像为目标区影像的匹配影像。对于一维相关,应有 $q \equiv 0$。

与离散灰度数据相对应的相关系数的估计公式为

$$\rho(c,r) = \frac{S_{gg'} - \dfrac{S_g S_{g'}}{N}}{\sqrt{\left(S_{gg} - \dfrac{S_g^2}{N}\right)\left(S_{g'g'} - \dfrac{S_{g'}^2}{N}\right)}} \tag{7-44}$$

其中

$$S_{gg'} = \sum_{i=1}^{m}\sum_{j=1}^{n} g_{i,j}g'_{i+r,j+c}$$

$$S_{gg} = \sum_{i=1}^{m}\sum_{j=1}^{n} g_{i,j}^2$$

$$S_{g'g'} = \sum_{i=1}^{m}\sum_{j=1}^{n} g_{i+r,j+c}^2$$

$$S_{g} = \sum_{i=1}^{m}\sum_{j=1}^{n} g_{i,j}$$

$$S_{g'} = \sum_{i=1}^{m}\sum_{j=1}^{n} g_{i+r,j+c}$$

若$\rho(c_0,r_0) > \rho(c,r)(c\neq c_0,r\neq r_0)$，则认为在搜索区内相对于目标区影像位移$r_0$行、$c_0$列的影像为目标区影像的匹配影像。对于一维相关，应有$r\equiv 0$。

因为$\rho = \frac{X'\cdot Y'}{|X'||Y'|} = \frac{|X'||Y'|\cos\alpha}{|X'||Y'|} = \cos\alpha$，则相关系数的估计值最大等价于矢量$Y'$与矢量$X'$夹角的最小。$Y'$、$X'$与协方差函数中相应的定义一致，$\alpha$与矢量$Y'$与矢量$X'$的夹角 。

可以证明，当两影像的灰度存在线性畸变时，应用相关系数测度可不受影响。

（四）差平方和

$g(x,y)$与$g'(x',y')$的差平方和为

$$S^2(p,q) = \iint_{(x,y)\in D} [g(x,y) - g'(x+p,y+q)]^2 \mathrm{d}x\mathrm{d}y \tag{7-45}$$

若

$$S^2(p_0,q_0) < S^2(p,q) \quad (p\neq p_0, q\neq q_0)$$

则认为在搜索区内相对于目标区影像位移p_0、q_0的影像为目标区影像的匹配影像。对于一维相关，应有$q\equiv 0$。

与离散灰度数据相对应的差平方和的估计公式为

$$S^2(c,r) = \sum_{i=1}^{m}\sum_{j=1}^{n} (g_{i,j} - g'_{i+r,j+c})^2 \tag{7-46}$$

若

$$S^2(c_0,r_0) < S^2(c,r) \quad (c\neq c_0, r\neq r_0)$$

则认为在搜索区内相对于目标区影像位移r_0行、c_0列的影像为目标区影像的匹配影像。对于一维相关，应有$r\equiv 0$。

差平方和的估计值即为矢量$\boldsymbol{X}$与矢量$\boldsymbol{Y}$之差矢量的模的平方。

（五）差绝对值和

$g(x,y)$与$g'(x',y')$的差绝对值和为

$$S(p,q) = \iint_{(x,y)\in D} |g(x,y) - g'(x+p,y+q)| \mathrm{d}x\mathrm{d}y \tag{7-47}$$

若$S(p_0,q_0) < S(p,q)(p\neq p_0,q\neq q_0)$，则认为在搜索区内相对于目标区影像位移$p_0$、$q_0$的

影像为目标区影像的匹配影像。对于一维相关,应有 $q \equiv 0$。

与离散灰度数据相对应的差的绝对值和的估计公式为

$$S(c,r) = \sum_{i=1}^{m} \sum_{j=1}^{n} \left| g_{i,j} - g'_{i+r,j+c} \right| \tag{7-48}$$

若 $S(c_0,r_0) < S(c,r)(c \neq c_0, r \neq r_0)$,则认为在搜索区内相对于目标区影像位移 r_0 行、c_0 列的影像为目标区影像的匹配影像。对于一维相关,应有 $r \equiv 0$。

差绝对值和的估计值即为矢量 X 与 Y 之差矢量的分量的绝对值之和。

三、基于物方的影像匹配

影像匹配的目的是提取物体的几何信息,确定其空间位置,因而在由前面所述的影像匹配方法获取左右影像的位移(视差)后,还要利用空间前方交会解算它对应物点的空间三维坐标(X,Y,Z),然后建立数字表面模型(如数字地面模型 DTM),在建立数字表面模型时可能还会使用一定的内插方法,使得精度或多或少地降低。因此,能够直接确定物体表面点空间三维坐标的基于物方的影像匹配方法得到了研究,这些方法也被称为"地面元影像匹配"。此时待定点平面坐标(X,Y)是已知的,只需要确定其高程 Z。因而基于物方的影像匹配也可以理解为高程直接解求的影像匹配方法。

下面介绍铅垂线轨迹(Vertical Line Locus,VLL)法。VLL 法是 Kern 厂解析测图仪 DSR－11 附加 CCD 相机构成的混合型数字摄影测量工作站中的影像相关器所使用的方法。假设在物方有一条铅垂线轨迹,则它在影像上的投影也是一直线。这就是说 VLL 与地面交点 A 在影像上的构像必定位于相应的像点 $a1$ 与 $a2$,从而确定 A 点高程的过程与人工在解析测图仪或立体测图仪上的过程十分相似。其步骤为:

(1)给定地面点的平面坐标(X,Y)与近似最低高程 $Z_{\min}$,高程搜索步距 ΔZ 可由所要求的高程精度确定。

(2)由地面点平面坐标(X,Y)与可能的高程

$$Z_i = Z_{\min} + i \cdot \Delta Z \ (i = 1,2,\cdots) \tag{7-49}$$

计算左、右像点坐标(x_i,y_i)与(x'_i,y'_i)的公式为

$$\left.\begin{aligned} x_i &= -f\frac{a_1(X_A - X_S) + b_1(Y_A - Y_S) + c_1(Z_i - Z_S)}{a_3(X_A - X_S) + b_3(Y_A - Y_S) + c_3(Z_i - Z_S)} \\ y_i &= -f\frac{a_2(X_A - X_S) + b_2(Y_A - Y_S) + c_2(Z_i - Z_S)}{a_3(X_A - X_S) + b_3(Y_A - Y_S) + c_3(Z_i - Z_S)} \end{aligned}\right\} \tag{7-50}$$

$$\left.\begin{aligned} x'_i &= -f\frac{a'_1(X_A - X_S) + b'_1(Y_A - Y_S) + c'_1(Z_i - Z_S)}{a'_3(X_A - X_S) + b'_3(Y_A - Y_S) + c'_3(Z_i - Z_S)} \\ y'_i &= -f\frac{a'_2(X_A - X_S) + b'_2(Y_A - Y_S) + c'_2(Z_i - Z_S)}{a'_3(X_A - X_S) + b'_3(Y_A - Y_S) + c'_3(Z_i - Z_S)} \end{aligned}\right\} \tag{7-51}$$

(3)分别以(x_i,y_i)与(x'_i,y'_i)为中心在左右影像上取影像窗口,计算其匹配测度,如相关系数 ρ_i(也可以利用其他测度)。

(4)将 i 的值增加 1,重复(2)、(3)两步,得到 $\rho_0,\rho_1,\rho_2,\cdots,\rho_n$,取其最大者记为 ρ_k

$$\rho_k = \max\{\rho_0,\rho_1,\rho_2,\cdots,\rho_n\}$$

它对应高程为 $Z_k = Z_{\min} + k \cdot \Delta Z$，则认为地面点 A 的高程 $Z = Z_k$。

(5)还可以利用 ρ_k 及其相邻的几个相关系数拟合一条抛物线，以其极值对应的高程作为 A 点的高程，以进一步提高精度，或以更小的高程步距在一小范围内重复以上过程。

第四节　数字摄影测量系统

数字摄影测量在本章第一节中已有概述。根据系统的功能、自动化的程度与价格，目前国际市场上的 DPW 可分为 4 类。第一类是自动化功能较强的多用途数字摄影测量工作站，由 Autometric、LH System、Z/I Imaging、Erdas、Indho 与 Supresofy 等公司提供的产品即属于此类产品。第二类是较少自动化的数字摄影测量工作站，包括 DVP Geomatics、ISM、KLT Associates、R－Wel 及 3D Mapper、Espa Systems、Topol Software/Atlas 与 Racures 等公司提供的产品。第三类是遥感系统，由 ER Mapper、Matra、MicroImages、PCI Geomatics 与 Research System 等公司提供，大部分没有立体观测能力，主要用于产生正摄影像。第四类是用于自动矢量数据获取的专用系统，包括 ETH、DEEiNiENS 与 Inpho 等提供的产品。

数字摄影测量工作站的自动化功能可分为：①半自动(Semi－Automatic)模式，它是在人机交互状态下进行工作的；②自动(Automatic)模式，它需要作业员事先定义、输入各种参数，以确保其完成操作的质量；③全自动(Full－Automatic)模式，它完全独立于作业员的干预。目前，数字摄影测量工作站所具有的全自动模式功能还不多，一般还处在半自动与自动模式。而自动工作模式所需要的质量控制参数的输入，是取决于作业员的经验的，对此不能掉以轻心。因此，在运行数字摄影测量工作站的自动模式时，所需输入参数的多少、作业员经验的多少，应该是衡量数字摄影测量工作站是否强健的重要指标之一。一个好的自动化系统应该具备的条件是所需参数少，系统对参数不敏感。目前，不少数字摄影测量工作站实质上是一台用于处理数字摄影的解析测图仪，基本上是人工操作。从发展的角度而言，这一类数字摄影测量工作站不能属于真正意义上的数字摄影测量的范畴。因为数字摄影测量与解析摄影测量之间的本质差别，不仅仅在于是否能处理数字摄影，最重要的是应该考察它是否将数字摄影测量与计算机科学中的数字图像处理、模式识别、计算机视觉等密切地结合在一起，将摄影测量的基本操作不断地实现半自动化、自动化，这是数字摄影测量的本质所在。例如，影像的定向、空中三角测量、DEM 的采集、正射影像的生成，以及地物测绘的半自动化与自动化，使它们变得越来越容易操作。对于一个操作人员而言，这些基本操作似乎是一个“黑匣子”，他们并不一定需要摄影测量专业理论的培训，只有这样，数字摄影测量才能获得广泛应用。

适普公司的 VirtuoZo 数字摄影测量工作站是根据 ISPRS 的名誉会员、中国科学院院士、武汉大学(原武汉测绘科技大学)教授王之卓于 1978 年提出的“Full Digital Automatic Mapping System”方案进行研究，由武汉大学张祖勋教授主持研究开发的成果。最初的 VirtuoZo SGI 工作站版本于 1994 年 9 月在澳大利亚黄金海岸推出，被认为是有许多创新特点的数字摄影测量工作站(A. Stewart Walker 和 Gordon Petrie，1996)。1981 年适普公司推出其微机 NT 版本。在中国，Heipke 教授在论文中没有列出的另一套较为著名的数字摄影测量工作站是由中国工程院刘先林院士主持开发的 JX4。

一、数字摄影测量系统的构成

（一）硬件组成

数字摄影测量工作站的硬件由计算机及其外部设备组成。

1. 计算机

目前可以是个人计算机（PC）或工作站。

2. 外部设备

外部设备分为立体观测设备及操作控制设备与输入输出设备。

（1）立体观测设备。计算机显示屏可以配备为单屏幕或双屏幕。立体观测装置可以是以下 4 种之一：①红绿眼镜；②立体反光镜；③闪闭式液晶眼镜；④偏振光眼镜。

（2）操作控制设备。操作控制设备可以是以下 3 种之一：①手轮、脚盘与普通鼠标；②三维鼠标与普通鼠标；③普通鼠标。

（3）输入设备。影像数字化仪（扫描仪）。

（4）输出设备。①矢量绘图仪；②栅格绘图仪。

（二）软件组成

数字摄影测量工作站的软件由数字影像处理软件、模式识别软件、解析摄影测量软件及辅助功能软件组成。

（1）数字影像处理软件主要包括：①影像旋转；②影像滤波；③影像增强；④特征提取。

（2）模式识别软件主要指特征识别与定位，包括：①框标的识别与定位；②影像匹配（同名点、线与面的识别）；③目标识别。

（3）解析摄影测量软件主要包括：①空中参数计算；②空中三角测量解算；③核线关系解算；④坐标计算与变换；⑤数值内插；⑥数字微分纠正；⑦投影变换。

（4）辅助功能软件主要包括：①数据输入输出；②数据格式转换；③注记；④质量报告；⑤图廓整饰；⑥人机交互。

二、两种国产的数字摄影测量系统简介

（一）VirtuoZo 全数字摄影测量工作站

1. 数据输入

1）影像数据输入

接受数字影像。接受的数据格式有 TIFF（具体包括标准格式的 TIFF、Tiled TIFF、JPEG TIFF、GeoTIFF 和以 11 bit 位存储的 TIFF 影像）、NITF、SGI（RGB）、BMP、TGA、SUN Raster、VIT、JFIF/JPEG 和 Mr. SID 格式。

2）等高线矢量数据输入

输入已有地形信息（等高线、特征线、特征点）的 DXF 和 USGS 格式文件，构造三角网并内插矩形格网。

3)DEM 数据输入

可直接将 USGS DTED2 格式的 DEM 转换为 VirtuoZo 格式的 DEM。可直接将Li－dar格式的 DTM 数据(一般为＊.xyz 文件)转换为 VirtuoZo 格式的 DEM。

2. 自动空中三角测量

自动空中三角测量包括全自动内定向、全自动选点、全自动相对定向、全自动转点和半自动量测地面控制点。本模块具备预测地面控制点和交互式编辑连接点的功能,并能自动整理成果,建立各模型的参数文件。

3. 内定向

框标的自动识别与定位。利用相机检校参数,计算扫描坐标系与像片坐标系之间的变换参数,自动进行定向。提供人机交互后处理功能。

4. 相对定向

左右影像分别提取特征点,利用二维相关寻找同名点,计算相对定向参数,自动进行相对定向。提供人机交互后处理功能。

5. 绝对定向

由人工在左右影像上定位控制点点位,采用影像匹配技术确定同名点,计算绝对定向参数,完成绝对定向。支持立体量测功能,可通过手轮、脚盘直接驱动立体影像来调整控制点和像点坐标。

6. 生成核线影像

将原始影像中用户选定的区域,按同名核线重新采样,形成按核线方向排列的立体影像。可采用两种方式生成核线影像,非水平核线方式和水平核线方式。

两种采样方式比较:非水平核线方式的优点在于影像的生成速度较快、处理比较灵活,不依赖于控制点定向的结果;缺点在于航空摄影时并非竖直摄影,最后生成的模型为斜体模型,立体显示与真实感不强(但不会出现观测误差)。水平方式的优点在于无论是否为竖直摄影,得到的模型始终是水平的,立体显示会比较真实;缺点在于必须先做完绝对定向方可采集,其观测的精度部分依赖于绝对定向的成果,采集速度较非水平方式慢一些。

7. 匹配预处理

进行自动匹配之前,可在立体模型中量测部分特征点、特征线和特征面,作为影像自动匹配的控制。

8. 影像匹配

在核线影像上进行一维影像匹配,确定同名点。匹配中采用金字塔影像数据结构和基于跨接法的松弛法整体匹配算法。

9. 匹配结果的显示和编辑

完成自动匹配后,对匹配结果进行交互式编辑,系统能显示不可靠的点,可在分屏模式或立体模式下进行调整。在立体模式中可显示视差断面或等视差曲线以便发现粗差。交互式编辑有点、线和面的方式。

10. 建立 DTM/DEM

将匹配后的视差格网投影于地面坐标系,利用移动曲面拟合,内插生成不规则的数字表面模型 DTM,再进行差值计算,建立矩形格网的精确的数字高程模型 DEM。

11. 正射影像的自动制作

采用反解法进行数字纠正,自动生成正射影像图。比例尺由参数确定。可以使用 VirtuoZo 系统产生的 DEM 文件、DTM 文件,甚至是 XYZ(VirtuoZo 生成的矢量测图文件格式)和 DXF(由 AUTOCAD V12 生成的矢量数据文件)格式的矢量数据,并且可以选择纠正格网类型(三角网或矩形格网)。

12. 自动生成等高线

由 DEM 自动生成等高线图,等高线间隔由参数设定。

13. 正射影像和等高线叠合

正射影像和等高线生成后,将等高线叠合到正射影像上,获得带有等高线的正射影像图。

14. 地物数字化

用计算机代替解析测图仪、用数字影像代替模拟像片、用数字光标代替光学测标,在计算机上对地物进行数字化。

15. 影像与立体影像显示

在屏幕上显示三维立体影像。可查看整个数字影像的完整性,检查当前数字影像是否清晰,方位是否正确。

16. 景观图或透视图显示

在屏幕上显示景观图或透视图。可任意设定观察视角,无级缩放三维影像。

17. DEM 拼接与正射影像镶嵌

对多个立体模型进行 DEM 拼接。对正射影像、等高线和等高线叠合正射影像进行镶嵌。系统实现了正射影像的无缝拼接,并能对任意影像进行镶嵌。

18. 批处理

对多个立体模型成批进行自动处理。设置参数选择模型和处理类型,如相对定向、绝对定向、采核线影像、影像匹配、生成 DEM、正射影像、等高线和正射影像与等高线的叠合等,系统自动进行批处理,完全不需要人工干预,能大大提高工作效率。

19. 数据输出

(1)将 VirtuoZo 格式的 DEM 文件转换为 DXF、Arc/Info Grid ASCII 纯文本格式、BIL、NSDTF - DEM 和 TEXT(xyz)等格式。

(2)将 VirtuoZo 格式的等高线转换为 DXF 或 ASCII 纯文本格式。

(3)将 VirtuoZo 格式的影像转换为通用的 TIFF、GeoTIFF、TIFF World、TGA、SUN-RASTER、SGI(RGB)、BMP、JPEG 和美国地质调查局(USGS)使用的 DOQQ 格式。其中 GeoTIFF、TIFF World 和 DOQQ 属于国际上通用的正射影像文件格式,可将 VirtuoZo 生成的正射影像文件直接转换为这些标准的正射影像文件格式。

(二)JX - 4C 数字摄影测量工作站

1. 定向建模

(1)自动或手动内定向。

(2)自动或手动相对定向。

(3)绝对定向:量测两点之后,可通过预计算将其他控制点映射至立体。

(4)各种手动观测的删除、修改、加点功能。

(5)各种空三数据导入后的无观测定向。

(6)自动或手工选取多边形工作边界,并对核线影像进行裁切。

2. 向量测图

(1)图廓的自动生成。

(2)已测向量的实时显示(放大、缩小、编辑等)。

(3)已测向量映射至立体(开/关)。

(4)测图热键命令。

(5)联机编辑功能。

(6)实时符号化。

(7)Microstation 的实时连接。

(8)AutoCAD2000/2002 的实时连接。

3. DEM

(1)根据控制点或大地坐标形成多边形立体工作区域并裁核线影像,使工作量正好。

(2)人工加测特征点线功能或外部文件(dxf 或 ASC 格式)转换为特征点线文件。

(3)金字塔、相关系数法自动相关出物方格网 DEM。

(4)特征点线参与构 TIN,内插物方规则格网 DEM。

(5)TIN 的立体编辑。

(6)物方 DEM 可映射至立体,四体漫游检查和物方立体编辑。

(7)DEM 镶嵌。

(8)DEM 从内部格式转换为 XYZ 格式或 DXF 格式。

4. 数字正射影像图

(1)利用 TIN 来生成正射影像,精度高,与向量套合好。

(2)生成像对左、右正射像片。

(3)不同像对的正射影像镶嵌为一整幅图的正射影像(带有灰阶平滑)。

(4)正射影像与图廓线图内外整饰、曲线、DLG、套合并以 *. CDR 方式输出(喷墨或激光)。

5. 栅格地图修测

原有的栅格地图可套合至立体,对于未变化的地物可进行半自动的矢量跟踪采集,变化的地物可进行重测,完成修测任务。

6. IKONOS 影像定向与测图

(1)利用 TIF 与相应的 RPC 文件进行控制或无控制的定向。

(2)与航片一样的测图操作。

7. 近景资料的定向与测图

(1)测立面图与测地形图的两种定向方式:通过选择像片类型(地面摄影像片或航片)和控制点坐标文件的不同输入方式进行建模。

(2)通过手轮、脚盘的交换以及方位角的输入来达到与航片一样的测图操作。

第八章 像片纠正与正射影像图

第一节 航摄像片纠正的概念与分类

一、像片纠正的概念

在摄影像片水平($\alpha = 0$)和地面为水平面的情况下,航摄像片就相当于摄影区域比例尺为1∶M(f∶H)的平面图。当向地面摄影的瞬间,如果摄影机光轴不垂直于水平面,导致像片倾斜,必然使在航摄像片上所得的构像发生变形。即使摄影地区是一个平面,这种变形依然存在。这种变形造成构像像点位移、图形变形以及比例尺不一致,而这三者互相关联。只有将中心投影的构像经过投影变换转变成正射投影,同时消除像片倾斜所引起的像点位移,使它相当于水平像片的构像,符合规定的比例尺,这种变换过程就称为像片纠正。

实际上地面并不一定是水平的平面,是有不同程度的地形起伏的。地形起伏使像片上的构像与正射投影的地图相比有位移,这类原因造成的像点位移称投影差。投影差不会因像片的纠正而消除。在实际作业中,只要使图上所存在的投影差不超过所规定的某一允许值,仍然可用像片纠正的方法。一般根据测图的目的和对地形图精度要求,确定投影差的限度,保证在每一张像片作业面积内高程差满足要求。

根据航摄像片上投影差公式

$$\delta_h = \frac{rh}{H} \tag{8-1}$$

可知反映在图上的投影差为

$$\Delta_h = \delta_h \times \frac{m}{M} = \frac{rh}{fM} \tag{8-2}$$

式中 m——像片比例尺的分母数值;

M——成图比例尺的分母数值;

f——航空摄影机的主距;

r——像点的向径。

一般规定,在图上的 Δ_h 投影不得超过 ±0.000 4 m,则有 $h = \pm 0.000\,4\,\frac{f}{r}M$。

在作业时取地面平均高程面作为基准面,故高程差的容许值为

$$Q = 2h = 0.000\,8\,\frac{f}{r}M \tag{8-3}$$

从式(8-3)可知,高程差允许值与成图比例尺、所采用航空摄影机的主距以及所纠正的面积有关。当航摄像片作业面积内地面点间的最大高差不超过高程允许值时,就可作

为平坦地区来纠正。如果超过上述限差,采用分带纠正、仿射纠正和微分纠正的方法限制投影差,保证成图精度。

二、像片纠正的分类

(一)常规纠正

根据像片纠正采用的仪器设备条件和航测成图方法的不同,可将常规纠正方法分为光学机械纠正法、光学图解法和图解纠正法。光学纠正法是利用纠正仪纠正影像,从而获得镶嵌像片平面图时所需要的纠正像片。光学图解法是利用光学投影器纠正绘有等高线的影像,并根据投影下来的地物和等高线进行转绘而得线划图。图解纠正法是利用直尺和其他简单的工具,在像片上和图底上分别构成相应的透视格网,然后进行转绘而得线划图。

1. 图解纠正

图解纠正是基于像面和图面间相互投影的特性,建立相应的射线束或透视格网进行像片纠正,分为四点法图解纠正和格网法图解纠正。四点法图解纠正是根据投影几何中的交比定律,用 4 个已知点建立相应的射线束,然后利用纸条转绘,也称纸条法。格网法图解纠正是利用 4 个已知点建立对应的透视格网,用目估内插的方法,把像片上的碎部点一一转绘到图底上。纠正时所需要的已知 4 对相应点,其中任何 3 点不能在一条直线上,否则得不到交比关系。

图解纠正主要是在没有仪器设备的条件下,根据航摄像片局部修测地图或测绘简易地图时应用。由于采用手工操作方法,已被淘汰。

2. 光学机械纠正

图解纠正是应用投影几何原理,将像片上的影像图形,通过图解进行投影变换,获得线划平面图。光学机械法纠正是应用光学投影仪——纠正仪,进行投影变换,晒像后获得一定比例尺的影像平面图。

光学机械纠正的基本形式是以图 8-1 所示的方式进行摄影过程的几何反转,在 S 处安放纠正投影用的物镜,将航摄像片 P 的影像反转投影在相当于地平面的承影板 E 上。如在承影板上放置感光纸经过曝光和摄影处理后便得到一张纠正后的像片。根据这种思想构成的仪器称为第一类纠正仪。

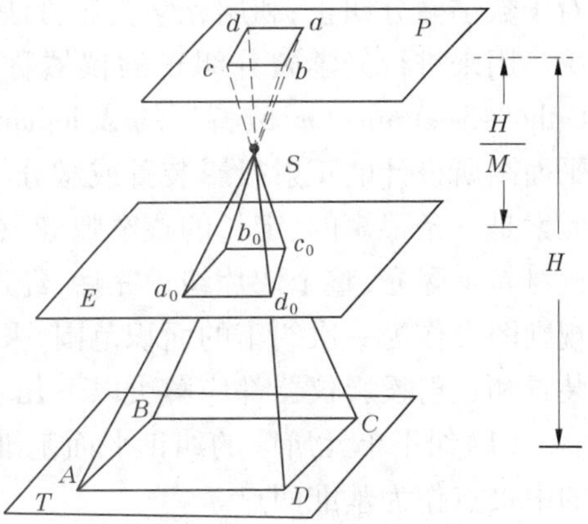

图 8-1　光学机械纠正

纠正仪在纠正晒像过程中,还必须满足投影物镜在承影面上构像清晰的光学条件,也就是要求纠正仪能够适应各种不同航高、不同晒像比例尺等条件。这就放弃那种和航空摄影时光束完全相似的条件,对光线束予以破坏,但仍保持投影在承影板上影像不变,以达到像片纠正的目的。基于这种思想构成的纠正仪称之为第二类纠正仪。无论那一类纠正仪必须符合以下条件:

(1)纠正仪的几何条件。在纠正仪上建立像片面和图面之间正确投影关系,使得到纠正像片的影像图形和地平面上的图形相似,并符合一定的比例尺。此时像片上和仪器上的主要点、线、面之间必须满足一定的几何关系,称为纠正的几何条件。

(2)纠正仪的光学条件。光学机械法纠正航摄像片时,除要满足旋转定律所表达的几何条件外,还必须使承影面有全面清晰的构像,因而必须满足光学条件。光学条件可分为光距条件和交线条件。对于纠正仪而言,一般都设有专用的控制机械自动迫使其满足光学条件。

3. 分带纠正

当在地形起伏的丘陵地区制作像片平面图时,如果地形起伏所产生的投影差超过了规定的限差,则应在纠正仪上进行分带纠正。分带纠正就是把整张像片按地面高程的变化,分成几个带进行纠正,也就是选择几个纠正基准面,以不同的纠正系数对不同高度的地区进行纠正。分带纠正减小了引起投影差的地形起伏高差数值,从而使图上投影差限制在允许范围之内。如果地面可看做一个等倾斜的平面,也可利用仿射纠正原理一次得到纠正像片。

(二)光学微分纠正

分带纠正虽然可以将投影差限制在允许范围内,但是在综合各分带的纠正影像拼接成像片平面图时,尤其在地形复杂或地面起伏较大的区域,各分带之间纠正影像的拼接处将会出现影像不符,影响图面的精度和质量。这一现象只有随着地面点的高程变化相应改变纠正系数,实现逐点纠正才能严格的解决。实际上,可以使用一小块面积作为纠正单元,按其小面积中央点高程的变化升降承影面进行逐块纠正,这一方法称为微分纠正,相对于数字微分纠正,利用光学投影方法实现像片微分纠正,称为光学微分纠正。

用来进行光学微分纠正的仪器称正射投影装置或正射投影仪,其代表有蔡司厂的 Ortho－3－Projektor、威特厂的 Avioplan OR－1 和欧波同厂的 Z－2 等。为投影晒印像片平面图所设计的正射投影装置或微分纠正仪,多采用线元素或面元素作为纠正单元。线元素是一条很短的、定长的狭窄隙缝,在扫描带方向连续地移动进行像片纠正并逐条在感光材料上曝光,整个像片纠正完后,经摄影处理便得到一张纠正像片。面元素是以一小块规则图形作为一次纠正的面积范围,采用逐块纠正光学拼接。无论哪种类型的正射投影装置和正射投影仪器都应解决以下几个问题:

(1)纠正单元所取的纠正平面基准点因像片倾斜引起的像点位移,一般取纠正单元的中央点作为基准面点。

(2)纠正单元面积内基准面点以外诸像点因像片倾斜引起的像点位移。

(3)诸纠正单元的基准面点因相对航高的不等引起的像片比例尺的差异,导致纠正系数的不同。

(4)纠正单元面积内基准点以外诸像点相对于纠正基准面的高差所引起的图面上的投影差。

当航摄像片恢复了内外方位元素时,第(1)、(2)条就可正确地解求,相当于解求航摄像片的倾斜问题。对于第(3)条,在微分纠正时取纠正单元基准面点的相对航高来归算纠正系数来解决。至于第(4)条,从理论上说只有逐点纠正才能获得严格求解,多采用以纠正单元内的地形作为一个均匀坡度的平面考虑这项改正,也有仪器考虑以更高次曲面表示纠正单元内地形表面。

(三)数字微分纠正

航摄影像的正射纠正,在模拟摄影测量中,使用纠正仪将航摄像片纠正为像片平面图;在解析摄影测量中,利用正射投影仪,通过机控缝隙光学纠正,制作正射影像地图。这些作正射纠正的仪器,均为光学机械纠正仪器,都是像片纠正的传统方法。

在数字微分纠正过程中,首先确定原始图像与纠正后图像之间的几何关系。假设任意像元在原始图像和纠正后图像中的坐标分别为(x,y)和(X,Y),则它们之间存在的映射关系为

$$x = f_x(X,Y);y = f_y(X,Y) \tag{8-4}$$

$$X = f_X(x,y);Y = f_Y(x,y) \tag{8-5}$$

公式(8-4)是由纠正后的像点P坐标(X,Y)出发反求在原始图像上的像点p的坐标(x,y),这种方法称为反解法,也称间接法。公式(8-5)是由原始图像上的像点p的坐标(x,y)解求纠正后图像上相应点坐标(X,Y),这种方法称为正解法,或直接解法。

在数字摄影测量中,采用数字微分纠正方法获取正射影像,即按像点和物点的构像方程式,或按一定的数学模型,根据数字高程模型(DEM)及有关参数,对原始的非正射影像进行映射变换,获取正射影像。数字微分纠正与光学微分纠正一样,其基本任务是实现两个二维图像之间的几何变换。

在实际应用中,以反解法居多。反解法(间接法)采用共线条件方程式解求像点坐标,即

$$\left.\begin{aligned} x &= -f\frac{a_1(X-X_S)+b_1(Y-Y_S)+c_1(Z-Z_S)}{a_3(X-X_S)+b_3(Y-Y_S)+c_3(Z-Z_S)} \\ y &= -f\frac{a_2(X-X_S)+b_2(Y-Y_S)+c_2(Z-Z_S)}{a_3(X-X_S)+b_3(Y-Y_S)+c_3(Z-Z_S)} \end{aligned}\right\}$$

由已知的纠正后的像元P坐标(X,Y),按上式反算出相应的原始影像点p的坐标(x,y),纠正像元的高程Z由DEM给出。然后利用(x,y)搜寻其原始影像元的灰度值,若(x,y)不在原始影像元的中心,则可按所在位置对纠正像元的灰度进行内插赋值,所有纠正像元灰度的集合即为正射影像图。像元的大小形状,依影像质量、精度要求、数字测图系统的指标等而定。

第二节　数字正射影像图的制作

一、数字正射影像图的制作方法

(一)全数字摄影测量方法

全数字摄影测量是利用计算机对数字影像进行处理,并由计算机视觉、影像匹配和影像识别,代替人眼与仪器进行立体测量。数字影像实际上是对灰度和空间都连续变化的影像按一定的灰度级和空间分辨率进行离散化处理,并使之成为离散的灰度矩阵。数字

正射影像是对中心投影或其他投影方式的数字影像进行投影差改正,一般采用数字高程模型(DEM)进行数字微分纠正,使之成为正射的数字影像。数字正射影像以其直观、信息量丰富、美观和易于接受等优点,越来越引起人们的兴趣,在土地动态监测、道路选线设计、农田水利建设、防洪抗灾、农业规划等多方面有着巨大的用途。

目前,全数字摄影测量主要应用于生产数字高程模型(DEM)和数字正射影像图(DOM)。第一套全数字摄影测量系统是美国建立的 DAMCS(Digital Automatic Map Compilation System),到 20 世纪 90 年代,随着计算机技术的飞速发展,许多全数字摄影测量系统相继建立,如 Helava 的 DPW(Digital Photogrammetry Worksta-tion),德国 Zeiss 厂的 PHODIS,INPHO 公司的 MATCH－T,法国 Mszi 公司的 TRASTER T10,意大利 Galilea Siscam 的 ORTHOMAP,我国原武汉测绘科技大学的 VirtuoZo,中国测绘科学研究院的 JX4 等。

(二)单片数字微分纠正方法

首先对航摄负片进行影像扫描,然后根据区域内已有的数字高程模型的数据和控制点坐标对数字影像内定向、数字微分纠正。将单片正射影像进行镶嵌并按照图廓裁切得到数字正射影像图,注记地名、公路格网。整饰修改后绘成 DOM 或刻盘保存。

(三)正射影像图扫描方法

可直接对已有的光学制作的正射影像图进行影像扫描数字化,再经过平移、缩放、旋转和仿射等图像变换就能获得正确的数字正射影像图。一般图像纠正过程是用适当的多形式来表达同名像点纠正前后的坐标关系,可通过平差求解多形式系数。

二、利用 VirtuoZo 制作数字正射影像图

下面简要介绍 VirtuoZo 数字摄影测量系统制作正射影像图的过程。

(一)制作数字正射影像图的前期准备

1. 相机文件

应提供相机主点理论坐标(x_0,y_0),相机焦距 f,框标距或框标点坐标。

2. 控制资料

(1)外业控制点成果。如果是全野外布点,还应有外业控制片。

(2)内业加密成果。制作成相应格式的控制点文件,＊＊＊.ctl。

(3)外业控制点及内业加密点分布略图。

3. 航片扫描数据

需要符合 VirtuoZo 图像格式及成图要求扫描分辨率的扫描数据。VirtuoZo 接受多种图像格式,如 TIFF、BMP、SunRasterfile、TGF 等,一般选 TIFF 格式。

4. 参数设置

VirtuoZo 系统的参数较多,需在参数界面上逐一设置。需要设置的参数有测区参数(Block Parameters)、模型参数(Model)、影像参数(Images)、相机参数(Camera)、控制点参数(Ground Points)、地面高程模型参数(DEMs)、正射影像参数(Orthoimages),还有等高线参数(Contours)。其中,有些参数需要按 VirtuoZo 格式事先制作,如相机参数、控制点参数等,有的需要格式转换,如影像要从其他格式转换成 VirtuoZo 格式等。

（二）定向

1. 内定向

VirtuoZo 可自动识别框标点，自动完成扫描坐标系与像片坐标系间变换参数的计算，自动完成像片内定向，并提供人机交互处理功能，可人工调整光标切准框标。

2. 相对定向

系统利用二维相关，自动识别左、右像片上的同名点，一般可匹配数十至数百个同名点，自动进行相对定向，并可利用人机交互功能，人工对误差大的定向点进行删除或调整同名点点位，使之符合精度要求。

3. 绝对定向

1）利用加密成果进行绝对定向

VirtuoZo 可利用加密成果直接进行绝对定向，将加密成果中控制点的像点坐标按照相对定向像点坐标的坐标格式拷贝到相对定向的坐标文件（＊＊＊.pcf）中，执行绝对定向命令，完成绝对定向，恢复空间立体模型。

2）人工定位控制点进行绝对定向

相对定向完成后（即自动匹配完成后），由人工在左、右像片上确定控制点点位，并用微调按钮进行精确定位，输入相应控制点点名。每个像对至少需要 3 个控制点。定位完本像对所有的控制点后，即可进行绝对定向。

（三）生成核线影像

绝对定向完成后，确定核线影像生成范围，影像按同名核进行重新排列，形成按核线方向排列的核线影像。以后的处理，如影像匹配、视差曲线编辑等，都将在核线影像上进行。

（四）影像匹配、视差曲线编辑

按照参数设置确定的匹配窗口大小和匹配间隔，沿核线进行影像匹配，确定同名点。

匹配窗口是用于影像匹配的单元，其大小的确定与许多因素有关，如像素的大小、航摄比例尺、地形的类型等。一般情况下，可考虑匹配窗口在原始影像上的大小为 0.25 ~ 0.5 mm。

匹配格网间隔是指匹配窗口中的行列之间的像素间隔，一般小于或等于匹配窗口的大小，且应小于 DEM 的间隔。

影像匹配完成后，需在立体下进行人机交互的视差曲线编辑，即对匹配结果进行编辑，编辑完成后即可生成 DEM。

（五）生成数字地面高程模型（DEM）

数字高程模型是制作正射影像的基础，中心投影的影像根据其数字高程模型就可纠正成正射影像。

VirtuoZo 提供两种生成数字地面高程模型的方法：

（1）直接利用编辑好的匹配结果生成数字地面高程模型。此种方法适用于中、小比例尺的正射影像制作或大比例尺非城市自然地貌地区的正射影像制作，也可用于编辑好视差曲线的城市地区的正射影像制作。

（2）影像匹配后不做编辑，而是在 FC（Flat City）界面下按一定密度分布选择同名点，或是在立体下切准地形表面测定一定密度的地面点，构成三角网内插 DEM。此种方法适用于平坦的城市地区，可避免视差曲线缠绕建筑物的问题，减少一定的工作量。

（六）生成正射影像（DOM）

当 DEM 建立后，即可进行正射影像的生成。VirtuoZo 提供两种生成正射影像的方式：

（1）分别由单模型的 DEM 生成单个模型的正射影像。

（2）将多个单模型的 DEM 拼接成一个多模型的 DEM，再在正射影像生成参数中加入一个或多个影像（原始扫描影像），一步生成所需的正射影像。

（七）正射影像图的制作

单个像对的正射影像生成后，即可进行正射影像图的拼接或者说镶嵌、裁切。一般来说，制作标准图幅的正射影像可用系统镶嵌功能进行镶嵌，系统提供两种镶嵌方式：

（1）由系统进行单模型的 DEM 及正射影像的自动拼接。此种方式适用于小比例尺及大比例尺非城市自然地貌地区。

（2）由手工方式选择镶嵌线进行拼接。这种方式适合大比例尺城市地区，可有效地避免（高大）建筑物因中心投影倒像引起的拼接重影或模糊。

拼接的同时，输入图幅左下、右上角坐标，可进行标准图幅的裁切，也可用鼠标拉框进行任意图幅的裁切，进行注记叠加、制图整饰，最后用喷墨绘图仪绘制影像图。另外，如果制作没有绝对地理精度要求的正射影像图，如挂图等，可由单模型正射影像在 Photoshop 等图像处理软件下进行手工拼接，这也是一种有效的拼图手段。

第九章　摄影测量外业工作

第一节　概　述

航摄像片以影像的表现形式提供了丰富的地面信息，根据像片影像所显示的各种规律，借助相应的仪器设备及有关资料，采用一定的方法对像片影像进行分析判断，从而确认影像所表示的地面物体的属性、特征，为测制地形图或为其他专业部门提供必要的地形要素，这一作业过程称为像片判读或像片解译。

像片判读所指的像片不仅是航摄像片，也可以是航天像片、地面摄影像片或其他特殊摄影像片；不仅是黑白像片，也可以是彩色像片、多光谱像片、红外像片、微波像片等。像片判读技术不但应用于地形测量，而且更广泛地应用于环境保护、土地详查、林业资源调查、地质调查、铁路选线、军事侦察等众多专业部门，在国民经济和国防建设中具有十分重要的作用。

根据判读的目的不同，像片判读可分为地形判读和专业判读。地形判读主要是指航空摄影测量在测制地形图过程中所进行的判读，目的是通过像片影像获取地形测图所需的各类地形要素。专业判读则是为解决某些部门专业需要所进行的带有选择性的判读，目的是通过像片影像获取本专业所需要的各类要素。

根据判读方法不同，像片判读又可区分为目视判读和电子计算机判读。目视判读是指判读人员主要依靠自身的知识和经验以及所掌握的其他资料和观察设备，在室内或者与实地对照来识别像片影像的过程。电子计算机判读称为电子计算机模式识别。模式识别是借助于电子计算机，根据识别对象的某些特征，对识别对象进行自动分类和判定。

目视判读又可进一步分为野外判读和室内判读。野外判读就是把像片带到所摄地区，主要根据实地地物、地貌的分布状况和各种特征，与像片影像对照去进行识别的方法。在很长时间内航测成图中的像片调绘工作都是采用这种判读方式。它的优点是判读方法简单，易于掌握，判读效果稳定可靠；缺点是野外工作量大，效率低。在目前条件下，野外判读在生产中仍占有十分重要的地位。室内判读则是主要根据物体在像片上的成像规律和可供判读的各种影像特征以及可能收集到的各种信息资料，采取平面、立体观察和影像放大、图像处理等技术，并与野外调绘的“典型样片”比较，进行推理分析等方法，完全脱离实地所进行的判读。显然室内判读的主要优点是能充分利用像片影像信息，发挥已有的各种图件资料、仪器设备的作用，减少野外工作量，改善工作环境，提高工作效率，尤其是大比例尺测图，目前大量采用室内判读。无疑室内判读是目视判读的发展方向。但室内判读对判读人员自身的素质要求较高，目前判读的准确率还不是很高。因此，室内判读必须和野外判读结合起来，这就是所谓室内外综合判读法。显然，电子计算机判读也是室内判读。

航摄像片调绘是以像片判读为基础,就是把航摄像片上的影像所代表的地物识别和辨认出来,并按照规定的图式符号和注记方式表示在航摄像片上。这是摄影测量中一项复杂而不可缺少的工作,是航测外业工作主要内容之一。目前大多采用先室内判绘,后野外检查补绘的办法来完成。

航空摄影测量是以航空摄影为前提,而要利用航摄像片确定地面点的地面坐标,又必须提供一定数量的、在像片上可准确识别的地面控制点,这个要求通常由航测外业的像片控制测量(又称像片联测)工作完成。像片控制测量可以在已有一定数量的大地点基础上采用地形控制测量的方法进行,在有条件的情况下也可以用 GPS 定位技术直接测定各摄影站的坐标,从而在一定精度要求之下可以免去对地面已知点的要求。但目前的大量实际作业任务,仍然需要有足够的地面点来保证。

由于航测外业测量控制点是航测成图的数学基础,是内业加密控制点和测图的依据,因此具有十分重要的作用。不难明白,一旦航测外业控制点出现错误将会给整个成图过程带来十分严重的影响。因此,航外测量人员必须认真负责,严格细致地工作,遵守规范规定,树立质量第一的思想,为内业提供可靠的优质成果,这样才能保证最后成图的质量。

综上所述,航空摄影测量外业工作包括两方面的内容,即像片调绘和像片控制测量。这两项工作通常可同时进行或分别先后完成。

第二节　像片判读特征与判读方法

一、像片判读特征

航摄像片是地面的中心投影,像片上的影像与相应目标在形状、大小、色调、阴影、纹形、布局和位置等特征方面有着密切的关系,人们就是根据这些特征去识别目标和解释某种现象的。这些特征称为判读特征。值得注意的是,不同类型的像片以及像片倾斜和地形起伏等因素的影响会使判读特征有很大差异。因此,掌握判读特征以及各种因素对它们的影响,对像片判读有很重要的意义。下面介绍航摄像片的主要判读特征。

(一)形状特征

形状特征是指地物外部轮廓在像片上所表现出的影像形状。地物的形状不同,其影像形状也不同。影像形状在一定程度上反映出地物的某种性质,所以形状特征是识别目标的重要依据之一。

在近似垂直摄影的像片上,倾斜误差对地物影像形状的影响很小,平坦地面上地物影像形状与其俯视图形相似。但是投影误差对具有一定高度的目标影像形状的影响是不能忽视的。高于地面的地物影像一般都有变形,相邻像片上相应影像的形状也不一致。位于斜面而不突出所依附斜面上的地物,由于斜面受投影误差的影响,地物影像形状也有变形,物、像形状不相似,相邻像片上同一地物影像形状也不一致。从投影误差的性质知道,这种变形不仅与目标本身高度有关,而且与地物相对于航摄机镜头的位置有关。当目标位于底点处,不管多高,影像形状与相应地物顶部形状相似,没有变形;离底点愈远,变形愈大,影像不仅反映了地物顶部形状,而且显示了地物侧面形状。

投影误差引起高出地面目标的影像变形，而且压盖其他地物，对判读和量测有不利的一面。但是，投影误差对判读也有有利的一面。例如，可以根据投影影像反映的地物侧面形状识别地物，根据投影误差的大小确定地物高度。

（二）大小特征

大小特征是指地物在像片上的影像尺寸。根据像片比例尺能明确绘出地物大小的概念，因此判读前应弄清像片比例尺和像片比例尺的变化。在航摄像片上，平坦地区各地物影像的比例尺基本一致，实际大的地物反映在像片上的影像尺寸也大，反之则小；起伏不平的丘陵地和山地的影像在同一张像片上比例尺处处不一致，处于高处的地物，相对航高小，影像比例尺大；处于低处的地物，相对航高大，影像比例尺小。因此，同样大小的地物，反映在像片上的影像，位于山顶的比山脚的大。

大小特征除主要取决于像片比例尺外，还与地物形状和地物的背景有关。例如，在航空摄影像片上，与背景密度相差较大的小路和通信线等线状地物的影像宽度往往超过根据像片比例尺计算所应有的宽度。

像片倾斜对影像大小也有一定影响，但由于航摄像片的倾斜角一般不超过 3°，对大小特征的影响可以不予考虑。

（三）色调特征

地面物体呈现出的各种自然色，在黑白像片上就以不同的黑度层次表现出来。这种黑度差别称为色调。影像的色调主要取决于感光材料（航摄底片）的感光特性、地物表面的照度和地物表面的反射能力。

在全色摄影像片上的影像色调主要取决于地物表面亮度，而地物表面亮度与照度、地物亮度系数、地物表面粗糙程度有关。

1. 色调与地物表面照度的关系

地物表面受太阳光直接照射和天空光照射，照度的大小和光谱成分随太阳高度角而变化。在太阳高度角相同的情况下，如果同类地物亮度系数相同，则照度大的部分亮度大，在像片上的影像色调浅，反之则深。

2. 色调与亮度系数的关系

物体的亮度系数是指照度相同的条件下，物体表面的亮度与理想的绝白表面的亮度的比值。亮度系数大的地物在像片上的影像色调浅，反之就深。

不同性质的地物，亮度系数不同；同一类地物，表面状态不同，亮度系数也不一样。同类性质的地物，粗糙程度不同，亮度系数也不同，表面愈粗糙，亮度系数愈小，在像片上的影像色调愈深；植被的亮度系数随着生长期不同，即随着季节不同而变化。

3. 色调与物体颜色的关系

由于航摄底片对天然颜色的感光程度是不一样的，所以在像片上呈现的色调也不一样，如白色、黄色和浅棕色物体在像片上的色调为白色或浅灰色，红色、干黄黏土和深棕色物体在像片上为灰色，绿色、黑色物体在像片上为深灰色或黑色。

4. 色调与物体含水量的关系

同样颜色的物体由于含水量不同也会有不同的色调。如小路摄得的像片影像一般是白色或浅灰色，如果路面有水，则影像就是灰色或深灰色了；干沙的影像比湿沙的影像要白一些。水是一种透明体,能吸收大量的光线,故其影像是黑的或色调很暗。

(四)阴影特征

阴影是指物体在阳光照射下投落在地面上的影子。阴影在像片上也是有影像的,它的方向取决于太阳的照射方向。航空摄影是在晴天进行的,故高出地面的物体,如水塔、烟囱、高房、树木等,及低于地面的物体,如冲沟、雨裂等,均会出现阴影。阴影一般与物体的高度成正比,与阳光的高度角成反比。在同一张像片上,地物阴影影像的方向都是一致的,不因点的位置不同而异。阴影对突出地面物体的判读有重要意义,特别是当物体较小,而与周围地物的影像缺乏色调上的差异时,阴影特征显得特别有用。有时阴影也会造成判读上的困难,例如大建筑物的阴影盖住小而重要的地物影像,或把阴影误认为是地物的影像。所以当判读有阴影地物时,最好用立体观察,以免造成错觉。

利用阴影特征判读时,不能单以阴影的大小作为判读物体大小或高低的唯一标准,因为阴影的大小除与物体本身的大小、高低有关外,还与阳光照射物体的角度和物体所处地面的倾斜程度有关。阳光斜射时物体阴影大,阳光直射时物体阴影小;同样大小或高低的物体,由于地面倾斜角不同,其阴影大小也不同。因此,了解摄影的季节和时间,分析该物体所处的地形,对判读地物及其位置是有所帮助的。

(五)纹形图案特征

细小地物在像片上有规律地重复出现所组成花纹图案的影像称为纹形图案特征。纹形图案是形状、大小、阴影、空间方向和分布的综合表现,反映了色调变化的频率。纹形图案的形式很多,有点、斑、纹、格、垅和栅等。在这些形式的基础上根据粗细、疏密、宽窄、长短、直斜和隐显等条件还可再细分为更多的类形。

每种类型的地物在像片上都有本身的纹形图案。因此,可以从影像的这一特征识别相应地物。如针叶树与阔叶树可根据影像纹形图案的差异区分;沙漠类型、海滩性质等可以根据纹形图案识别。有些地物,如草地与灌木依照影像的形状和色调不易区分,但草地影像呈现细丝绒状的纹理,而灌木林为点状纹理,比草地粗糙,容易区分。

(六)位置布局特征

位置布局特征是指地物的环境位置,以及地物间空间位置配置关系在像片上的反映,也称相关位置特征,是最重要的间接判读特征。

地面上的各种地物都有它存在的位置,并且与周围其他地物之间有某种联系。例如,造船厂要求设置在江、河、湖、海边,不会在没有水域的地段出现;公路与沟渠相交一般为桥涵。特别是组合目标,它们由一些单个目标按一定的关系位置布局配置。例如,火力发电厂由燃料场、主厂房、变电所和供水设备等地物组成,这些地物按电力生产的流程顺序配置。因此,地物间的相关位置特征有助于识别地物性质。

例如,草原上有的水井影像很小,不容易直接判读,但可以根据很多条放牧小路的影像相交于一处识别;又如河流的流向可根据河流中沙洲滴水状尖端方向,支流汇入主流相交处的锐角指向,停泊船只尾部方向,浪花与桥的相关位置等标志判断。

(七)活动特征

活动特征是指目标的活动所形成的征候在像片上的反映。坦克在地面活动后留下的履带痕迹,舰船行驶时激起的浪花,工厂生产时烟囱排烟等。这些都是目标活动的征候,是判读的重要依据。

上述7个判读特征,在应用中要综合分析、综合考虑,单凭某一特征来判读,通常是不完全可靠的。对于判读特征的运用,必须通过不断地学习和实践,不断地总结经验,才能较好地掌握。

二、目视判读的一般方法

像片判读的方法,不论是室内判读、野外判读或综合判读,普遍采用的都是目视判读方法。

一般情况下,判读可首先从宏观的整个地区分析开始,然后对细部进行认真的判读分析。判读者要按顺序编排像片、爱护像片,有条不紊地进行工作,从一般细部到个别细部,从已知特征到未知特征,从局部特征到整个区域的判读持征,循序渐进地进行工作。通常,目视判读的一般方法有:①直判法,就是直接应用判读特征,对像片影像做出较有把握的判读;②对比法,就是利用典型样片进行对比分析判读;③综合判认法,就是利用地物之间的相关性、依存关系做出综合分析判读。

下面主要以野外判读为例说明目视判读的方法。

(一)了解像片比例尺

了解像片比例尺对于判读有重要的意义,因为利用它可以衡量判读的难易程度。一般来讲,像片比例尺越大,影像特征越明显,越易于判读。而且确定了像片比例尺后,可以在影像上进行距离量测,从而确定较小地物及新增地物的准确位置和大小,有利于综合取舍。

像片比例尺近似值可以从航摄鉴定书中查找,但该比例尺是依据每个航摄区的平均航高概算的,不能用于地物的实际尺寸计算。较精确的测定比例尺的方法有以下两种。

1. 利用地形图求像片比例尺

用像片上某一线段的量测值和由地形图上量得的相应线段的实际长度之比即求得像片比例尺。在选择线段时,一般应大致对称于像主点且互相垂直的两条线段来计算像片比例尺,以减少像片倾斜带来的影响。

2. 利用实地距离求像片比例尺

用像片上某地物影像的量测值和该地物的实际长度之比即求得像片比例尺。

为了保证航测成图的精度和像片判读的准确率,所使用的像片比例尺一般有一定限制,如在1∶10 000 航测成图中,要求用于像片判读的像片比例尺应大于1∶16 000;在1∶25 000航测成图中,要求用于像片判读的像片比例尺应大于1∶35 000。为了保证精度,当像片比例尺太小时,可对像片放大后再用于调绘作业。

(二)了解摄影时间

摄影时间可以从航摄资料鉴定表中查取。了解摄影时间,可以从中了解到航摄像片的新近程度。摄影时间距离实际进行野外判读的时间越长,测区的变化越大,判读越困难。另外,了解摄影时间可以知道摄影的季节。不同季节摄影,地物的面貌有很大不同,地物在像片上构像的色调相应也会不一样;地物存在的状况也会产生变化。如雨季摄影时,季节性河流和干河床可能暂时有水,判读时实际无水;河流、湖泊、水库的水涯线比常水位高。冬季摄影，田里庄稼已收割，大部分树林已落叶，像片上的色调与夏季判读时看到的相应颜色不相适应等。这些情况在判读时都应注意。

（三）了解测区的一般情况

在进入实地判读之前，应根据像片、老图和其他资料对测区进行一般的了解，做到判读心中有数，如了解测区的地形情况，平地、丘陵、山地、沙漠、草原等；了解测区的水系状况、交通状况、森林的品种、类别以及分布情况、居民地的类型和分布情况等。了解这些情况对于在像片判读中宏观地分析问题会有许多帮助。

（四）野外判读的方法

到实地判读，对于初学者最好先选择地物比较简单、像片比例尺比较大的航摄像片进行练习。因为像片比例尺大，判读特征在像片上就表现得比较明显；地物简单，判读就比较容易，这对掌握基本判读方法有利。以后像片比例尺可以逐步由大到小，地物可由简到繁，逐渐提高判读技术。

1. 选好判读时的站立位置

判读时，判读人员要尽可能站在判读范围内比较高的地方。这样，看的范围大，总貌特征比较明显，容易确定像片方位和自己在像片上所处的位置。

2. 确定像片方位

确定像片方位就是将像片的方向与实地的方位联系起来，使它们基本一致。这也叫像片定向。像片定向时，首先要判读出判读人员所在的位置，然后与周围明显突出的目标相对照，旋转像片，使之与实地方位一致，像片定向后再进行详细的判读就比较容易了。

3. 判读地物、地貌元素

像片判读最终的目的是判读所需要的地物、地貌元素，在像片定向后即可进行。此时应注意掌握“由远到近、由易到难、由总貌到碎部、逐步推移”的方法，寻找判读目标的准确位置。

由远到近：远处范围大，总貌清楚，容易弄清大的、明显的地物之间的关系，从而迅速地在像片上找到它们的具体位置；近是指判读目标。由远到近就是先判读远处大的明显的目标的位置，再推向近处，寻找判读目标的准确位置。

由易到难：就是先抓住容易判定的特征地形，迅速找到它们在像片上的单个位置，作为判读其他地物的突破口。以此为基础，向周围扩展开，找出较难判定的目标的准确位置。

由总貌到碎部：一个地区，大的河流、村庄、山岭、铁路、公路、森林等主要明显的地物，构成这一地区地形的总貌，总貌描绘了这一地区地形的轮廓，清晰、突出，给人以很深的印象，在像片上也最容易判定。在判定总貌的基础上，再缩小到某一范围去判定某一目标的位置就比较容易了。

逐步推移：这是判读中常使用的方法。假设第一个地物已经判出，则紧靠着的第二个地物不难判定；第二个地物已经判出，则紧靠的第三个地物也就判定了。如此逐步推移下去，一定可以准确判出所需要判读的目标。

综合运用以上方法就能较迅速、较准确地判定全部地物、地貌元素。

4. 走路过程中的判读

全野外调绘就意味着全野外判读,因此更多的时候是在走路过程中进行判读,或者叫边走边判读。尤其是在地物密集的地区,到处都分布着需要判读的目标,这时就应注意"看、听、想、记"相结合,才能收到良好的效果。

看:就是边走边看,留心周围需要判读的目标。一旦发现目标,立即判读、记录。

听:就是用耳朵寻找需要判读的目标。如听见汽车、火车叫,就一定有公路或铁路;听见流水声就可能有河流或其他水源;听见放炮的爆炸声就可能有采石场等。

想:就是边走边思索、分析。想一想目前在像片上什么位置?下面该往哪里走?想一想还有什么目标需要判读,是否有遗漏?想一想是否有需要量注数据的地物等。

记:就是要记住走过地方的特征,判读过的地物的形状、位置、方向等特点。这样,就可以在清绘时检查记录的正确性,修正和补充记录的不足,而实际判读时,许多地物往往不需要记录而全凭记忆在清绘时绘出,如铁路、公路、树林、大的桥梁、大面积的旱地、水稻田,甚至比较明显的乡村路、小路等。判读人员应培养自己职业记忆的能力。

5. 勤看立体,随时检核

看立体是帮助判读的重要手段。立体模型可以使需要判读的地物显得更清楚、更生动、对比感更强。许多从平面像片上很难辨认的地物,在立体模型下却很清楚,尤其是对于地形起伏、地物繁杂的地区,立体模型更为重要。

应当指出,由于地物众多,地形千变万化,判读中出现错判的事时有发生,因此在判读过程中经常要进行检查,从多方面推断,直到确信无误。

总之,野外判读是一项复杂、细致、责任心很重、技术性很强的工作。要求从事这项工作的专业人员,不但要有很好的技术水平,而且要有优良的思想素质,才能有效地完成这项工作。

第三节　像片调绘的基本知识

一、像片调绘的综合取舍

(一)综合取舍的含义

在1:5 000或1:10 000成图的像片调绘时,不可能也没必要将地面上的地物、地貌全部表示在像片上,因为像片上过多地表示地物、地貌元素,不但会造成主次不分,影响图面的清晰,而且会增加不必要的外业工作量。所以,在外业调绘时要进行综合取舍。所谓综合,就是根据一定的原则,在保持地物原有性质、形状、轮廓、密度和分布等主要特征的同时,对某些地物分不同情况,进行数量和形状上的概括;所谓取舍,就是根据测制地形图的需要,在调绘的过程中,选取重要的地物、地貌元素予以表示,对另一些次要的部分舍去,不予表示。综合与取舍是互相制约的,综合取舍的过程就是对地貌地物进行选择和概括的过程。

综合还包括两层意思:一是将许多同性质,而又连接在一起的某些地物,如房屋、稻田、旱地、树林等聚集在一起,不再表示它们单个的特征,而是合并表示它们总的形状和数量；二是在许多同性质的地物中，还存在某些别的地物，如稻田中有小块旱地，连成片的房屋中还有小块空地等，这些地物如果被舍去，则意味着已经将它们合并在周围的多数地物中，改变了它们原有的性质，这也算是综合。这些地物如果被选取（如稻田中的小块旱地比较大，有一定目标作用，应单独表示），则意味着它应从周围地物中脱离出来，不能综合。

综合与取舍是互相联系，互相制约的。综合过程中有取舍，而取舍过程中也有综合，不能孤立地去看待它们。

（二）综合取舍的目的

第一，地面上的地物很多，从广义角度看，可以说整个地面都被地物覆盖着，要将全部地物都表示在缩小千倍、万倍的图纸上是不可能的。因为在这种情况下，许多地物都是要扩大以后才能在图面上表现出来，加上图面的各种注记也要占据一定的面积。这样就会造成表示的内容所需要的图幅面积超出了图幅的承受能力。也就是说，地形图在表示地面物体时不能超出自己的承受能力，必须对地面物体进行有选择性的表示。因此，综合取舍的目的之一，就是通过综合和选择使地面物体在地形图上得到合理的表示。

第二，测制地形图是为了给国民经济建设提供基础资料，因此综合取舍的目的还在于从众多的地物中选取对国民经济建设有一定价值的地物进行表示；或者对某些地物进行综合表示，而保留它们对国民经济建设有一定作用的某些性质和特征。从这一观点出发，所谓重要地物就是指在国民经济建设中有重要作用的地物，反之就是次要地物。在综合取舍中就是要保证选取重要地物进行突出表示，对次要地物则可以适当综合表示或舍去。这样才能使图面所表示的内容具有一定的层次，主次分明，重点突出。

第三，繁杂的地物如果都描绘在地图上，往往会掩盖这一地区的本来面貌和某些反映地物本质的特征，而且还会使重要地物得不到准确表示。因此，综合取舍的第三个目的就是通过综合取舍更真实地、艺术地表现这一地区的特点，反映地物的本质，并使重要地物得到准确表示。

总的来说，综合取舍的目的就是：使各地形要素的表示重点突出、主次分明、关系协调、图面清晰，以满足用图的需要。

（三）综合取舍的原则

综合取舍是调绘过程中比较复杂、比较难以掌握的一项技术。有的地物可以综合，如连成片的房屋、稻田、树木；有的地物又不能综合，如道路、河道、桥。同一地物在某种情况下可以综合，如房屋连成片；而在另一种情况下又不能综合，如房屋分散或整齐排列。同一地物在有些地区应该表示，如小路在道路稀少的地区应尽量表示；而在另一地区，如道路密集的地区则可以舍去或者选择表示。这就要求调绘人员认真理解综合取舍的精神和有关规定，而且只有通过长期实践，不断总结经验，才能较好地掌握这项技术。

运用综合取舍进行调绘，还应遵循以下原则。

1. 根据地形元素在国民经济建设中的重要作用决定综合取舍

地形图主要是服务于国民经济建设的，因此地形图所表现的内容也应该服从这一主题，凡是在国民经济建设中有重要作用的地形元素，就是调绘时选择表示的主要对象。如铁路、公路、居民区、水源、三角点、水准点、电力线、较大面积的树林，以及在地图判读、定位,在设计、施工中进行量算具有重要作用的各种突出于地面的独立建筑物,如宝塔、烟囱、独立树等在国民经济建设中都有各自不同的作用,是我们在调绘中应着重表示的地形元素。

2. 根据地形元素分布的密度进行综合取舍

地形元素的作用在一定条件下也有相对性。如在水网地区个别的水源就显得不那么重要,但是在干旱地区水源的重要性就大大提高了,因此调绘时要根据地形元素分布的密度考虑综合取舍问题。一般情况是,某一类地物分布较多时,综合取舍幅度可大一些,即可适当多舍去一些质量较次的地物;反之,综合取舍幅度就应小一些,即尽量少舍多取或进行较小的综合。如在人烟稠密的地区小路很多,则只选择主要的进行表示;在水网地区,到处都是水源,舍去几个小水坑和小水塘是常有的事;在树木生长较多的地方,田间的散树也多,可以少表示或不表示;但是,如果这些地物出现在人烟稀少的地区、干旱地区,很少生长植物的沙漠地区就必须表示,否则将算是重大遗漏。

3. 根据地区的特征决定综合取舍

在根据地形元素分布密度进行综合取舍的同时又要注意反映实地地物分布的特征,否则就会使地形图表现的情况与实地不符,面貌失真,降低地形图的使用价值。如小路很多的地区,如果大量舍去,结果图面上变得与人烟稀少地区的小路分布差不多了,这就失去了这一地区小路分布的特征。同样,水多的地方应相对地反映水多的特点;树多的地方应相对反映树多的特点。也就是说,在综合取舍过程中,也要注意地形元素的相对密度,即实地密度大,图上所表现的密度也大;实地密度小,图上所反映的密度也小,这才符合客观分布情况,综合取舍中,必须辨证地处理两者之间的关系。

4. 根据成图比例尺的大小进行综合取舍

成图比例尺越大,图面的承受能力也越大,用图部门对图面表示内容的要求也越高,图面就应该而且有条件表示得详尽一些。因此,在调绘中,综合的幅度就应小一些,即多取少舍少综合;反之,成图比例尺越小,综合取舍的幅度就可以大些,即可以相对地多舍、多综合一些地形元素。

5. 根据用图部门对地形图的不同要求进行综合取舍

不同专业部门对地形图所表示的内容以及表示的详尽程度也有不同要求,如水利部门要求详细表示水系分布、水工建筑、地貌形态、居民地分布、交通条件等内容;林业部门要求详细表示森林分布状况、生长情况、树种名称,还有密度、森林的采伐情况、林中的空地、通行情况等。这些具有专用性质的地形图都各有侧重,调绘时可根据不同的要求决定综合取舍的内容和程度。

正确运用以上原则,还必须结合规范、图式的有关规定和实际情况,决不能照搬,采取统一的模式。

总之,取与舍,合并与保留是既对立又统一的,有取就有舍,有舍就有取,地面上繁多的地物,必然有主要和次要之分,即使是同一种地物,也要进行取舍。其原则是:取突出明显的,舍不突出不明显的;取主要的,舍次要的;取大的,舍小的;取永久性的,舍临时性的;与用图直接有关的优先表示,一般的酌情化简。

(四)综合取舍应处理好几个关系

1. 准确与相似的关系

准确是指重要地物的位置要准确表示,次要地物可以移位、综合或舍去。相似是指次要地物移位、综合或舍去后要保持相关位置与实地一致,不失去总貌和轮廓特征。例如,工矿区的烟囱、水塔、主厂房等是主要地物,一定要准确表示,而其近旁的次要地物,不能按其真实位置表示时,可以舍去或移位,但移位后必须使相关位置与实地一致。又如小路旁的独立房屋要按其真实位置表示;河流、小路并行,且紧靠陡坎时,河流要保持真位置,小路与河流不能重叠,陡坎可适当移位。

2. 主要特征与次要特征的关系

综合取舍时,一定要保持地物、地貌的主要特征,综合和舍去次要特征。例如,铁路通过居民地时,不得缩小其符号尺寸,也不得移动其位置;当然,明显突出的独立地物紧靠铁路时,则铁路符号可中断,独立地物应按其真位置表示。另外,如学校、厂矿等建筑规则的散列式居民地,不可合并,几个紧靠的池塘或砖窑,只能取舍,不能合并。

3. 同一地区的地物取舍多与少的关系

同一地区的某种地物密度基本是一致的。因此,在同一地区或同一幅地图中,对某一种地物取舍的多少应保持一致,或者说在同地区的每一张调绘片对某一种地物取舍的多少应保持一致,以反映该地区的地物分布和密度特点。如对大面积梯田区的每张调绘片上,不能在有些调绘片上取得很多,而在有些调绘片上舍得很多。

总之,综合取舍是一个比较复杂而又重要的问题,必须用对立统一的观点、辩证唯物的方法,经过实地调查和具体分析,才能取舍得当,同时也需要外业人员不断总结经验教训,使调绘成果能反映实际,满足用图需要。

二、图式符号的运用

在野外调绘时,必须用辩证的和对立统一的观点来看待图式中的规定,既要遵守图式的一般规定,又要从客观实际出发,去分析和研究地物及地貌的政治、经济和军事意义,正确地解决图式中的矛盾。

(一)图式符号与实际地物的矛盾

图式中的符号虽有几百个,也无法包括实地成千上万的地物、地貌元素,只能有代表性地表示地物、地貌。所以,当图式符号不够用时,要首先分析地物、地貌的性质、特征和用途,考虑是否用相似的其他符号表示;若用相似符号不能反映实际情况,可根据专门的需要,另外补充设计新的符号,但要首先经有关部门批准后方能使用,而且要在技术说明书中明确规定之,在调绘片上注明之,在地形图上做图例说明之,以免造成混乱。

(二)说明规定不具体与使用时的矛盾

虽然图式对每个符号都有简要说明,但因我国幅员辽阔,地物、地貌种类繁多,不可能都给出极严格的标准和作详细的说明。所以,当不够具体,不知该用哪个符号时,要对具体情况作具体分析。从用图目的着眼,看主要条件是否合乎标准。如一般庙宇已失去外形特征并改作它用,可用一般房屋符号表示,若是著名的庙宇或仍有庙宇特征且有方位作用,则仍按庙宇符号表示。另外,如位于郑州市中心的“二七”大罢工纪念塔,从政治意义来说，是革命纪念塔，从外形特征来看像古塔。根据它的外形特征和方位作用，应以古塔符号表示，同时考虑它很著名，又应简注“二七塔”。另外，“二七塔”是双塔，与经常遇到的单塔不同，但在1∶50 000比例尺地形图上，显然不能同时绘下两个古塔符号，只能绘一个古塔符号，这就需要将其中心绘在双塔底部结构平面图形的中心上。

(三)简化符号的应用

立体测图时，航外调绘片不是直接用于制作线划地形图，而是作为内业测图时的参考片，因此在野外调绘时，根据内业成图的不同要求，可以适当采用简化符号。这样不仅可减少野外调绘整饰的工作量，而且不会增加内业工作量。

所谓简化符号，就是将图式符号的形式、颜色、长短、粗细进行简化或用文字、数字代替，表达同样的地图内容。这种简化后的符号或表达形式，统称为简化符号。它的应用较广，特别是像片比例尺偏小时，采用价值更大。使用的简化符号有街区、通信线、电力线、铁路、公路、土堤、路堤、滑坡、地类界、植被、干出滩、地貌及土质等。

1. 简化符号的一般使用方法

(1)居民地街区。可以酌量放宽晕线的间隔，但至少一个方向的晕线不得少于两条。

(2)通信线、电力线、城墙、栏栅、铁丝网、篱笆，符号的点线间隔可放大0.5~3倍。

(3)不依比例尺表示的独立房屋，按图式规定描绘，但改用红色。

(4)地类界改用0.15~0.2 mm粗的红色细线描绘。

(5)当路宽不能依比例尺表示时，公路和简易公路也可采用简化符号，分别以红色实线或虚线表示。

(6)旱地只绘地类界不绘旱地符号。

(7)大面积陡石山以地类界绘出范围，在范围内注出“陡石山”(红色)即可。

(8)双线铁路，单线铁路、建筑中的铁路、窄轨铁路、路堤、滑坡，图式中亦有相应的简化符号，可根据具体情况统一采用。

2. 采用简化符号应注意的几个问题

(1)调绘采用简化符号，同样是内业成图的依据，因此简化符号的定位、范围、性质等必须表示准确。

(2)简化符号不能与相应的正式符号混合使用，一般采用红色以示明显区别。

(3)像片图测图、地形图修测等，是直接提供复照制版用的印刷原图，因此整饰时要用图式中的正规符号，不能用简化符号。

(4)简化符号必须按图式规定的范围或业务部门统一规定的办法进行，不能各行其是，否则，会使内业人员无法辨认，造成混乱。

(5)采用简化符号后，应不致引起后一工序的困难，不增加符号移位或影响实地情况的反映。

例如：两条平行道路，其间隔(按道路中心计算)在图上小于1 mm时，不能使用简化符号。因为，一是外业虽然可以用简化符号绘出，但内业处理有很大困难。比如在1∶10 000图上，公路符号的宽度是0.8 mm，两条平行公路的符号最低宽度是1.45 mm(省略一条0.15 mm的边线)，如果在两条中心线小于1 mm的情况下，采用简化符号，内业成图时必然要扩大描绘。而要扩大，就可能与道路旁的地物发生矛盾，这样的矛盾，内业工作是无法处理的;二是两条平行道路的中心线之间的距离小于 1 mm 时,都不能同时依其本身符号描绘,显示不出高一级和低一级道路的区别,对这样的问题,内业也是无法处理的。

另外,使用各种铁路和公路的简化符号时,符号的中心线应与道路的中心线一致,且符号应加粗到 0. 5 mm,以便正确表示道路与两侧地物间的相对位置,如果道路上有路堤,可直接用黑短线,绘在简化符号的边缘。

(6)使用地类界和植被的简化符号时,要注意以下几点:

①地类界的红色细实线要与公路的红色细实线相区分,描绘时,地类界的线划要细一些。

②地类界的简化符号和文字说明,一般不能用同一种颜色。如大面积地类界用红色细实线表示,文字说明或数字注记要用黑色。小面积的植被用简化符号绘出后,内部加绘相应的植被符号即可。

③全片或面积较大具有明显界限的同一植被、土质等,可不绘符号,在调绘线外用红色注记说明即可。如"全片均为旱地","除用相应的植被、土质符号表示者外,其余均为戈壁滩"等。

④所采用的简化符号,在同一批或同一幅图的每一张像片内应一致。

三、像片调绘的基本作业程序

(1)准备工作。包括划分调绘面积,准备调绘工具,做好调绘计划等内容。

(2)像片判读。像片判读的基本知识已在前面作了详细介绍。这时就应用像片对照实地判读确定各种地形元素的性质以及它们在像片上的形状、大小、准确位置和分布情况,以便在像片上描绘。

(3)综合取舍。就是在像片判读的基础上对地形元素进行合理的概括和选择。这是调绘过程中的重要手段。

(4)着铅。就是在综合取舍的原则下,用铅笔将需要表示的地形元素准确、细致地描绘在像片或透明纸上,这是着墨的重要依据。

(5)询问、调查。这里主要是指向当地群众询问地名和其他有关情况,调查各级政区界线的位置和可能未被发现的地形元素,同时应将所得结果准确记录在像片上或透明纸上。

(6)量测。指量测烟囱、水塔、桥梁、陡坎、冲沟、植被、河流等需要量测的各种地形要素的高、长、宽等数据,并做出相应记录。

(7)补测新增地物。新增地物是指摄影后地面上新出现的地物。因像片上没有其影像,按规范要求必须表示的元素,就需要在实地补绘。个别新增地物可根据与其相邻地物影像的相对位置补绘。但大面积的新增地物可采用其他办法补测。

(8)清绘。就是根据实地判绘的结果,在室内着墨整饰。这时应按照图式规定的各种符号和规范的有关要求认真、仔细地描绘。

(9)复查。清绘中还有不清楚的地方以及其他问题,应再到实地查实补绘。

(10)接边。就是调绘面积线处与邻幅或邻片调绘的内容是否衔接。如本片调绘的道路通过调绘边线伸入相邻调绘像片,相邻像片也必须有同一等级的道路与之相接。而且相接位值应吻合,如果有某一地物接不上,则必须查实、修改,直到全部接好。

四、像片调绘的准备工作

在具体进行调绘以前,还有一些必要的准备工作,这就是调绘像片的准备和调绘面积的划分。

(一)调绘像片的准备

首先应对调绘像片进行编号,然后选择最清晰的像片作为调绘像片,再对像片的质量进行一次仔细的检查。这时主要检查像片影像的质量是否符合调绘的一般要求,有无云影、阴影、雪影、航摄漏洞等情况;检查像片比例尺是否能保证调绘质量,最好的办法是看看各种比例尺表示的地物是否能清楚地在像片上描绘,如果像片比例尺太小,可申请放大。

航摄像片比较光滑,调绘时不易着铅,清绘时也不易上墨,因此调绘前应对像片进行适当处理,一般的方法是用沙橡皮(即硬橡皮)在像片正面适当用力地来回擦,直到能着铅。但注意不要擦坏影像。

(二)工具准备

调绘的工具也应考虑周到。除调绘像片外还应带上配立体的像片、像片夹、老图、立体镜、铅笔、小刀、砂纸、橡皮、钢笔、草稿纸、皮尺或其他方便的量测工具、刺点针以及其他必要的安全防护用品等。另外,每一张调绘像片都要贴一张透明纸,透明纸的一边贴在像片背面边缘,透明纸的大小以翻折以后能盖住像片正面为原则,它的主要作用是在调绘时用做记录和描绘。

(三)制订调绘计划

如果第二天准备调绘某一张像片,事先应有一个小计划。所谓小计划,就是通过对像片进行立体观察,结合老图和其他有关资料,对调绘地区进行初步分析,并在分析的基础上安排一下第二天调绘的范围、调绘的路线、重点,以及调绘中应注意解决的问题。

进行初步分析主要是指掌握调绘区域的地形特征,如居民地的分布及类型特征、水系、道路、植被、地貌、境界以及地理名称的分布情况,初步掌握这些情况后,就可以估计调绘的困难程度,调绘可能出现哪些问题,调绘的重点应放在哪里,调绘的路线应如何安排。有了这样的思想准备和打算,往往会取得较好的调绘效果。

(四)选择调绘路线

调绘路线要根据地形情况和调绘重点进行选择。

(1)平地:居民地多,应沿着连接居民地的主要道路进行调绘,调绘路线可采用S形或梅花形,但沙漠、草原、沼泽等人烟稀少的平坦地区,应沿着主要道路进行调绘。

(2)丘陵地:居民地多在山沟内,调绘时主要是跟着山沟转。但有时为了走近路,或者调绘山脊上某些地物,也要穿过某些山脊。因为丘陵地山都不高,调绘时有更多的灵活性。

(3)山地:一般采用分层调绘的方法,即先沿沟底,再上山坡,一层调完再上更高一层,直到一条大沟调绘完转到另一条大沟。

调绘范围内如果有铁路、公路和较大的河流,一般应作为调绘路线,沿线调绘,这样便于详尽地表示其附属建筑物。

调绘是比较复杂的工作，事先必须把问题想得多一些，计划安排得周到一些，这样才会取得好的调绘效果。

（五）调绘面积的划分

调绘面积是指每一张调绘像片进行调绘的有效工作范围。因为一幅图包括若干张航摄像片，而且像片之间又有一定重叠，这就一定会产生调绘像片之间的接边问题，必然要划分工作范围。这是调绘之前必须进行的工作，也是很重要的工作。

调绘面积的划分有以下要求：

（1）调绘面积以调绘面积线标定，为了充分利用像片，减少接边工作量，在正常情况下，要求采用隔号像片作为调绘片来描绘调绘面积线。

（2）调绘面积线应绘在隔号像片的航向和旁向重叠中线附近，这样可以充分利用像片上影像比较清晰、变形较小的部分进行调绘。

（3）调绘面积线应离开像片边缘 1.5 cm 以上，但压平线可以不考虑。

（4）当采用全野外布点时，调绘面积的四个角顶应在四角的像片控制点附近，且尽可能一致，偏离控制点连线不应大于 1 cm，因为内业不能超出控制点连线 1 cm 以外测图，势必一部分内容要转到另一个立体像对才能测绘，这样，会增加内业工作量。

（5）调绘面积线在平坦地区一般绘成直线或折线；丘陵地和山地，则要求像片的东、南边绘成直线或折线，相邻像片的西、北边根据相应的直线或折线在立体下转绘成曲线，这是因为地形起伏所产生的投影差使像片上的直线在相邻像片上变成了曲线；如果在相邻像片上都是通过相应端点连成直线，则必然产生调绘内容的重叠或漏洞。

（6）划分调绘面积不允许有漏洞或重叠。所谓漏洞，就是一部分地面不在任何调绘范围之内；所谓重叠，就是一部分地面同时出现在相邻的两张调绘像片的调绘面积内。显然，前一种情况使一部分地区成为空白，内业无法测图；后一种情况则增加了重复调绘的工作量。

（7）调绘面积线应避免分割居民地和重要地物，并不得与线状地物相重合，为此可将调绘面积线描绘成折线。否则，调绘面积线两边的地物，由于调绘面积线的误差影响，容易产生扩大、缩小或者遗漏，还应注意不要破坏刺点目标的影像。

（8）图幅边缘的调绘面积线，如为同期作业图幅接边，可不考虑图廓线的位置，仍按上述方法绘出，以不产生漏洞为原则；如为自由图边，则依据老图在调绘像片上绘出图廓线后，实际调绘时应调出图廓线 1 cm 以外，以保证图幅满幅和接边不发生问题。

（9）图幅之间的调绘面积线用红色，图幅内部用蓝色；并以相应颜色在调绘面积线外注明与邻幅或邻片接边的图号、片号。这样做主要是为了便于区分和查找像片。

（10）旁向重叠或航向重叠过小而需分别布点时，调绘面积线应绘在两控制点之间，距任一控制点的距离均不应大于 1 cm。

五、像片调绘注意事项

（一）注意采用远看近判的调绘方法

所谓远看，就是调绘时不但要调绘站立点附近的地物，而且要随时观察远处的情况。

因为有些地物，如烟囱、独立树、高大的楼房，从远处观察十分明显突出；到近处时，往往由于地形或其他地物的遮挡，反而看不清或者感觉不出它们的重要目标作用了。另外有些地物，如面积较大的树林、稻田、旱地、水库等，从远处观察，容易看清它们的总貌、轮廓，便于描绘，到近处时，由于现场狭窄，只能看到局部，描绘时反而感到困难。但是，有些地物远处还不能判定准确位置，如独立物体，这时就必须在近处仔细判读它们的位置。因此，调绘独立地物往往采用远看近判相结合的调绘方法。

（二）应注意以线带面的调绘方法

以线带面就是调绘时以调绘路线为骨干，沿调绘路线两侧一定范围内的地形要素，都要同时调绘。做到走过一条线，调绘一大片，这样可以加快调绘速度。

（三）着铅要仔细、准确、清楚

着铅是调绘过程中最重要的记忆方式。它是在准确判读和进行综合取舍后记录在像片或透明纸上的野外调绘成果，是室内清绘的主要依据，因此必须仔细、准确、清楚。

除像片上影像明显，易记的地物，如铁路、公路、河流、水库、稻田、树林等可以不着铅或简单注记外，一般调绘的地物都要仔细着铅，即在像片上或透明纸上用铅笔详细勾绘出地物影像的轮廓，并且要求位置准确，线条清楚，在室内清绘时能准确区分。对于独立地物，必要时应准确判出其中心点位置。

着铅时既不能过于简单，也不能太详细。因为太详细会使得像片和透明纸上线划过分繁杂，反而不清楚了。因此，调绘者还必须逐渐培养职业记忆能力，让所有的调绘内容牢牢记在自己头脑中。这样还可以加快调绘速度。

（四）调绘中要注意养成“四清”、“四到”的良好习惯

“四清”就是站站清、天天清、片片清、幅幅清。站站清就是调绘一处就把这里的问题全部搞清楚。天天清就是头天调绘的内容第二天全部清绘完。一般不允许隔天清绘，更不允许隔几天以后才清绘。因为一天调绘的内容很多，隔的时间长了，记不清，容易绘错。片片清就是调绘完一片，就要及时清完一片。幅幅清就是指一幅图彻底搞清楚后，再进行下一幅图的工作。尤其是收尾工作，如接边、复查、检查验收、修改、填写图历表等，一定要抓紧做完，不留尾巴。

“四到”指跑到、看到、问到、画到。“四到”的总目标还是看清、画准。因此，只要看清画准也就能保证成图质量。

（五）注意依靠群众，多询问多分析

调绘过程中有许多情况必须向当地群众询问、调查，以获得可靠信息。如地名、政区界线、地物的季节性变化、某些植物的名称、隐蔽地物的位置等，都必须向当地群众调查才知道。因此，依靠群众，尊重群众是每个测量工作人员应有的态度和重要的工作方法之一。

有时由于语言不通，工作性质的差异，文化水平、表达能力等各方面的原因，在询问过程中往往出现问不清楚或者说错的现象。因此，对了解的情况要综合分析以确保结论的准确性。

（六）注意发挥翻译向导的作用

在少数民族地区或者方言方音较重的地区，一般应有翻译或向导协助调绘工作。翻译、向导多聘当地人,他们懂当地语言,熟悉当地情况,称得上“活地图”,充分发挥他们的作用会给测绘工作带来很多方便,在生活上也会得到很多帮助。

调绘方法有许多地方是很灵活的,必须在实际工作中不断总结经验充实自己,以提高自己的作业水平。

第四节　主要地物的调绘

一、独立地物的调绘

(一)独立地物

独立地物大多高于地面,在像片上一般是根据其投影和阴影的影像进行识别并确定其准确位置。当独立地物较小,且像片的地面分辨率不高,其影像不能反映独立地物的基本形态时,则必须采用野外调绘的方法确定其性质和在像片上的位置。

独立地物的类型很多。但是,图式符号不可能包罗万象,有很多独立地物没有专门设置符号。另外,有些独立地物有类似的性质和作用,或相近的意义,但具有完全不同的外形。因此,独立地物调绘的主要问题是正确判断独立地物的性质和灵活运用独立地物的符号。

调绘独立地物必须做到位置准确,取舍适当。

独立地物是判定方位、确定位置、指示目标的重要标志,故首先要求独立地物的位置必须准确。不依比例尺表示的独立地物,一般要求用刺点针刺出其中心点的位置,且描绘时刺点中心应与符号定位点严格一致;依比例尺表示的独立地物则要求准确绘出轮廓线位置,像片上无法精确判定位置的重要地物,必要时应采用实测的方法确定。

独立地物的区分仍然是相对的,因此在众多的地物中必须进行选择,优先表示最突出的独立地物,从普遍中选特殊。如工业地区烟囱很多,此时可舍去部分次要的烟囱,选取高大突出的烟囱表示;而在地物稀少的地区,有些地物也许并不高大,如一棵普通的小树或者一个小水坑,却因为周围地物极为稀少而显得突出,必须表示。这就是选择独立地物的方法。

(二)独立地物符号的运用

图式虽然绘出了许多符号来表示地物,但毕竟有限,与地面上实际存在的地物种类相比仍然相差很远;尤其是随着社会的发展,新的地物又不断出现,在调绘中常常遇到某些地物找不到恰当的符号进行表示,尤其是调绘现代化工厂、矿山,情况就更为复杂,因此要求调绘人员充分理解图式精神,尽量用图式给出的符号去表示各种各样的地物,解决实际存在的丰富多彩的地物的表示问题。

符号种类不够用的情况主要表现在独立地物方面,因此独立地物符号的运用应从以下几方面考虑。

1. 根据独立地物的外形特征选用符号

图式中的许多独立地物符号反映了地物的外形特征,例如烟囱、水塔、宝塔、牌坊、独立树等;将外形特征相似的独立地物概括成用同一符号表示,例如钟楼、鼓楼、城楼、古关塞用同一符号表示,彩门、牌坊也用同一符号表示。根据这一方法,在实际调绘中当遇到某些独立地物在图式中不能找到对应的符号进行表示时,首先可以分析地物形状。地物形状如果接近或者相似于某一图式符号所表示的独立地物,就可以选用这种符号表示,并加注性质说明。

2. 根据独立地物的作用和意义选用符号

有些地物具有类似的作用,但外形不同,例如油库、煤气库、氨水库,既有球形的也有圆柱形的;另外也有一些地物外形不同但意义相近,如纪念碑、纪念像、纪念塔等;还有外形不同但意义和作用都相同的独立地物,如无线电杆和无线电塔以及其他无线电发射或接收设备,这些独立地物也是用同一符号表示的。因此,在实际调绘中既要根据独立地物的外形也要根据独立地物的意义和作用选择相应的图式符号。是侧重于外形还是侧重于意义和作用,必须由独立地物的实际情况决定。

3. 根据其他具体情况选择符号

现代工业有许多不同性质、不同形状、不同作用的专用建筑和设备,无论有多少选择符号的原则也很难全部概括,因此在实际调绘中还必须根据其他具体情况选择比较合理的图式符号进行表示。如塔形建筑物,图式上规定散热塔、跳伞塔、蒸馏塔、瞭望楼等均用塔形建筑物符号表示,实际上这些地物既没有相近的作用和意义,而且形状的差别也较大,更没有一个所谓标准的塔形建筑物进行比较,要以上述原则去理解是很困难的。因此,有些符号的选择是很近似的,必须在概括的基础上再概括,也就是在不同的基础上还去寻找相同的条件,这样才能灵活地运用给定的符号去解决作业中的问题。

4. 注意独立地物符号描绘的方向

独立地物符号绝大部分要求按垂直于南北图廓线的方向描绘,但也有个别符号要求按真方向描绘或者与南图廓线斜交成45°角进行描绘。按真方向描绘的有山洞、泉、打谷场、球场、桥、坝、探槽等,石灰岩溶斗符号要求与南图廓线斜交成45°角进行描绘。

5. 注意独立地物符号描绘的位置

图式对个别独立地物符号描绘的位置作了特殊规定:气象站(台)符号应绘在风向标的中心位置上;厂房面积较小的发电站(厂)符号绘在主要厂房的位置上;面积较大的庙宇符号应绘在大殿位置上;加油站符号应绘在实地油箱位置或贮油的房屋上。这些规定主要从实际情况出发,便于从图上确定独立地物的准确位置。

6. 注意图式符号的版本和比例尺

随着国家建设和测绘学科的发展,一定时期以后图式、规范都需要修改和补充;不同比例尺成图内容的详尽程度、成图精度都不一样,相应的图式符号的内容以及表示方法也有区别。因此,必须注意使用现行的相应比例尺的图式版本进行描绘。

7. 注意独立地物符号与其他地物符号在描绘时的避让关系

独立地物与其他地物不能同时准确、完整地表示时,处理这种避让关系的基本原则是:中断其他地物符号,或者将其他地物符号移位,保证独立地物符号完整、准确地描绘,符号之间应留出0.2 mm的间距。当两个独立地物紧靠在一起,符号不能按真位置同时绘出时,应选择其中主要的保持真位置准确绘出,另一个作相对移位。

二、居民地的调绘

我国是一个幅员辽阔、地理复杂、历史悠久、人口众多和多民族的国家。不同地理条件、不同历史时期和不同风俗习惯形成了不同类型的居民地。由于用途不同,对居民地的分类标准和表示方法的要求也不一样。有的按行政等级分类,有的依人口数量多少分类,有的以建筑形式和结构特点分类,有的根据分布特点和平面图形分类。对于测制国家基本比例尺地形图而言,居民地的分类必须从满足国家经济建设和国防建设的全局出发,兼顾特殊部门的需要。因为我国广大地区的居民地多为房屋建筑形式,黄土覆盖地区有窑洞建筑形式居民地,草原和荒漠地区还有蒙古包和帐篷等建筑形式居民地,测制国家基本比例尺地形图通常将居民地分为街区式居民地、散列式居民地、窑洞式居民地以及其他类型居民地等四类。

(一)调绘居民地应着重表示的特征

(1)外围轮廓特征:指村头或村旁的独立房屋、凸凹拐角、外围墙、主要道路进出口。

(2)结构类型特征:指房屋的分布特点、排列特点、组合特点。有街区式、散列式、集团式等类型。

(3)通行情况特征:指区分出主要街道、次要街道、小巷及道路的分布和连接。

(4)方位意义特征:指居民地内具有方位作用的突出建筑。例如:建筑物高大,或颜色明显,或造型别致。

(5)地貌形态特征:指居民地内外的冲沟、陡坎、坑穴、土堆等。

(6)相关位置特征:指居民地与水系、道路、垣栅之间的位置表示和避让关系。

(二)调绘居民地的表示方法

任何一个房屋式居民地,不外乎由独立房屋、街区、街道三个基本图形和固定名称组成,但不同类型的居民地,组成情况不同。

1.独立房屋

独立房屋是指单幢房屋。有三种表示方式:独立房屋的图上尺寸小于0.7 mm×1.0 mm时,用0.7 mm×1.0 mm的黑色方块表示,称不依比例尺表示;以屋脊方向为长边方向,当为圆形或正方形的平顶房屋时,以门的左右方向为长边方向。独立房屋的图上尺寸宽小于0.7 mm,长大于1.0 mm时,用宽0.7 mm,长为实际长的黑色方块表示,称为半依比例尺表示。独立房屋的图上尺寸大于0.7 mm×1.0 mm时,用图上的实际尺寸内加晕线表示,称依比例尺表示。当独立房屋分布密集不能逐个表示时,可外围全部选取,内部适当取舍,一般不宜综合。位于河边、路旁、村口处的独立房屋,具有判定方位的作用,要特别注意表示。独立房屋的围墙篱笆,能依比例尺表示时取,否则舍去。

2.街区式居民地

街区式居民地是指房屋毗连构成街道景观的居民地。要注意表示好街区外形特征:如街区外沿凸凹部分达图上1 mm以上时均应表示;位于街区边缘或道路进出口处的独立房屋不能舍去或合并;街区外围的河渠、冲沟、土堤、竹篱等要详细表示。要注意做好街区内部的综合取舍:如街区内房屋间距小于图上1.5 mm时可合并,较大的空地应区分表示。但工矿、机关、学校、新住宅区的房屋,不能视为街区,应逐个房屋表示。街道的表示应反映出通行特征:主要街道、次要街道应分明,巷道取舍应适当,十字街口、丁字街口、街道与巷道的交叉口位置要准确。具有方位意义的房屋,要用突出房屋的符号表示。

3.散列式居民地

房屋间距较大,排列分散,形不成街道的居民地称为散列式居民地。散列式居民地的特点是房屋依天然地势沿山坡、河渠、道路、堤岸构筑。房屋之间不相毗连,有的均匀分布,有的三五成团,有的整齐排列,有的零散分布,没有明显的街道和外轮廓。相邻居民地之间也无明显的界限,散列式居民地的判读比街区式居民地困难。但是散列式居民地周围一般有茂盛的树木或竹丛,房前有空地,而植被和空地与居民地的背景有明显的反差,有利于发现散列式居民地并正确判读。

工矿、机关、学校、新住宅区的房屋也属散列式居民地。综合取舍的原则是:对三五成团连接紧密的房屋可以综合,但综合不能过大,其余房屋应逐个表示,尤其对于外围的独立房屋更应注意表示,以不失散列分布的特点为原则。

散列式居民地表示的关键是独立房屋的取舍问题。很多散列式居民地中,独立房屋分布密度较大,不能逐个表示,而必须进行取舍。通常是取道路交叉处、道路旁、河渠边、山顶、鞍部等处有方位意义的房屋,或坚固稳定的房屋,舍去矮小、破旧、无方位意义的房屋。经取舍后表示在像片上的独立房屋符号的疏密状况应与实地特点一致。对于房屋相对集中的散列式居民地应注意选取村庄外围的房屋表示,以反映村庄的范围;而对于范围不明显的散列式居民地,则应注意舍去村庄间相邻处无方位意义的独立房屋,以利于用图者判断村庄的界限。

在散列式居民地中,有局部范围房屋分布较密时,应按规范要求综合成街区符号或小居住区符号表示,不应采用缩小符号的尺寸和间隔的方法逐个用独立房屋符号表示。

4.窑洞式居民地

窑洞式居民地是我国黄土覆盖地区农村的主要居住建筑形式之一,分布在河南、山西、陕西和甘肃等省。窑洞的分布位置与地形和水源条件关系密切,多建筑在黄土塬的坡壁及冲沟的沟壁上,影像为黑色小块,窑洞前空地影像呈白色,这是其构像特点。窑洞影像易被阴影遮盖,给判读带来困难,应在立体观察下判读为好。窑洞要按真方位表示,符号绘在洞口位置,方向一般应和等高线大致垂直。窑洞的调绘,要注意反映出其分布特征,窑洞应逐个表示,表示不下时,可以适当舍去,不能综合。

窑洞有地面上窑洞和地面下窑洞两种。地面上窑洞是指直接在坡壁上挖成的窑洞;地面下窑洞是指先向地下挖一大坑,形成四面坑壁,再由坑壁水平掏成窑洞。我国大部分地区为地上窑洞,有少数地区以地下窑洞分布为主,还有的地上窑洞地区杂有地下窑洞。地上窑洞与地下窑洞在地形图上的符号不同,判绘时用各自相应的符号表示。

地下窑洞最重要的特征是从地面向下挖掘的方坑,方坑的四周坡壁有窑洞。在实际作业中会遇到有些窑洞建在陡坎棱线边缘附近,以很短的隧道或豁口与坎下的道路相通,它们与典型的地上窑洞和地下窑洞不同。不管方坑与陡坎棱线边缘之间的黄土层多宽,是否掏有窑洞,应按地下窑洞符号表示。

地上窑洞有散列、成排和成排多层几种分布形式。

散列式窑洞多分布在冲沟谷地,依谷地自然形态散列配置,其特点是零乱、松散,方向互不一致。表示时,除需注意定位准确和符号方向与实际方向一致外,还要反映一个居民地窑洞分布的范围和内部分布的疏密情况。

成排分布的窑洞是在同一坡壁上按同一高度以大致相等的距离挖掘的窑洞,判绘中当不能逐个表示时,在保持两端位置准确的前提下,其间用两个以上窑洞符号并联表示。

多层成排窑洞,当不能逐层表示时,则选择其中方位意义大的一层按真实位置绘出,另一层移位表示。

5. 蒙古包、牧区帐篷和棚房

蒙古包、帐篷是我国牧区少数民族居住的主要形式,分布在西北地区。棚房是指有顶棚而四周无墙或仅有简陋墙壁的建筑物。如有些工厂的工棚,看管田园和森林的草棚和季节性居住的渔村等。

蒙古包是我国蒙古族传统的居住形式,其特点是搭拆方便、避暑防寒、宜于游牧。蒙古包一般不是常年固定在一个草场,属季节性建筑物。在内地,一般季节性的地物不表示,这是因为草原上其他地物很少,蒙古包及蒙古包迁走后留下的痕迹都有很好的方位作用;另外蒙古包的表示,还能反映该地区草场的经济价值等信息。

蒙古包一般是单个零散分布的,也有密集分布的。在航摄像片上,蒙古包呈白色或灰色圆点影像,与草地影像有较大的反差。蒙古包不管其分布形式如何,只在蒙古包影像中心或牲口圈痕迹附近用单个蒙古包符号表示,并加注居住的月份,有名称的还应注记名称。居住月份的注记除参考老图,向当地群众调查外,还可以根据摄影时间、蒙古包所处的地形位置判断。

帐篷是牧区放牧的临时居住地,多见于西藏、青海等地区的草场。帐篷有黑色和白色两种,判读和表示方法与蒙古包相同。但是帐篷的流动性更大,虽然也属季节性的,但每年的位置并不固定,因此对帐篷符号的定位不必严格要求。

在航摄像片上,棚房不易与其他房屋区分,一般只有通过实地调查,或参考大比例尺地形图识别。城郊和农村人工种植经济作物和蔬菜的暖房,在大比例尺图式上有专门的符号,而在中、小比例尺地形图图式上没有专门符号,也可用棚房符号表示,并加注"温"字。

三、道路的调绘

道路起着连接居民地和担负交通运输的作用,是重要的地形要素,分铁路、公路、大车路、乡村路、小路五个等级。道路调绘要着重表示以下几点。

(1)等级分明:大车路与乡村路,乡村路与小路的等级区分要正确,以正确地反映道路的通行能力。

(2)位置准确:符号中心线即实地道路中心线,道路的交叉口、转弯、附属建筑物不得移位。

(3)取舍适当:主要表现在对小路的取舍,道路稀少的山区要多取,道路密集的平坦区要少取。在取舍中要注意反映各地区道路网分布的特点和保持相对密度,道路应条条走得通,连接合理,去向分明,形成网络。

(4)注记正确:指公路的铺面材料和路宽注记,以及对电气铁路、窄轨铁路、轻便铁路的注记等,注记要与实际情况相符。

(5)交接清楚:道路与道路,道路与居民地,道路与堤,道路与地貌,道路与其附属设施等的关系要交接清楚,表达正确。

(一)铁路

铁路按两条铁轨间的距离分为标准轨铁路和窄轨铁路。标准轨铁路与窄轨铁路,单线铁路与复线铁路,电气化铁路与非电气化铁路,在运输能力上不同,因此在地形图上的表示也有区别。

铁路线在现行图式中铁路用黑实线符号表示,标准轨铁路与窄轨铁路用不同宽度的实线加以区别;双线铁路加绘两短线与单线铁路区分;电气化铁路加注“电气”二字与非电气化铁路区分。

(二)公路

公路是各城镇、乡村和工矿之间主要供汽车行驶的道路。它是城乡之间联系的纽带,像片调绘时必须将地面的公路全部表示在像片上或地形图上,并注意区分不同技术等级和沿线设施的表示。

1. 公路等级

公路部门根据交通量及其使用任务和性质将公路分为五个等级。

公路由路基、路面、桥涵和沿线设施组成。不同等级的公路,所组成的技术标准是不同的。在现行地形图图式上,公路分别用高速公路、普通公路和等外公路符号表示,即高速公路用高速公路符号表示,不加注记,一、二、三、四级公路和等外公路用相应符号并加注记表示。

20 世纪 80 年代高速公路在我国才开始修建,在像片判读中易与普通公路区分。高速公路与其他通道相交时全为立体交叉,交叉形式除在控制出入的地点为互通式立体交叉外,其他均为简单立体交叉;高速公路路基很宽,而且有宽大于 4.5 m 的中间带。

普通公路中,一、二、三、四级公路的通行情况和运输能力各不相同,在地形图上表示时用注记的方法相区分。除一级公路外,在像片上区分二级与三级,三级与四级是困难的。一方面由于像片比例尺的限制,不可能精确测定出路基和车行道宽;另一方面,我国 1981 年以前修建公路的技术标准与现行标准并不完全一致,有些公路的实际技术指标并不与现行标准的同一级公路相对应。因此,在像片判绘中确定公路技术等级比较困难,通常采用实地调查或参阅有关公路资料确定。

2. 公路注记

普通公路注记包含路面宽度、铺面宽度和铺面材料性质注记三项。

路面宽就是路基宽,即路面两侧路肩外缘的间距。对于某些在路肩上栽有行树,影响汽车通行的旧公路,则路面宽注记应以行树间的距离为准。

铺面宽是铺筑路面材料部分的宽度,即车行部的宽度。

地形图上路面材料采用简注的形式。凡是有沥青的,不管是沥青混凝土、厂拌沥青碎石,还是沥青贯入式碎石、沥青表面处理等,都注记“沥”字;水泥混凝土路面注记“水泥”;石块、条石路面注记“石”字;碎石、砾石路面分别注记“碎”和“砾”字。所谓粒料加固土路面,是用砾石、料礓石、碎石、碎砖瓦、炉渣等材料与黏土掺和铺成的路面。这种路面材料根据粒料的性质相应注记“砾”、“碎”、“渣”等。当地材料加固或改善的土路面一般为当地砂土和黏土按一定比例掺和筑成，其路面注记则根据具体情况注记路面宽，不注铺面材料和铺面宽度。凡是路面未经粒料加固或当地材料改善的，雨天不能通行载重汽车的道路，都不能用公路符号表示。

公路注记资料，在像片上不易正确判读出，一般应现地调查量注，或参考公路部门的近期普查资料和公路竣工图进行注记。

3. 路堤、路堑及沿线设施

1）路堤

铁路、公路通过低洼地段，为保持线路平直，用土或其他材料填筑的高于地面的路基叫路堤。公路路堤比较复杂，除填筑形式外，还有半填半挖式、台口式等。

废弃公路上的路堤，根据其实际情况用堤或岸垄符号表示。

2）路堑

路堑是铁路和公路通过高地，为保持线路平直，向下挖掘形成路基，两侧或一侧低于地面的地段。

路堑的上沿棱线和坡壁比较整齐。黄土地区，沿自然冲沟的沟壁简单修整形成的路堑也用路堑符号表示，当上沿棱线或坡壁不齐时用陡崖符号表示。

路堤和路堑的表示，对于反映道路的通行情况很有意义，在地物稀少地区对于判定方位也有作用。因此，在像片判绘时要注意表示。有明显方位作用的路堤和路堑，其长度虽没有达到规定要求表示的长度，在不影响其他地物表示的情况下，也可适当放长表示。

3）路标

公路标志也是公路沿线设施之一，主要包括交通标志和指路标志。交通标志又分为指示标志（如弯道、陡坡标志）、警告标志（如危险路段、急弯鸣号标志）、禁令标志（如限速、限通行车类别标志）。指路标志有指向牌、指路牌和里程碑。指向牌一般在叉路口前100 ~ 200 m 处，指路牌设置在叉路口处。

指向牌和指路牌在地形图上用路标符号表示。交通标志一般不表示。里程碑是夜间沿道路行进的方位物，一般情况下每隔一段距离准确表示一个，并注记公里数。有的里程碑两面有不同的里程数字，注记时只取较小的里程数注记。

4）行树

行树是指沿道路一侧或两侧栽植成行的乔木。公路部门要求凡宜林路段都应绿化，以稳定路基、美化路容和增加行车安全，但路肩上不得植树。在地形图上，行树用相应符号表示。

当道路一侧或两侧栽植灌木时，则图上以狭长灌木符号表示。

（三）其他道路

这里主要介绍简易公路、乡村路和小路。

1. 简易公路

简易公路是指经过简易修筑或直接由载重汽车、大型拖拉机长期辗压形成路面，可全年或除雨季外均能通行载重汽车的道路。

确定简易公路的标准是能通行载重汽车，即路面宽度大于 4 m，而又达不到国家等级公路标准的道路。它的路面质量一般比普通公路路面质量差，沿路的护路、路标等设施不全或没有，雨季不一定能通车。

简易公路对于沟通城乡联系有重要意义，像片判绘时应注意表示，特别是连接公路的简易公路一般不得舍去，也不得降级表示。我国北方农村大车路较密集，其中很多都能通行载重汽车。这些能通载重汽车的大车路若系连接大居民地、公路或通向山地、河边、矿井和采掘场等地者均用简易公路符号表示，不得舍去和降级；若仅通向耕地，则可舍去不表示。南方规划区，农场的机耕路可以用简易公路符号表示，而路面宽 4 m 以下仅能通行吉普车、手扶拖拉机和运输竹木的双轮车道，不能用简易公路符号表示。

2. 乡村路和小路

乡村路是农村不能通行载重汽车的主要通道，而小路是农村的次要道路或仅适于单人单骑行走的小径。它们的区别不取决于路面的宽窄，而根据重要性决定，判绘时要注意区分。

用乡村路符号表示的农村主要道路有下面三种情况：

(1)农村、林区、矿区不能通行载重汽车而只能通行小型拖拉机、轻型汽车和马车的道路。

(2)农村大居民地之间或大居民地通往城市、乡镇、集市，而不通行载重汽车的道路，用乡村路符号表示。这些道路路面宽度不一定很大；有的路面还铺有石条或石块；沿路设施较好，有的还有路亭、茶亭，桥梁、渡口比较完整。这种乡村路多分布于南方农村。

(3)我国西南山区农村、公路不发达，大居民地间的连接主要是驮运路。驮运路虽然路面较窄，但运输能力较强，比较重要，也应用乡村路符号表示。

在农村比乡村路次要的道路，或通行困难地区只能供单人单骑行走的路为小路。一般丘陵地小路较密，判绘应注意取舍，否则容易造成主次不分，图面不清晰。取舍的一般原则是，当小路密集时，两村庄间只取捷径路，舍去绕行小路。多条小路与乡村路以上等级的道路并列，舍去与高级道路相近的小路。仅通向田间的小路一般不表示，但出入山地、森林、沼泽地区和在缺水地区通往水源的小路必须着重表示。通行困难地区和地物稀少地区，小路有着重要的意义，因此上山的“之”字形小路，为了保持其“之”字形特征，可以适当放大表示。通过悬崖、绝壁，路面用支柱支撑，或铁索吊拉的栈道，也用小路符号表示，并在栈道地段注记“栈道”二字。

(四)桥涵、渡口、徒涉场

桥涵、渡口、徒涉场是跨越河渠等障碍物的设施和场地，对交通运输有重要影响。判绘时必须正确区分桥梁与涵洞，车行桥与人行桥，车渡与人渡，准确注记各种数据和性质，以正确反映这些地区的通行情况和运输能力。

1. 桥梁与涵洞的区分

桥梁与涵洞是道路跨越水流、山谷、线路等障碍的建筑物。但它们的方位作用、建筑规模和对通行的影响程度各不相同，所以在地形图上桥梁与涵洞分别用不同符号表示。

桥梁与涵洞一般易于区分，但在实际工作中，一些小桥与涵洞的界限却难以掌握。

铁路部门认为，凡结构上没有梁，填料(土、石)厚度(铁轨底至泄水建筑物顶)1 m 以上为涵，其他为桥。公路部门规定：孔形泄水建筑，当单孔跨径 5 m 以下，多孔跨径 8 m 以下者为涵洞；圆管形及箱形泄水建筑，不论管径、跨径大小及数量多少，均为涵洞。显然，铁路与公路部门区分桥、涵的标准不尽一致。为便于地形图的使用，像片判绘时对桥、涵的区分主要从建筑形式和跨径两个方面判定，即跨径5 m以下，路面又无桥栏或者填土厚1 m以上者用涵洞符号表示；跨径5 m以上，或者跨径虽小于5 m，但填土厚度在1 m以下，且有梁、栏杆者为桥梁。

2. 车行桥

凡是能通行火车或载重汽车的桥称为车行桥。凡是能通行载重汽车的桥梁，不论其建筑材料、长度、承重形式如何，在地形图上均用车行桥符号表示。建筑特点和通行能力，以加注桥长、桥宽、载重量和上部承重结构建筑材料性质的方式表示。

1）桥长量注

桥长是指桥梁主体的总长。有桥台的桥梁为两岸桥台的侧墙或八字墙尾间的距离，无桥台的桥梁为行车道长度。

值得注意的是，桥梁的悬空部分长度并不一定等于桥梁总长，所以不能把悬空部分长作为桥长注记。另外，桥头的引桥、引道不能作为正桥表示和注记。弯曲桥的桥长以桥面中心线长为准量注，斜面桥以水平距离长为准注记。

2）桥宽量注

桥宽就是桥面的净宽，即行车道宽度。按公路工程技术标准的规定，桥宽应与公路的技术等级相适应，并对各级公路的桥面净宽有明确要求。另外，有些旧公路的线路经改造提高了等级，但桥梁并未加宽，与公路线路等级不相适应。在利用参考资料注记时应予注意。

在量注公路桥面宽时，当人行道、自行车道与车行道不在一个平面上时，仅量注车行道宽，而不应包含人行道和自行车道宽；当人行道、自行车道与行车道在一个平面上时，不管有无分开标志，则以桥面两侧的缘石内侧的垂直距离作为桥面宽量注。

桥面长、宽只注记到整米。当桥梁实际宽不为整米数时，则不作凑整处理，而舍去小数部分，如4.6 m注记为4 m，以确保车辆有效通过，而不给用图者造成错误判断。

3）桥梁载重量调查注记

重型汽车沿公路行进时，必须了解桥梁的载重量，以判断能否安全通过。因此，地形图上要注记桥梁载重量。桥梁的荷载在实地测量判定是比较麻烦的，精度也不高，一般是根据公路部门提供的资料或桥头载重限制标志所示的吨数注记。

4）桥梁性质注记

桥梁性质是指桥梁的主要承重结构建筑材料的性质。不同类型的桥梁承受结构不同。梁式桥、拱桥和桁桥的主要承重结构分别为主梁、拱圈和主桁架，所以桥梁的性质由主梁、拱圈和主桁架的材料而定。如承重结构为木、砖、石块、钢材、水泥混凝土或钢筋混凝土，则桥梁性质分别简注为“木”、“砖”、“石”、“钢”、“水泥”。

桥梁的长、宽、载重量和建筑材料的注记对于反映通行情况是重要的，但所占面积较大，影响图面清晰。因此，铁路上的桥梁、简易公路、乡村路和小路上能通行载重汽车的桥梁，以及废弃公路上仍能通行载重汽车的桥梁，均用车行桥符号表示，但不加注记。

3. 人行桥

不能通行载重汽车的桥统称人行桥。它包括能通行轻型汽车、拖拉机和马车的桥梁，以及供单人单骑通行的小桥。这些桥在地形图上都用人行桥符号表示。

因为人行桥包括的范围很广，所以它的建筑形式很多。特殊形式的人行桥，如铁索桥、溜索桥、竹索桥、藤桥、级面桥和亭桥等，除用人行桥符号表示外，还应按建筑形式的不同，分别加注“铁索”、“溜索”、“竹索”、“藤”、“级”、“亭”等。

铁索桥无桥墩，主要由固定在河流两岸的数条悬空铁索组成。铁索上铺木板供人、马通行。溜索桥是用铁索(或绳索)倾斜固定在河流两岸，供人在铁索上滑溜通过的桥梁。藤桥、竹索桥主要以藤、竹编制的藤索、竹索固定在河两岸而构成的桥梁。级面桥多为高于地面的拱桥，为了方便行人，桥面修有多级台阶。亭桥是在桥面上修造亭式建筑物，供行人休息或游客观光的桥梁。时令桥是枯水季节架设，洪水季节拆除的简易桥梁，也用人行桥符号表示，并注明通行月份。当桥梁拆除后有人渡，而且人渡时间比架桥时间长时，则不表示桥，而表示人渡。

在河渠和道路密集的地区，人行小桥较多，如全表示影响图面清晰，可以选取有方位意义或结构较好的小桥表示，舍去可徒涉河渠上结构简单的小桥，但当河渠不能徒涉时，不论桥梁结构是否简单，均应表示。

4. 涵洞

涵洞按结构分为箱涵(盖板涵)、拱涵和圆涵。在地形图上，它们都用涵洞符号表示，描绘时应注意，涵洞符号为两个人字分别相交于道路符号的两边，而不应绘成交叉。

乡村路和小路上的涵洞一般不表示；公路、铁路上既无方位作用又没河、渠，或路从洞下通过的涵洞也可以不表示，但当洞下有河渠或道路通过时应准确表示。

5. 渡口、徒涉场和跳墩

渡口是用船或筏将人、畜、车辆和物资运送过水域的场所。渡口分车渡和人渡两种。车渡是指渡船能运载汽车或列车渡过水域的场所；人渡是指不能运载重汽车的渡口。车渡和人渡表示的符号相同，但前者需要加注“车渡”和渡船最大载重吨数；而后者仅注记“人渡”两字。

徒涉场是人、畜、车辆涉水过河的场所。在地形图上，当徒涉场位于单线表示的河渠上时，道路符号压盖河渠符号绘出；当位于用双线表示的河流上时，则用渡口符号表示。为反映徒涉场情况，凡水深在0.5 m以上，不论是用单线表示，还是用双线表示的河流，均以黑色加注徒涉场的河宽、水深及河底性质，而与河流的绿色注记相区别。徒涉场注记要准确，因为人、畜、车辆的徒涉能力与流速、水深及河底性质有关。

跳墩是在浅水河中供人跨跳过河的一列固定石墩或大石块，又称墩桥。石墩、石块由人工按能够跨越的距离整齐排列安置，高于常水位水面。非人工设置的跨步过河的石块不表示。

(五)道路与其他地物关系的处理

1. 道路与独立地物

由于独立地物大多有方位意义，因此判绘时，当道路遇独立地物而不能分别表示时，一般是独立地物按其真实位置准确表示，道路符号断开，或部分断开表示。但铁路和公路旁的房屋可按相关位置移位表示,而不间断铁路和公路符号。

2. 道路与水系

铁路、公路与河渠平行,不能同时准确绘出各自符号时,在不使水系与地貌关系发生重大矛盾的情况下,一般以铁路、公路为主,按真实位置表示,河渠移位表示。但是,当简易公路、乡村路和小路的表示与河渠的表示发生矛盾时以河渠为主,道路移位表示。

当铁路和公路在堤上通过时,以铁路、公路为主,堤以路堤符号表示,当铁路和公路在堤脚通过时,堤移位表示。当简易公路、乡村路和小路在堤上或堤脚通过时,则省略道路符号或道路符号移位表示。但当道路断续与堤岸相接时,其与堤岸重合路段可省略道路符号;非重合路段,则必须绘出,不能省略道路符号,以保证道路有明确走向。

3. 道路与地貌

道路与地貌符号发生矛盾时,以表示道路为主,即准确表示道路,地貌符号移位表示或舍去不表示。例如,道路与用双线表示的冲沟重合时,道路按真实位置描绘,冲沟可适当放宽以陡崖符号表示;道路与单线表示的冲沟重合时,道路按真实位置描绘,若单线冲沟明显,则放大为双线表示,否则舍去不绘。

乡村路、小路通过陡崖,如果陡崖不高,道路符号可直接压盖陡崖符号表示,如果道路从陡崖的断开处通过时,则陡崖符号应断开。

描绘山区小路,一般应在立体观察下进行,注意道路与山形的关系,合理地表示道路通过山谷和鞍部的情况,防止小路"飞越山涧",使道路架空移位。

四、管线、垣栅和境界的调绘

(一)管道

运输管道主要用于输送水、石油、天然气和煤气等液态和气态物质,有重要的经济意义和军事价值。管道有的露在地面,有地埋在地下,还有的架空跨越河渠。

地面上有方位作用的管道一般均应表示。地下管道一般不表示。管道架空跨越河流、道路、冲沟等,符号不中断,压盖这些地物绘出。若从这些地物下面通过,则管道符号绘至这些地物符号两侧断开。当输水管道与水渠相互接替时,各自按相应符号表示。比较短的管道可以不表示。长的管道还应注记其运输物质的性质。

管道的调绘应注意以下两点:

(1)管道的转折点应准确判出,架空的和地表的管道以实线表示,地下管道以虚线表示,图上长度不足 1 cm 的不表示,居民地内的管道不表示。管道应加注输送物名称。

(2)管道通过河流、冲沟、土堤及架空通过双线路时,管道符号均不中断。

(二)电力线和通信线的调绘

电力线的调绘应注意以下问题:

(1)要准确判读出转折点,以确定出其位置,以相应符号表示。对具有方位意义的杆架一定要判好刺准。电力线、通信线遇居民地应中断。

(2)电力线与通信线共杆,电力线与通信线平行,电力线与电力线平行,图上间距在 2 mm 以内时,则只择其高一级按真实位置绘一条,到转折分岔处再分别表示。电力线、通信线平行公路及铁路,且距路中心距离在 5 mm 以内时不必绘出,到转折分岔处再分别表示。

(3)电力线要以“kV”为单位注记电压高低。

(4)接边准确。判绘高压线,一般只判读出拐折点,而连以直线。但是,由于投影误差的影响,在丘陵地和山地,两拐折点的连线并不一定通过直线上的所有电线杆、塔。也就是说,实地在一直线上的电线杆、塔,由于所处高程不同,在像片上的影像不一定在一条直线上。因此,在判绘面积的边缘处不管有无拐折点,均应在判绘工作边内、外各刺出一个电线杆、塔的位置;若线路上相邻两个拐折点在相邻两张判绘像片上都能刺出时,则在两张像片上全部绘出,以便于邻片接边和避免内业造成人为转折。

(5)高压线与其他地物的关系。高压线通过独立地物和居民地上空时,高压线符号断开,与独立地物符号空 0.2 mm,与街区边缘不空。高压线通过其他大面积地物(植被、水域)和线状地物(道路、河渠、管道、垣栅)均不断开,压盖绘出。

有线通信线由通信线杆和导线(架空明线、电缆)组成。它是利用电信号在导线上的传输以传送声音、文字、数据和图像,以达到有线通信的目的。

有线通信线在地形图上用通信线符号表示。表示的方法与电力线基本相同。但是,有线通信线只在地物稀少地区才表示,一般地区不表示。在地形图上表示的有线通信线中途与地下通信电缆相接时,地下电缆不表示,只在交接处绘一弧线,以示意转为地下。

(三)垣栅的调绘

垣泛指墙。这里主要指园场周围的障壁。栅即栅栏。垣栅是各种障壁与栅栏的合称。在地形图上表示的垣栅主要有长城、城墙、土围、累石围、围墙、铁丝网、篱笆及其他栅栏等。

长城用砖石城墙符号表示,并注记名称和比高。损坏的部分用相应符号表示。长城上的城门、城楼、古关塞等用相应符号表示,并注意符号的方向及符号间的配合表示。

城墙是旧时在都邑四周用做防御的墙垣。因此,凡是能依比例尺表示其长度的城墙均应表示。城墙的建筑材料有砖石和土质两种。砖石城墙用砖石城墙符号表示,并注记比高;土质城墙用围墙符号表示。

高 1.5 m 以上,或高虽不足 1.5 m,但有方位作用的土围、垒石围也用围墙符号表示。旧时遗留的山寨垒石围和村堡土围也用围墙符号表示,有名称的还应注出名称。

栅栏主要有木栅、铁栅、铁丝网和篱笆等。它们在地形图上用同一符号表示。一般只表示高 1.5 m 以上有障碍作用的栅栏。地物稀少的荒漠地区的铁丝网,有的高不足 1.5 m,但有方位意义,也应表示。

用高粱秆、树枝、枣刺等修筑的临时性篱笆一般不表示。

(四)境界的调绘

境界又称边界或疆界。在地形图上表示的有:与邻国的境界——国界,国内行政区管辖的界线——国内境界。

判绘国界是关系到国家主权和国际关系的重大问题,必须认真对待。通常根据国家正式签订的边界条约或边界议定书及附图,并会同边防人员实地踏勘,按图式和规范的要求精确绘出。

地形图上表示的国内境界有:省、自治区、中央直辖市界,自治州、盟、省辖市界,县、自治县、旗界，特种地区界等。

判绘国内境界虽然没有国界那样严格，但仍有很强的政治意义和行政管理意义。如果判绘有错，会给用图者造成错觉和引起行政管理上的麻烦，甚至引起不必要的纠纷。因此，也要认真对待，并应注意以下几点。

(1)应以国务院最新公布的行政区划为准，参考旧地形图、行政区划图和询问当地政府机关、群众确定境界线。

(2)国内境界上的界碑、界桩或其他界标，要用相应符号准确绘出。当境界通过山顶、山脊时，要立体描绘。

(3)走向明确的境界一般应准确绘出。当境界与较大的用双线表示的河流重合时，境界符号在主航道位置或河流中心线位置上间断地绘出，并清楚地表示岛屿、沙洲的隶属关系。当境界与其他线状地物重合时，可沿该地物符号的两侧每隔 3 ~ 5 cm 交错绘出 3 ~ 4 节符号，但转折、交接点、判绘工作边和图廓线处必须绘出符号，以反映真实走向和便于接边；当境界不与线状地物重合时，符号应不间断地绘出。

(4)无明显界线的境界，可根据当地政府和群众所指的走向，依地形特征线(山脊、山谷、干河床、道路、河流)绘出，但必须正确表示居民地的隶属关系，并不得将明显属于一个行政区辖的一片果园、一个湖泊分割开。

(5)飞地界线以相应行政区划境界符号绘出。所谓飞地，是指属于某一行政区管辖，但不与本区毗连的土地。图上面积小于 10 cm^2，其内不能注记出行政区划名称的飞地可不单独表示。

(6)在调绘像片的边缘、图廓线外的境界线两侧，应注出所属市、县、旗的名称。当两级以上行政区划境界重合时，只绘出高一级境界符号，但在判绘像片上应同时注出两级名称。

第五节　水系、地貌、土质和植被的调绘

水系在地理学中也称“河系”，流域内各种水体构成脉络相通系统的总称。而测绘部门所指的水系实际上是指在地图上表示的海洋、江河、湖泊、水库、池塘、水渠、井、泉、盐田等各种自然和人工形成的水体的总称。

水系对于农田灌溉、水力资源利用、航运和矿产开发均有重要意义。

水系判绘的内容很多，主要是指河流、湖泊、水渠的位置、形状、大小和分布；河流的宽度、深度、流向、流速和河底性质；水库的容量和拦水坝的性质；海岸线和潮浸地带的性质；井、泉、沼泽和盐田；水上运输设施等。

一、河流、湖泊、水库

(一)常年有水的河、湖和池塘

1. 河流分级表示

一般来说，河流的长和宽能反映其经济价值和对军事行动影响的程度。因此，正确确定和准确表示岸线是判绘河流的基本要求。但是，由于测图比例尺的限制，地形图上不可

能依比例尺表示所有的河流宽度,必须根据实际宽度进行分级,分别用依比例尺双线或用由细渐变为粗的单实线符号表示。

河流分级的原则是:凡在图上宽度等于或大于0.4 mm的河流,依比例用双线符号表示;在图上宽度小于0.4 mm的河流,用0.1~0.4 mm的渐变单实线符号表示。河流在不同比例尺地形图上划分标准如表9-1所示。

表9-1 河流的分级标准

图上宽度	比例尺		
	1:25 000	1:50 000	1:100 000
	实地宽度		
0.1~0.4 m	<10 m	<20 m	<40 m
双线	≥10 m	≥20 m	≥40 m

同一条河流根据实际情况可以用单实线和双线符号交替表示。一般情况下是上游宽度小,下游宽度大,而且是逐渐变化的。

2. 河流注记

仅表示了河流的岸线并不能完全反映河流的性质和特点,还必须沿流向按一定间隔注记河宽、水深、河底性质、流速和流向。这些注记数据一般通过实地量测取得,或参考水文资料注记。必须注意的是,判绘像片上单双线符号变换处的注记数字与河流分级符号和实际宽度应协调一致。有的河流水深大于3 m,深度测量不方便,又没有可靠资料利用时,可只注记河宽,不注记水深。

流速大于0.3 m/s时,对徒涉有影响。因此,凡流速大于0.3 m/s的河流都要注记流速。有固定流向的水渠也要表示流向。

河流的宽和深应注记在量测标志位置附近。在双线河符号内能清晰注出时,就注在河内,否则与单线河符号一样,绘注在河流符号的一侧。

3. 湖泊、池塘

湖泊和池塘以常水位岸线表示其范围,一般不表示高水位岸线。但对于水位随季节变化很大的湖泊,如海河下游的七星海、白洋淀、文安洼等,高水位岸线明显时,也应表示。非淡水湖泊还要加注水质,如"咸"、"苦"等。例如青藏高原上的100多个大盐湖,含有40多种盐类矿物,最高矿化度达526 g/L,均为非淡水湖泊。

池塘大多有挡水堤坝。这些堤坝一般不表示,只有当坝长大于图上5 mm和坝高大于2 m时,才按实地情况用堤岸或堤的符号表示,并量注比高。有的地区池塘很多,可以进行适当的取舍。

(二)时令河、湖

时令河、湖除用时令水位岸线符号表示其范围外,还应注记有水月份。时令河的分级标准与常年有水河相同。

判绘时令河要注意摄影的季节,并与常年有水河、干河床区分。值得注意的是,有的河床上游修建了大型水库,人工控制水流。水库放水时,河床有水;不放水时,为干河床。

这种河流可按时令河表示,但不注记流水月份。

(三)消失河段、地下河段

消失河段是河流流经沼泽、沙砾地、沙地时,河床不明显或表面水流消失的地段。消失河段用点线符号表示。点的大小与岸线符号或单线河符号线划一致,颜色一致。

地下河段是河流流经地下或穿过山洞的地段,也称“暗河”或“伏流”。地下河流是在进水口和出水口位置用圆弧线符号表示,并在进口处绘一水流方向符号。地下水渠的表示与地下河段相同。以U形断面通过道路、河流、谷地、居民地的地下渠道称为倒虹吸管,也以地下河段符号表示,但不绘流水方向符号。水渠以地上管道通过谷地,当管道较短,不能用管道符号表示时,也用地下河段符号表示。

(四)水库

凡能拦蓄一定水量,起径流调节作用的蓄水区域,统称为水库。一般指在河流上用人工建筑拦河坝(闸)后造成的水库。水库主要由库区、拦水坝、闸和溢洪道等组成。

1.水库岸线与库容量

(1)水库岸线。水库的水位除受降水影响外,还受人工控制,在地形图上只表示常水位岸线,不表示高水界。一般根据摄影时的水位岸线影像描绘。当摄影时水位岸线比常水位低很多时,通常是在水位岸线附近刺出一些常水位通过的明显地物点,并量取至水位岸线的比高,作为内业立体测绘常水位岸线的依据。因为大型水库的上游水位与拦水坝附近水位并不一定等高,有的相差几米,所以在立体镜下根据明显地物点描绘大型、巨型水库岸线时,必须注意水库水位并不是一水平面,而是上游高、下游低的倾斜面。摄影后蓄水的水库,像片上没有水库岸线影像,可在水库周围精确刺出三个以上常水位点,在立体镜下根据这些点的高度描绘常水位岸线。

(2)库容量。水库的大小一般是根据蓄水容量分级。1×10^3 万 m^3 以下为小型水库,1×10^3 万 ~ 1×10^4 万 m^3 为中型水库,1×10^4 万 m^3 ~ 1×10^5 万 m^3 为大型水库,1×10^5 万 m^3 以上为巨型水库。重要的小型水库和中型以上水库都要注记常年容量和水库名称。

2.拦水坝和滚水坝

(1)拦水坝。拦水坝是横断江河和山谷的建筑物。按建筑材料区分有水泥混凝土坝、石坝、橡胶坝和土坝。拦水坝不论建筑材料和建筑形式如何均用拦水坝符号表示,并区分坝顶能否通行载重汽车。比较大的坝,当坝长100 m以上或高30 m以上时,应加注坝长、坝高。如建筑材料为水泥混凝土、石块或橡胶,还应加注“水泥”、“石”或“橡胶”。简易修筑的挡水坝,一般不用拦水坝符号表示,根据坝体至水涯线的距离大小用堤或堤岸符号表示。简易修筑的挡水堤坝与拦水坝从性质上看没有什么差异,主要是建筑规模、建筑材料、溢洪和护坡工程等条件不同。前者所形成水库蓄水量在 1×10^3 万 m^3 以下,建筑材料一般为土质,溢洪道、水渠、闸门等配套设施不完全,没有很好的护坡设施。

(2)滚水坝。滚水坝亦称溢流坝。是坝顶允许过水的坝。提高的水位通过渠道供灌溉、水磨、水车使用。滚水坝的建筑规模一般比拦水坝小,上游水面比下游宽,有的没有形成明显的库区。当水流从坝面溢过在下游激起浪花,旱季坝顶露出水面,影像明显,易于判读。

3. 水闸

水闸是设在河流、渠道中用闸门启闭调节水位、控制流量,以及分配用水的人工建筑。各种水闸根据其能否通行载重汽车用相应符号表示,符号的尖端朝向上游描绘。拦水坝和滚水坝上有水闸时,一般只表示坝而不表示闸,只有当依比例尺表示坝后同时也能绘出水闸符号时,才分别表示。

二、运河、沟渠

(一)运河、沟渠的分级和分类

运河与沟渠都是人工开挖的水道,对于运输、灌溉、排涝、泄洪、发电等方面有重要意义。运河与沟渠在性质上没有不同,只是在规模大小上有差别。另外,运河的主要作用是沟通不同河流、水系和海洋,连接重要城镇和工矿区,发展水上运输。沟渠规模较小,主要用于灌溉和排涝。

运河、沟渠用相同的符号表示。凡宽度大于图上 0.4 mm 的以双线符号表示,小于 0.4 mm 的以 0.1 mm 或 0.3 mm 单线符号表示。具体分级标准见表 9-2 所示。

表 9-2　沟渠的分级标准

图上宽度	比例尺		
	1∶25 000	1∶50 000	1∶100 000
	实地宽度		
0.1 mm 单线	5 m 以下	10 m 以下	20 m 以下
0.3 mm 单线	5 ~ 10 m	10 ~ 20 m	20 ~ 40 m
0.4 mm 以上双线	10 m 以上	20 m 以上	40 m 以上

沟渠根据其底部平面与地表面的高度关系分为一般沟渠和高于地面的水渠两种。一般沟渠是指沟底低于地面,或与地表在同一高度的水渠。高于地面的水渠是指沟底高于地面的水渠,两种水渠各用不同的符号表示。

(二)水渠注记

运河、水渠与河流一样,除用符号表示岸线外,还应测注宽和深。水渠的大小不同,障碍作用不同,对注记的要求也不一样。用双线和用 0.3 mm 单线表示的沟渠都应注沟宽、沟深。用 0.1 mm 单线表示的沟渠只在沟渠稀少地区才注记。常年流水、水深在 1 m 以上的运河及沟渠应测注沟宽、水深。当沟渠有堤,堤脚与沟沿间无台阶或台阶极小时,沟宽、沟深以堤面为准;如堤脚与沟沿间一侧或两侧有较宽台阶,则沟宽、沟深以沟渠上沿为准,而不以堤面为准量注,以正确反映其障碍作用。

三、地貌和土质

地貌是地表自然起伏形态的总称,凡能用等高线表示的地貌由航测内业测绘,有些地貌陡、窄、隐蔽不能用等高线表示,需调绘时,以专用符号表示。需调绘表示的地貌有冲沟、陡崖、滑坡、陡石山、山洞、溶洞、石灰岩溶斗、干河、干湖、梯田、独立石、土堆、坑穴等。

土质是指覆盖在地壳表层的土壤性质，地形图对未被植被覆盖的土质用专门符号表示，其中有沙地、沙砾地、戈壁滩、盐碱地、石块地、露岩地等。对地貌和土质调绘的基本要求如下：

(1)对能依比例表示的地貌土质，要准确显示其性质和形态范围；对不依比例尺表示的地貌土质，要准确显示其性质和位置。

(2)对具有方位意义的地貌，如岩峰、山隘、独立石、土堆等，位置要准确表示。对主要交通线两侧和地物稀少地区的地貌要详细表示。对有阴影的地貌调绘，应立体观察进行。

(3)当地貌元素密集时，允许取舍，但不得综合。山洞、溶洞应按真方位表示，且以洞口为符号位置。冲沟、陡岸、梯田、土堆、坑穴应量注比高。

(4)冲沟、干河床，图上宽0.5 mm以下绘单线，0.5 mm以上绘双线。冲沟图上宽1.5 mm以上，且坡度在70°以上，以陡崖表示。

(5)山洞、溶洞、独立石等地貌有专名时应加注名称。

(6)沙砾地、戈壁滩、盐碱地、龟裂地以相应符号表示，当面积大于图上4 cm^2 时，应加注“沙砾地”、“戈壁滩”等注记。

四、植被

植被是覆盖在地面上天然生长的和人工栽培的各种植物的总称，它具有绿化环境、保持水土、防风固沙、调节气候、军事隐蔽等作用。不同比例尺的地形图，对植被表示的详细程度不同。在实测中小比例尺地形图上表示的植被类型有乔木树林、竹林、灌木林、经济林、经济作物地、草地和稻田，以及有方位作用的旱地。其中，除草地、稻田只在分布范围内均匀配置相应符号表示外，其他植被均应根据分布的疏密情况用不同的符号表示；根据面积的大小分别用依比例尺、半依比例尺和不依比例尺符号表示。

(一)树林

树林因其密度、高度、粗度和分布特点的不同，图式规定，在地形图上分别用依比例尺的森林、疏林、矮林(幼林、苗圃)符号，半依比例尺的狭长林带符号，不依比例尺的小面积树林、独立树丛、突出树和零星树符号表示。

1. 森林与疏林

森林与疏林都为乔木林，只是分布的疏密程度不同。

森林广义是集生的乔木与其共同作用的植物、动物、微生物和土壤、气候等的总称。在此仅指集生的成片乔木林地。森林对国民经济有重要意义，它不仅提供木材和其他林产品，还具有保持水土、调节气候、保护农田、卫生保健等作用。地形图图式从密度、高度、胸径三个方面定义森林，即树木生长密集，树冠边缘之间的平均距离小于树冠的平均直径，平均树高4 m以上，齐胸处平均树粗(胸径)0.08 m以上的乔木林地，称为森林。森林在地形图上为套色植被，以绿色显示其范围，不绘地类界符号。调绘时在像片上用简化的地类界符号表示轮廓范围。当森林面积在图上大于4 cm^2 时，要注出林种名称、平均树高和胸径，可不绘符号。若为混交林，而又无一优势树种占林木的80%以上，则选择主要的两种树木，依其数量的多少按其上下或左右的次序注出。

疏林是树木生长稀疏，树冠之间的平均距离在树冠直径的1～4倍的乔木林地。疏林在地形图上不套色，也不绘地类界，不分树木的种类、高矮，只在其相应范围内配置疏林符号表示。

2. 矮林、幼林和苗圃

矮林是外形矮小的树林，平均树高不足4 m。一种为分布在高山顶天然长不高的林木，另一种是在森林更新作业中由伐株萌芽形成的林木。

幼林为树粗小于0.08 m的幼龄林，很多为人工播种或栽种。

苗圃为培育苗木的土地。

矮林、幼林、苗圃在地形图上用同一符号表示。尽管三者有相近之处，但在粗细、高矮方面彼此还有差异，作用也不一样，为了便于区别，当图上面积大于2 cm^2 时，还应根据其性质，加注相应的"矮"、"幼"、"苗"和平均树高。

3. 狭长林带和单行树

狭长林带是呈条带状分布的乔木林地。当图上宽度小于1.5 mm时，以狭长林带符号表示。如果林带长大于图上2 cm时，要加注平均树高。树木稀少的地区，对于长度大于图上5 mm的田间密集整齐排列的单行树，也用狭长林带符号表示，但不注记平均树高，以此与真正狭长林带相区别。

4. 小面积树林和零星树

地面上有的树林面积较小，但较明显，当图上面积为2～25 mm^2，不能用森林或幼林符号表示时，则不论是森林、矮林、幼林或苗圃均用小面积树林符号表示。符号的大圆圈绘在树林影像的中心位置，小圆圈绘在方便处。

零星树是指零散分布的树木，或面积在图上小于2 mm^2，且方位意义不突出的树林。在地形图上只表示有依附地物的零星树。如沿道路、河渠、堤旁、坎边的零星树，除在林区外一般都表示。居民地内外的零星树和田野中的零星树一般不表示。但是，公园、疗养区和居民地内外的林荫地段要用零星树木符号表示。零星树木符号是示意性的，并不反映实地树的数量和准确位置。

5. 独立树丛和突出树

独立树丛是指具有明显方位意义的成丛树林。独立树丛与小面积树林的差异主要在于方位作用的大小。独立树丛比小面积树林的面积小，但方位作用明显。

突出树是指有良好方位作用的单株树。无明显方位意义的单株树为零星树。

(二)竹林

竹林是竹子生长比较茂盛的林地。竹林的种类较多，有大径的毛竹、斑竹和小径的青皮竹、水竹、粉丹竹、黄竹等。在地形图上不区分胸粗的大小和种类，均用竹林符号表示，并按面积的大小和分布特征区分为大面积竹林、小面积竹林和狭长竹林三种表示方法。区分标准与树林相同。对于天然长不高的成片丛生小竹，形如灌木，可用灌木符号表示。

(三)灌木林

灌木林是指成片生长的无明显主干、支叉丛生的林地。地形图上按其密度、面积和分布特征区分为密灌木林、稀疏灌木林、小面积灌木林和狭长灌木林四种，分别用相应符号表示。它们在面积和宽度上的区分标准与树林相同，而密集灌木与稀疏灌木以平均间距大小区分。丛距小于 3 m 的为密灌,大于 3 m 的为疏灌。

(四)经济林

树林根据用途可分为用材林、防护林、薪炭林和经济林等。在地形图上,前三者不加区分统一用树林符号表示,而经济林由于有它的特殊经济意义和种植规律,因此用专门的经济林符号区别于其他林地表示。经济林是指主要为取其花、果、汁的林地,有木本粮油林、特种经济林和其他经济林等类型。经济林用相应符号表示,面积较大时还要注记树种名称。

(五)草地

地形图上根据草的高度分为高草地和草地两种类型符号。高草地是指草高在 1 m 以上的芦苇和其他高秆草本植物地。高草地不绘地类界,只在相应范围内配置高草地符号,面积较大时还要注记高草名称。草地是指高度低于 1 m 的生长茂密的草类地段,或者有放牧价值的草原。地形图上草地不绘地类界,只在其范围内配置相应符号。面积较小的草地一般不表示。

(六)稻田、旱地

农作物可耕地粗略地划分为稻田和旱地。稻田有常年积水和季节性积水两种。在地形图上不区分常年积水和季节性积水,均用同一符号表示,不绘地类界,只在其相应范围内配置稻田符号。零星分布的稻田,若无方位意义,可不表示。

旱地一般不表示。但在大片树林、草地或稻田范围内,且具有方位作用的小块旱地,则应绘出地类界,用有方位作用的旱地符号表示。

植被调绘应注意以下问题:

(1)地类界的应用,地类界是表示植被轮廓的符号,作用是划出某种植被的分布范围。需绘地类界的植被有树林、竹林、灌木林、幼林、经济林、苗圃、经济作物地、稻田、旱地、菜地等。不需绘地类界的植被有疏林、芦苇地、草地、半荒植被地、植物稀少地等。地类界应走向明确,轮廓要封闭,当地类界与地面上有实物的线状地物(如道路、水渠、垣栅等)重合时,地类界可不绘;当地类界与地面上无实物的线状地物(如通信线,电力线)重合时,地类界应略移位描绘。对小于图上 1.5 mm 的弯曲地类界,可综合取舍。

(2)需绘地类界的植被,是在地类界内配置相应植被的符号表示的;不需绘地类界的植被符号,植被的调绘要正确反映植被的质量特征和类别特征,要掌握各种植被的区分标准,同一范围内混生多种植被时,最多选择主要的表示三种,对经济价值不大的或数量少的植被可舍去,符号配置的疏密多少要注意反映出实地各种植被间数量上的基本比例。

(3)对具有方位作用的植被,如独立树、独立树丛、独立竹林、独立灌木丛等,要注意突出准确表示。

(4)植被符号不得压盖、截断和接触地类界或其他地物符号。

(5)要按图式要求做好文字及数字注记,如树林应注树名、平均树高、平均树粗;如苗圃、幼林除符号照绘外,还应加“苗”、“幼”文字注记;如经济树林需加注树种名称等。

第六节　地理名称的调查和注记

地理名称简称地名。它是人们赋予某一地理实体的语言文字代号,或者说地名是区别不同地理实体所代表的特定方位、范围的一种语言文字标志。在地形图上它是一项重要元素,对用图关系极大。

一、地理名称的分类

(1)居民地名称:包括城市、集镇、街道、村庄、农场、林场、茶场、牧场、工厂、矿区、企事业单位、车站、码头等。

(2)山地名称:主要包括山脉、山峰、山隘、山口、山谷、山洞、山坡、台地、高地等。

(3)水系名称:主要包括海洋、湖泊、江河、运河、渠道、渡槽、水库、河口、海湾、海峡、江峡、港湾、沙洲、岸滩、井、泉、冰川等。

(4)其他地理名称:主要包括独立地物、工程设施、交通路线、名胜古迹、行政区划、土壤植被、数字代号等。

二、地理名称调查的一般方法

在进行判读之前,首先进行地名资料的收集工作。收集的内容包括各种比例尺的地形图、行政区划图、规划图、水系图、交通图、旅游图以及行政区划等有关资料。上代地形图和地名普查资料及各省出版的行政区划简册是像片判绘取得地名的基本资料。

根据所收集的资料进行综合分析,对注记清楚、位置准确无异义的地名可先确定下来。对有疑问的可到实地调查确定。

地理名称的调查要到实地进行,要多问,要向不同的对象问,要做到“音”、“文”、“字”三者统一,防止音同字异及错字现象。对调查的资料要注意与省、市、县行政区划图相核对,经分析调查所得名称是自然名还是行政名,是总名还是分名;要首先选取国务院公布的正式名称,以及取著名的、舍一般的,取较大的、舍较小的,取较固定的、舍易改变的;不得选用群众按照相关位置称呼的前街、后街、南山、北山、东头、西头为地理名称,也不得选用带有侮辱性的地理名称。记录用字要以国务院颁布的简化字为准,不得自造字。对地方沿用的方言和罕见字,应在调绘片外和图历表中加注读音和拼音。

三、地理名称的注记

地理名称的注记,要做到字体工整,疏密得当,主次分明,位置合适,指向明确,颜色正确。

地理名称注记,不得压盖重要地物,在不压盖重要地物和图面清晰的前提下,应尽量注记详细些。当地理名称过密时,可按照取总名、舍分名,取著名的、舍一般的,取大的、舍小的的原则进行取舍。注记字体的排列如图 9-1 所示,有水平字列、垂直字列、雁行字列、屈曲字列 4 种,按照地物自然延伸的方向灵活选用。居民地一般采用水平字列,水系多采用雁行字列或屈曲字列。

地理名称注记的位置,应指向明确,注意反映地物的分布特点,便于阅读。如图 9-2 所示,居民地名称注记的位置有 5 种可供依次选取,当前一位置注记压盖其他地物时,可依次选用下一位置进行注记。

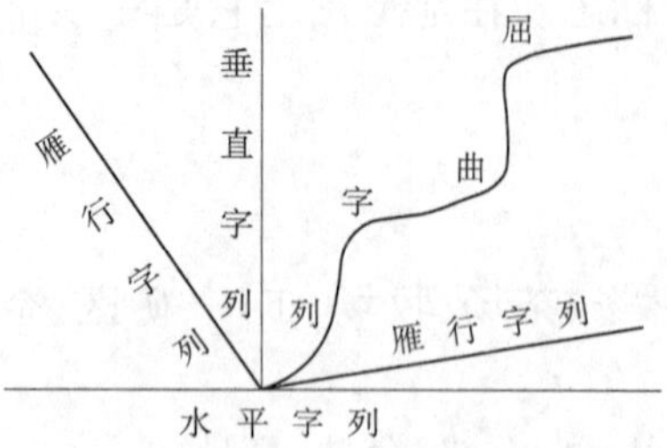

图 9-1　注记字体的排列

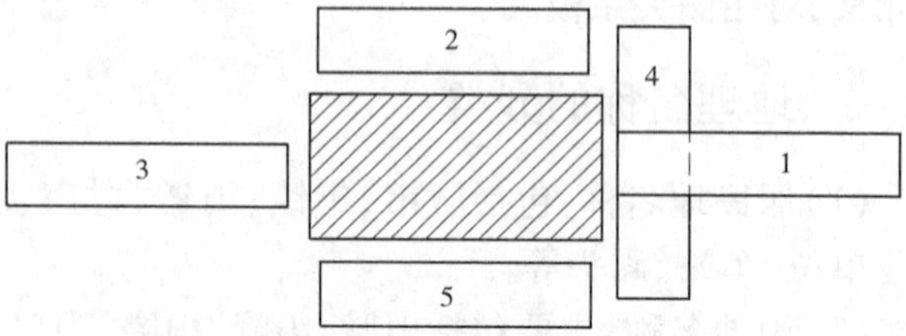

图 9-2　地理名称注记位置

四、注记资料的量测和注记

(一)注记资料的分类

(1)文字注记:用以说明性质和功能,例如树林品种、路面材料、水坝性质、特殊建筑用途以及沼泽地通行情况等。

(2)数字注记:用以说明某些地形元素的高低、宽深、大小、月份等。例如:冲沟、陡岸、田坎、路堤、路堑、城墙、土堆、坑穴等需量注比高,河流、沟渠、桥梁、路面等需量注宽度,水井、徒涉场、河流等需量注深度,桥梁需注记载重量,电力线需注记电压,山隘、时令路需注记通行月份。

(二)注记资料的量测

注记资料要到实地进行调查和量测,不得凭印象估计。量测位置要选取在具有代表性和具有明显特征的地方,例如河宽、水深的量测,要选在便于车马行人通过的河段上及桥梁、渡口附近;路堤、路堑的比高要选在最高处;陡岸的比高要选在转弯处;冲沟的比高要选在汇合处。各种数字注记的量测精度,成图比例尺不同,要求也不同。量测精度要与成图比例尺的要求相一致。

(三)注记资料的标注

文字注记用字要统一,一般按图式执行,例如打谷场注“谷”字,抽水机房注“抽”字等。数字注记,调绘片上标注的测定点要与实地量测位置一致,不得移位,数字写在测定点的近旁。

第七节　新增地物的补绘

在摄影时间距调绘时间较长地区的调绘中常常会出现许多新增地物,对于这些新增的地物必须在调绘时加以补测。此外,对被云影、阴影所遮盖的地物,也必须在调绘时加以补测。新增地物补测是像片调绘中经常遇到的问题。

一、新增地物补测的一般方法

(一)交会法

先在实地对照像片找出两个明显的地物点,量取该两明显地物点到新增地物的距离,而后依比例尺换算出像片上的相应长度,分别用圆规截取两段长度画弧,相交点即为新增地物的位置,如图9-3所示。

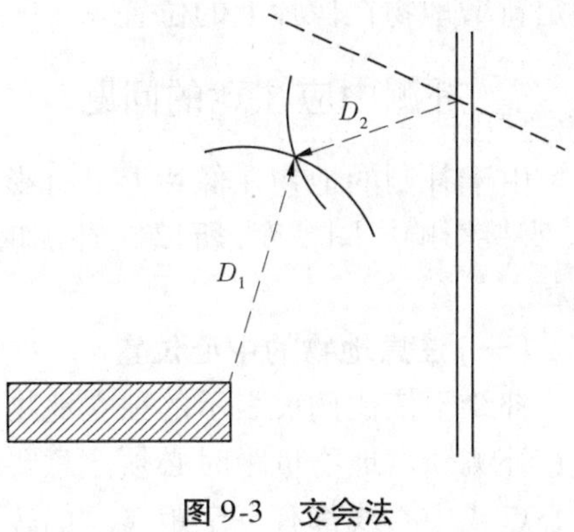

图9-3　交会法

(二)截距法

当新增地物在线状地物旁边时,可以自线状地物上一明显地物点量至新增地物间的距离,然后依摄影比例尺换算出像片上的长度截取定位,见图9-4(a)。

又如补测通信线转角杆位置P,从明显地物点道路交叉处起沿路取A点,使A、P、B(独立房角)三点在同一直线,在实地量出D_1,在像片上定出A点,在实地量出D_2,在像片上从A点起沿AB的连线定出P;在实地量出D_3,检查像片上P点的正确性,于是通信线转角杆补测出,如图9-4(b)。

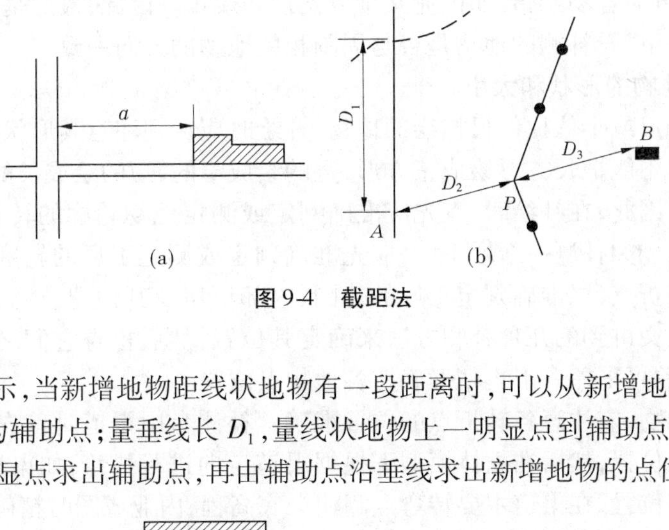

图9-4　截距法

(三)坐标法

如图9-5所示,当新增地物距线状地物有一段距离时,可以从新增地物作线状地物的垂线,其垂足即为辅助点;量垂线长D_1,量线状地物上一明显点到辅助点P的距离D_2,而后在像片上由明显点求出辅助点,再由辅助点沿垂线求出新增地物的点位。

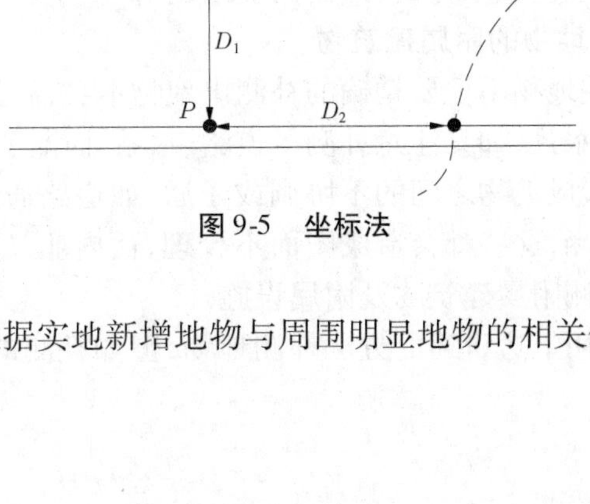

图9-5　坐标法

(四)比较法

所谓比较法,就是根据实地新增地物与周围明显地物的相关位置,采用目视内插直接判定新增地物在像片上的位置。

二、补测中应注意的问题

由于补测的地物在像片上没有影像,补测时如不注意就会产生较大的位移、变形或失真,直接影响成图精度,所以在补测时除选用较正确的补测方法外,还应注意以下几个问题。

(一)注意地物的中心位置

补绘不依比例尺表示的独立地物都是以中心点为准,线状地物都是以中心线为准,所以在补测新增地物量距时必须注意要量测到中心点或中心线的位置,因为地物的边缘到中心点或中心线都有一定距离。如砖瓦窑,窑中心点到窑边缘是有一定距离的,量距离必须量到窑中心。如果把地物的边缘误认为中心点或中心线,补绘的地物必然要移位,影响成图精度。

补绘的地物准确与否也与量测距离的准确性及换算到像片上的距离有直接关系。每一项工作都必须准确无误,才能测绘出高精度的成果。

(二)注意地物的方向

除图式规定垂直于南图廓描绘的独立地物外,在补测其他的地物时应特别注意地物的方向,补绘时方向容易绘错,而内业又难以发现和改正。因此,最好是描绘好后,用周围相关地物检查一下,看补测的地物是否与周围相关地物的方向一致。

(三)注意地物的形状和大小

对于依比例尺或半依比例尺描绘的地物,补绘时应特别注意其形状和大小,否则会失真变形。补绘时不能把长方形绘成正方形,宽的绘成窄的,短的绘成长的,使地物失真,影响地形图精度。因此,在补绘时,首先应准确判定或测定地物轮廓的转折点,然后判定或测定其他地物点。如补测一新增工厂,应先准确判定或测定工厂的轮廓,围墙、铁丝网或外围建筑物的转折点,以准确判定工厂的范围、内部厂房及其他建筑物,可根据它们之间的相互关系用上文讲到的几种补测方法来确定其位置,然后检查它们之间的位置关系是否正确,如有误差可平差一下再精确确定各地物点位置。

补测线状地物,应注意各转折点的位置准确。补测盘山渠道时首先补测渠道绕过山谷和山脊的准确位置,然后在立体模型下根据渠道走向进行描绘,如渠道位置判断不准,应概略绘出渠道位置,在渠道主要转弯点测注渠底高程,内业成图时精确绘出。新增水库水涯线的补绘,如位置不易判准,可测定水库常水位高程,由内业绘出,如是大型水库,可分别在上、中、下游同时测定常水位高程,由内业绘出。

(四)注意表示补测地物的附属建筑物

在补测地物时,有些地物不但要精确的补测出地物本身,而且要注意补测出附属建筑物和附属设施,如道路、水系,如只注意补测了道路、水系,而漏了附属建筑物及附属设施,一则造成漏绘,而且会造成地物之间的不协调或矛盾,如道路通过水系没有桥梁或涵洞,通过谷地没有路堤或桥涵,这些都会造成图面不合理,而内业又无法处理。因此,在补测地物时一定注意同时补测附属建筑物及附属设施。

一般情况下可以采用上边讲述的方法补测地物,但如补测的地物周围像片上无明显地物影像，根据周围明显地物补测地物就失去了依据；大面积需补测地物，用上述补测方法就无法准确补绘，这时应用实地测图的方法进行补测。

第八节 调绘像片的整饰与接边

一、整饰

调绘像片的着墨整饰称为清绘。

外业调绘的地物、地貌、名称注记和数字注记，要在像片上着墨清绘，这一工序的好坏，将直接影响成图质量。如果以上各工序成果质量很好，但在清绘时绘错了位置，漏绘了符号，各地物符号之间相互关系位置处理不当，数字注记有错，与实地外业测错、算错后果是一样的，它直接影响成图质量，一笔之差造成质量不合要求。因此，对清绘工作必须认真对待，作到认真、细致、准确，确保各种地物符号正确无误，符号标准，不移漏，清晰易读，整洁美观。

(一)像片清绘的一般要求

(1)调绘的内容及时清绘。当天调绘的内容最好是当天清绘，在地物比较多而且复杂的情况下，最好是上午调绘，下午清绘，如夏季作业天气炎热，下午不易清绘时也可采用下午调绘，第二天上午清绘。如调绘的地点与驻地距离较远且地物不太复杂，亦可采用头一天调绘第二天清绘的方法。及时清绘可以避免因对某些地物因记忆不清而造成的漏绘、错绘，即便在地物稀少的情况下，遇有特殊困难，调绘时间距清绘时间最多也不得超过3天。

(2)清绘时各种地物的中心位置要准确，中心点、中心线应按图式规定绘出。

(3)正确运用图式符号：描绘时应按图式规定的符号绘出，对于某些地物符号，清绘时可以比图式规定略稀一些，如植被符号、电力线、通信线符号可以比图式稀一些；陡岸的短线符号间隔可以放大一些，但一幅图应保持一致，不能一部分密，一部分稀使图面杂乱无章，使内业难以辨认或产生误解。各种地物符号应按图式正规绘出，不能将符号绘成四不像；如土堆绘的像水井、围墙绘的像梯田坎，独立房屋绘成方形、圆形，半依比例尺的房屋绘的过大、过长等，线状地物符号，线划粗细、长短应严格区分，基本上按图式规定绘出。如清绘道路，线划粗细、长短掌握不好，很容易造成一幅图道路等级不分，给内业带来困难。

(4)各地物符号之间的关系要交待清楚，合理反映地物之间的相互关系，地物符号之间保持0.2 mm的间隔。各种地物符号并列平行不易绘出时，应严格遵照规范有关地物移位规定绘出，像片比例尺一般情况下都小于成图比例尺，如处理不当，清绘出来的地物符号会移位很大，给内业造成较大困难，这时最好是把地物符号缩小绘出，使移位尽可能小些；各种说明注记必须清楚、明确；整个图面必须清晰易读。

(5)清绘中要做到不遗漏。尤其是被线状地物包围的地区，注意不要遗漏植被符号。当面积较小时至少也得绘一个符号。山区、丘陵地清绘时应参照立体模型，不然易出现陡坎方向绘反、河沟爬坡等情况，严重影响成果质量。清绘要想做到不遗漏、不移位变形，就应做到随时检查，随时修正。

(二)清绘的方法

1. 清绘前的准备工作

(1)工具准备:没有良好的清绘工具是很难清绘出高质量成果的,常言说"磨刀不误砍柴工",首先要修磨好各种粗细的笔尖、小圆规,如能自制一些地物符号更好;准备好各色颜料,清绘常用到的洗笔水、脱脂棉、立体镜等。

(2)做好清绘前的思想准备:清绘前首先应回顾一下所调绘的内容,参照透明纸上的记录应全部清楚的记得调绘过的情况;然后参照立体进行准确地判定,如有些地物记不大清楚、地物之间的关系记不准,最好是弄清楚后(也就是再去调绘)再清绘,或者是把这个地方先留下来等以后统一出去补调,切不可采用自欺欺人的办法,这是测绘人员职业道德所不允许的。总之清绘工作前应做到心中有数。具体清绘可根据各人作业习惯和地物的易难程度来确定清绘计划。

2. 清绘程序

清绘方法因各人的习惯不一样,亦各有差异,现介绍以下几种供参考。

(1)按调绘路线清绘:参照透明纸记录的先后顺序边回忆边着墨清绘。此种方法的优点是记忆清楚,不易漏绘地物,地物关系处理得当;但不足是换笔频繁,系统性较差。

清绘时应按以下顺序进行:独立地物、居民地、道路、水系、管线、垣栅、地貌、地类界、各种注记、植被、最后普染水域。

(2)按地物分类清绘:清绘时按各种地物一样一样地清,清绘完一种地物再清另一种地物。此种方法的优点是换笔次数少,可以提高工作效率,尤其是在地物稀少地区优点更为突出。但最大的缺点是容易漏绘地物,尤其是地物较复杂的地区更容易漏绘。清绘顺序与第一种方法介绍的一样。

(3)前两种方法结合起来,具体做法是:独立地物、居民地、地貌、地类界、各种注记、植被、水域普染按第一种方法;一些通向很长又有一定系统性的地物,如道路、水系、管线、垣栅、境界按第二种方法清绘。此种方法具有以上两种方法的优点,克服了一些缺点,如第一种方法清绘道路、水系、管线不易进行,因为我们调绘路线不可能与这几种地物完全重合,而道路、水系、管线的系统性、完整性又很强,不易分段清绘,分类清绘是比较有利的。

3. 检查

清绘时各人可根据地物复杂程度,选用自己习惯的清绘方法,但不论采用那一种清绘方法,都应当做到边清绘边检查。清绘完一块后检查一下看是否有遗漏地物,移位现象;无误后再进行下一块,一片清绘完后统一检查一次,看清绘的是否符合要求。具体方法是:按调绘路线,回忆各种地物并结合透明纸上的记录对照检查,参照立体模型看各种地物绘的是否有移位变形,如发现不妥之处及时修正,如发现一些地方有疑问,记录下来,等一幅清绘完后统一补调,同时把清绘好的成果自我再实地对照检查一次,以保证调绘质量。

二、接边

接边就是图幅与图幅之间或调绘片与调绘片之间拼接时各种地物要素应严密衔接,协调一致,与实地情况吻合。

实际作业时由于作业方法不同,比例尺不同,作业时间不同,不同作业人员,往往会造成接边矛盾;就是同一作业人员调绘的成果中,幅与幅之间,片与片之间因为工作疏忽造成接不起边的现象时有发生,接边问题外业不处理好,内业无法处理,此项工作必须引起各级检查人员及作业人员的高度重视。

接边按范围可分为图幅内部接边,幅与幅之间接边。

按作业时间可分为同期作业接边,不同期作业的接边(一般是与已成图之间的接边)。

(一)同期作业片与片、幅与幅之间的接边

本幅内自己所调绘的各片,应自我检查确保各调绘片之间无误。幅与幅之间,各自应调绘到所绘的图边调绘面积线(经过接边的调绘面积线)。约定好由一方带自己的调绘片到另一方去接边,发现问题,立即野外核实解决。

接边时应注意:

(1)地物应严密相接,即地物位置按影像应严密相接,不能错开,形状与宽度应完全一致,不能出现一宽一窄,更不能出现你有我无,你是这种地物,我是那种地物。

(2)道路等级应一致,作业时由于作业人员理解的原因,等级差可允许差一级,但接边时应根据两边的实际情况统一起来,如一条道路在一幅图中较宽可按大车路表示,而在另一幅图中逐渐变窄达不到大车路等级。此时两幅图接边时,表示大车路的一幅图只能降级表示,改绘乡村路;公路接边时应注意路面铺设材料及宽度注记应一致。

(3)境界接边,注意等级及权属注记应完全一致。

(4)地理名称注记及数字注记应完全一致。如一个村庄两幅图上所注村庄名称应完全一致,不能出现音同字不同,或者名称不一致。数字注记应一致,同片树林不能在一张像片上注记平均树高为 15 m,而另一张像片注记平均树高为 5 m,这实际上是不可能的。如遇此种情况,接边双方都到实地量测,统一后再修改。

(5)地类界应严密相接,地界内植被符号应完全一致,这一点比较容易疏忽,接边时应引起注意。

(6)陡坎、冲沟、路堤等应完全相接,最好配合立体模型相接,注意所绘地物符号方向应一致,比高注记不应出现矛盾。

(7)管线、垣栅接边处应保持地物原来的直线性,不能在接边处出现人为的转折,故此接边处的管线应在调绘面积线外刺一个杆位以便于接边。在山区由于像片投影差的影响接边处是直线的地物可能成为曲线,此时不能强求两片接边处同时通过同一地物点,这时两边可以在接边处同刺一个杆位,各自连成直线,虽不严密相接,但经内业测图消除投影差后,就会相互衔接。

(8)河流、湖泊、水库、沟渠拼接应一致,水涯线描绘一般应一致,如遇不同期航摄资料,较大的湖泊、水库水涯线会相差很大,不易接边。此种情况,外业调绘时应调注常水位高程,由内业测图时根据等高线来确定水涯线接边。

(9)图幅与图幅之间接边完成后应签注接边说明,如“已与 × ×图接边”,同时签注接边者、检查者姓名、接边时间。

(二)与已成图的接边

实际是利用已成图上交抄边片资料进行接边,接边方法与同期作业接边方法完全一样。接边时应注意以下问题：

(1)接边时如同名地物接边差在接边允许范围以内,只修改新作图幅,使之与已成图完全相接。

(2)接边时如同名地物接边误差超限或完全不接,此时如是本幅图绘错或移漏,本幅图应当即修改;如是已成图幅问题,可利用本幅图的调绘像片实地补测一部分,注明补测和改动情况向已成图单位反映,让其组织人员修改。如系新增地物,以本幅为准,不再强接,但应在接边栏内注明情况。

(三)自由图边

(1)自由图边:就是本期作业的外围图边,而以前又没有同等比例尺已成图的图边。调绘自由图边,必须保证满幅且应调出(或测绘出)图边外 8 mm,以保证下一期测图接边用。自由图边没有接边任务,但需进行抄边,并将抄边片作为正式成果资料上交。

(2)抄边:就是用余片把图边附近(图边内 1 cm,图边外 4 mm)的调绘内容全部抄录下来。具体做法是:先用红色准确地绘出图廓线,在图廓线内 1 cm 外 4 mm 绘出抄边范围,对照原调绘片把全部地物、地貌、注记等内容全部抄录下来,控制点亦应抄边,即把图边控制点在抄边片上转刺下来,正反面进行整饰,在像片背面抄录控制点的平面坐标及高程,以备邻幅下期作业时利用。抄边片应经严格检查无误后,抄边者、检查者签名,签注日期。

三、调绘面积线外的整饰

整饰格式如图 9-6 所示。

(1)图幅编号注于像片北部中央。

(2)图幅内航线号由北向南编号,像片号自西向东编号。

(3)调绘面积线本幅内用蓝色,图廓线和自由图边线用红色。

(4)调绘面积线当有投影差影响时,东南边绘直线,西北边绘曲线。

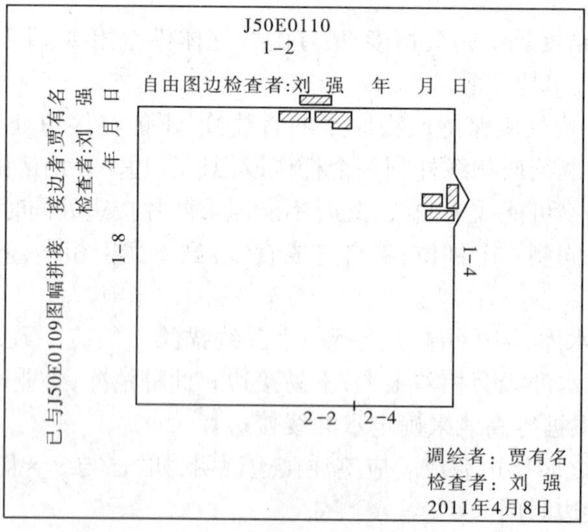

图 9-6　调绘面积线外的整饰

第九节　像片控制测量

一、像片控制点及其布设的基本要求

（一）像片控制点的分类

航外控制测量对像片控制点分为以下三种。

（1）平面控制点：只需测定点的平面坐标。

（2）高程控制点：只需测定点的高程。

（3）平高控制点：需同时测定点的平面坐标和高程。

在生产中为了方便地确认控制点的性质，一般用 P 代表平面点，G 代表高程点，N 代表平高点。另外，引点及支点的编号采用在本点编号和点名后加注数字的形式表示。

野外像片控制点连同测定这些点所做的过渡控制点，在同期成图的一个测区内要分别统一编号，编号方法可采用按字母后附加数字（如 P_5）的方法，编号顺序采用同一航线从左到右，航线间从上到下的顺序，编号中不得出现重号，以免发生混淆。

（二）像片控制点布设的基本要求

航外像片控制点的布设不仅和布点方案有关，而且必须考虑航测成图的特点，即考虑在航测成图过程中像点量测的精度，绝对定向和各类误差改正对像片控制点的具体点位要求。为此，规范规定航外像片控制点应满足下列要求：

（1）选用的像片控制点，其目标影像应清晰，易于判别，当目标与其他像片条件发生矛盾时，应着重考虑目标条件。

（2）航外像片控制点一般应布设在航向及旁向六片重叠范围内。六片重叠范围应理解为一般情况下控制点应选在六片重叠范围内，如果选点有困难也可以选在五片重叠范围内，而且同一控制点在每张像片上的点位都能准确辨认、转刺和量测，符合刺点目标的要求及其他规定。这样内业加密或测图定向时可增加量测次数，提高测量精度。

（3）航外像片控制点距像片边缘不小于 1 cm（18 cm × 18 cm 像幅）或 1.5 cm（23 cm × 23 cm 像幅）。

上述规定是因为像片边缘存在着较大的各种影像误差，清晰度也较低，不能保证立体量测精度。

（4）航外像片控制点距像片的压平线和各类标志不小于 1 mm。这条规定是为了保证不影响立体观测，因为在接近压平线和各类标志进行立体观测时，测标不能准确地切准目标，影响量测精度。

（5）立体测图时每个像对四个基本定向点离通过像主点且垂直于方位线的直线不超过 1 cm，最大也不能超过 1.5 cm，四个定向点的位置应近似成矩形。

这些规定是根据立体测图定向的特点和像对立体模型的变形规律提出的。这样有利于控制和改正模型变形，保证测图定向精度。

（6）控制点应选在旁向重叠中线附近，离开方位线的距离应大于 3 cm（18 cm × 18 cm 像幅）或 4.5 cm（23 cm × 23 cm 像幅）。当旁向重叠过大，离开方位线的距离应大于 2 cm

(18 cm×18 cm 像幅)或 3 cm(23 cm×23 cm 像幅),否则应分别布点。

这项规定是为了保证旁向模型连接,控制点公用,提高航线网旁向倾斜和鞍形扭曲两种模型变形的改正精度。

(7)解析法空中三角测量布点时,航线两端的控制点应分别布设在图廓线所在的像对内,每端上、下两控制点最好选在通过像主点且垂直于方位线的直线上,相互偏离不超过一条基线;航线中央的控制点应尽量选在两端控制点的中间,左右偏离不超过一条基线。

航线两端的控制点限制在图廓线所在的像对内是为了方便于按图幅作业;限制控制点在航线上的分布位置是为了保证航线模型定向和模型变形的改正精度。航线模型变形和像对模型变形的规律一样。因此航线两端四角的控制点要求尽量成矩形分布,航线中央的控制点应有利于控制抛物线弯曲改正。

(8)控制点在相邻航线上不能公用时要分别布点,此时控制范围所裂开的垂直距离不得大于 2 cm。这是因为出现控制裂缝时,无论内业加密或测图,超出控制点以外 1 cm 就不能保证规范规定的精度要求。

(9)位于不同方案布点区域间的控制点应确保精度高的布点方案能控制其相应面积,并尽量公用;否则按不同要求分别布点。这是因为布点方案与成图方法和地形类别有关,精度要求不一样。这一规定是为了不降低高精度图幅的成图精度。

(10)位于自由图边、待成图边以及其他方法成图的图边控制点,须布设在图廓线外。这是因为对自由图边必须有更严格的要求,以保证和以后测图的相邻图幅接边时不发生问题。

(三)航测成图对地形类别的划分

地形类别是指对地表形态所规定的分类标准和分类名称。制定这些规定的目的是便于不同地形类别确定不同的测图精度要求和便于制订作业计划,为组织测绘生产提供方便。

现行航空摄影测量外业规范按图幅内大部分地面坡度和高差划分地形类别,规范将我国的地形划分为四类,见表 9-3。

表 9-3　地形类别的划分

地形类别	地面坡度	高差(m)		
		1∶5 000	1∶10 000	1∶25 000、1∶50 000、1∶100 000
平地	2°以下	<20	<20	<80
丘陵地	2°～6°	20～150	20～150	80～300
山地	6°～25°	150～300	150～500	300～600
高山地	25°以上	>300	>500	>600

同时规定，当地面倾斜角和地面高差发生矛盾时，划分地形类别应以地面倾斜角为主。这是因为高差和坡度即有联系又有区别，当地面为等倾斜一面坡时，坡度与高差一致，但实际情况往往比较复杂，如石山地区，按高差属丘陵地，但坡度很大，高程测量精度只能达到山地要求。也就是说，测绘等高线的精度与地面坡度关系更为密切，划分地形类别时应以地面倾斜角为主。

地形类别是根据用图部门对不同地形条件下测制地形图的精度要求划分的，因此地形类别不同对成图精度要求也不同。如规范要求 1∶50 000 地形图等高线对最近的野外高程控制点的高程中误差：平地、丘陵地、山地、高山地分别是不超过 3 m、5 m、8 m、14 m。地形类别不同，对相应的加密点、高程注记点、等高线的高程要求也不一样。由此可以看出，地形类别的划分实质上是成图精度的划分。

二、航外像片控制测量的布点方案

航外像片控制测量的布点方案是指根据成图方法和成图精度在像片上确定航外像片控制点的分布数量、性质等各项内容。其布点方案分为全野外布点方案、非全野外布点方案和特殊情况布点方案等几种。

（一）全野外布点方案

通过野外控制测量获得的航外像片控制点不需内业加密，直接提供内业测图定向或纠正使用，这种布点方案称为全野外布点方案。这种布点方案精度高但费工费时，只有在遇到下列情况时才采用。

（1）航摄像片比例尺较小，而成图比例尺较大，内业加密无法保证成图精度。

（2）用图部门对成图精度要求较高，采用内业加密不能满足用图部门需要。

（3）由于设备限制，航测内业暂时无法进行加密工作。

（4）由于像主点落水或其他特殊情况，内业不能保证相对定向和模型连接精度。

全野外布点方案所布点位是直接提供给内业测图的，所以点位既要符合像片控制点布设的基本要求，又要满足内业成图作业的要求。

（二）非全野外布点方案

航测内业测图所需要的像片控制点主要是由内业采用空中三角测量加密取得的，只在航外测量中测定少量必需的控制点作为内业加密的基础，这种方案称为非全野外布点方案。这种布点方案在满足内业测图精度的情况下，大量减少外业控制测量的工作量，可提高工作效率。非全野外布点方案按航线数分为单航线和区域网两种。

1. 对像控点跨度值的限制

解析法空中三角测量航线网加密，是通过航线上每隔一定距离由外业提供的少量控制点加密测图定向点。如果外业控制点间隔增大，则距离控制点较远的加密点的精度就会降低，显然，离野外控制点越远，精度也就越低。一般情况下，精度最弱处应在航向两野外控制点间隔的中央。如果要使航线网内精度最弱处的加密点平面和高程中误差不超出允许值，就必须限制每段航线网的跨度，即限制野外控制点在航线方向上的间隔距离（或基线数）。限制航线跨度是通过计算航线上最弱点精度是否满足测图要求来实现的，航线跨度越大，最弱点的误差就越大，在这一位置上的加密点的精度就越低。

通常,限制航线跨度是按空中三角测量的精度估算公式进行反算,即根据规范规定的加密点的允许误差,由给定的精度估算公式反算出相应的航线网跨度值。

空中三角测量中加密点的平面和高程中误差按式(9-1)、式(9-2)进行估算。

$$m_s = \pm 0.28Km_q\sqrt{n^3 + 2n + 46} \tag{9-1}$$

$$m_h = \pm 0.088\frac{H}{b}m_q\sqrt{n^3 + 23n + 100} \tag{9-2}$$

式中 m_s——加密点的平面位置中误差, mm;

m_h——加密点的高程中误差,m;

K——像片比例尺分母与成图比例尺分母之比;

m_q——视差量测的中误差,可采用规范的规定值, mm;

n——基线数,即航线方向两相邻像控点之间允许的摄影基线数,条;

H——相对航高,m;

b——像片基线平均长度, mm。

式(9-1)用于反算平面点的跨度,式(9-2)用于反算高程点的跨度。

计算时,m_s、m_h 是根据加密点应具有的精度而提出来的,为已知值。当像幅为 23 cm × 23 cm 时,b = 85 mm,m_q = 0.025 mm,$K = m/M$,为可求值,故可反算出 n 值。

需要注意的是,式(9-1)、式(9-2)估算的精度是指相邻航线加密结果取中数后的精度。因此,当为单航线加密时,反算的跨度应再除以$\sqrt{2}$,方为最后结果。

2. 单航线布点

平高单航线布点航向跨度为由(9-1)、式(9-2)(按单航线)计算的 n,并在航线两端及中间布 3 对平高点,平面点与高程点的 n 值不等时,一般应尽量按较小的 n 值,平高结合布点。平面点间隔和高程点间隔相差较大时,也可分别布点,如图 9-7 所示。

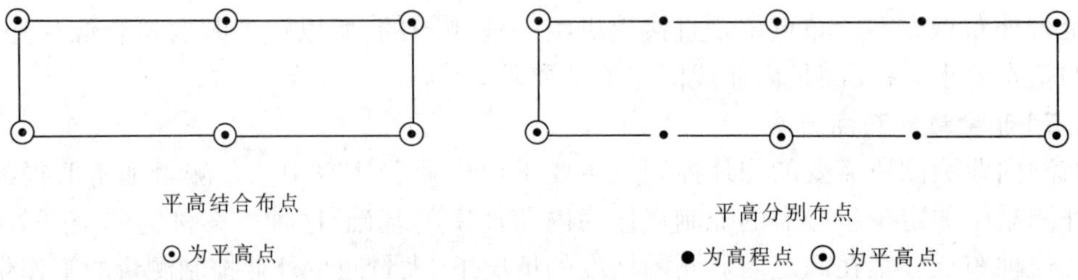

图 9-7 单航线布点

控制点的点位除满足一般规定外,还需满足下列条件:

(1)航线两端的上下点位于通过像主点且垂直于方位线的直线上,互相偏离一般不大于半条基线,个别最大不得大于 1 条基线。

(2)航线中间的两控制点,布设在两端控制点的中线上,其偏离一般不超过左右 2 条基线的范围;困难地区偏离不得超过左右 3 条基线,其中一个控制点位于中线上或两个控制点同时等距离向中线异侧偏离,若两控制点同时向中线一侧偏离,则不得超过 1 条基线。

3. 区域网布点

1）平高区域网布点

航测成图，常以区域进行控制和加密。对区域的划分，应依据成图比例尺、航摄比例尺、测区地形特点、航区的实际分划以及程序具有的功能等进行全面考虑。可根据自身具体情况选择最优方案实施。区域网的形状，为方便作业和保持图内加密精度基本一致，一般以横两幅纵两幅为宜。也可不按图幅而按航线段或航摄分区划分区域。

平高区域网布点要求每条航线的两端必须布设高程点。平高区域网布点，估算平面点和高程点的间隔 n，应根据相应成图比例尺和地形类别的加密点平面位置中误差 m_s 和高程中误差 m_h 应用公式（9-1）、式（9-2）来估算。

平地、丘陵地，高程点除区域网周边布点外，区域网内部高程点的间隔，按高程点计算间隔（n）布设，山地、高山地，区域网内部高程点分别可按 2（n）及（n）交替布设。如图 9-8 所示。

图 9-8 中，为了区域网的再划分，1、2 点也可布设为平高点。区域网中，如遇有补飞航线，可按图 9-8 中所示补飞航线的两端布设一个平高点和二个高程点。

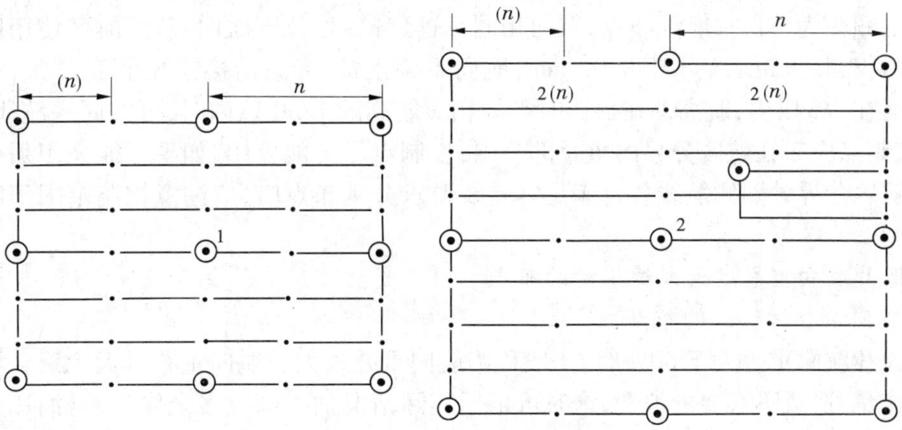

（n）—高程点间隔；n —平面点间隔

平地、丘陵地　　山地、高山地

图 9-8　平高区域网布点

2）不规则区域网布点

平高区域网边界不规则时，应在区域网周边的凸角处布设平高点，凹角处布设高程点；当沿航向的凸凹角间距大于或等于 3 条基线时，则在凹角处也应布成平高点。布点的其他要求与平高区域网同。如图 9-9 所示。

（三）特殊情况的布点方案

地形条件或航摄资料的影响，如航区内出现大面积水域，致使主点和标准点位落水；摄影航线航向或旁向重叠过大或过小；航区分界处两个摄影区域的衔接等，按规范规定布点有困难或不能保证作业精度时，必须采取比较灵活的办法实施布点，这种布点方案称为特殊情况的布点方案。

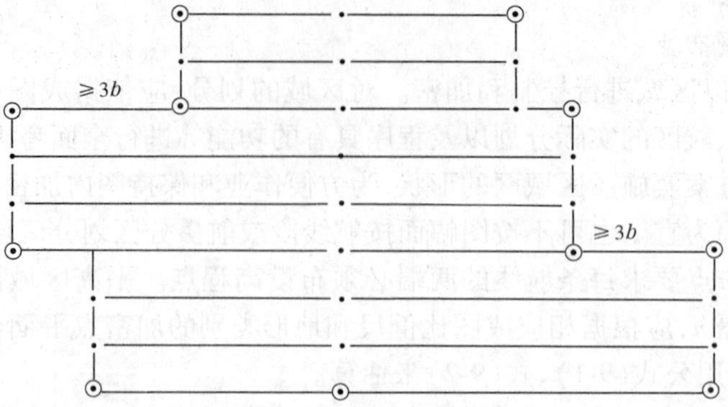

图 9-9　不规则区域网布点

1. 航区分界处的布点

当以图幅为单位按航线进行布点，航向相同，若航区分界位于旁向时，不论航摄仪是否为同一类型，焦距是否相等，旁向重叠多少，航高差多大，均按同一航区相邻航线对航摄资料的有关要求和布点的有关规定进行布点。

当以图幅为单位按航线布点，航向相同，航区分界处位于航向，若两航区使用同一类型的航摄仪，其焦距之差小于 0.03 mm，航向重叠正常，旁向衔接错开小于 10%，衔接后的弯曲度在 3% 以内，航高差在摄影时平均相对航高的 1/50 以内时，可按同一航线处理，否则，控制点应布在航区分界的重叠部分内，控制点尽可能公用，如果不能公用须分别布点。当航区分界处两侧航线各自满足本航线要求分别布点时，应注意控制范围不能产生控制漏洞。

2. 像片航向重叠过大或过小时的布点

1）航向重叠过大时的布点

当像片航向重叠大于 80% 时，一般称为航向重叠过大。航向重叠过大无疑会增大内外业工作量，造成不必要的浪费，这时可根据实际情况抽去部分多余像片，以抽片后的像片数为准布设像片控制点。须要注意的是，抽片后相邻像片之间的航向重叠不应小于规范规定的最小重叠度的要求。

2）航向重叠过小的布点

航向重叠小于 53% 的重叠度视为航摄漏洞。应以漏洞为界分段布点，漏洞部分采用单张像片测图或平板仪测图方法解决。如图 9-10 所示。

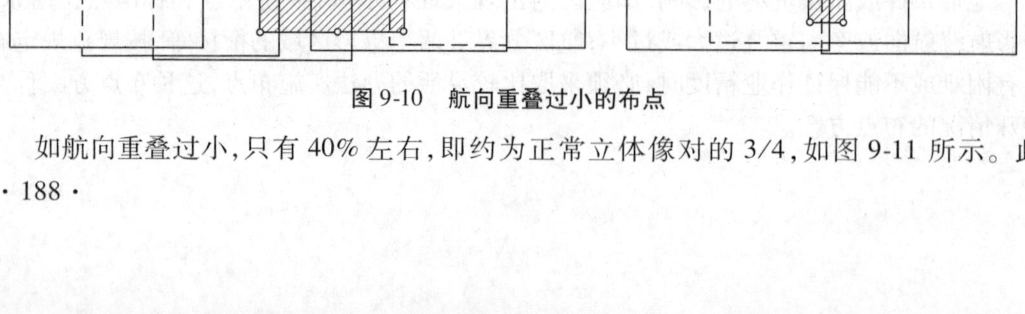

图 9-10　航向重叠过小的布点

如航向重叠过小，只有 40% 左右，即约为正常立体像对的 3/4，如图 9-11 所示。此时，可在像对的重叠部分布设四个平高点（A、B、C、D）采用立体测图法成图。航线网的像片控制点1、2、3、4四点与像控点A、B、C、D形成的范围（立体测图范围$ACDB$的两侧）采用单张像片测图或白纸测图。

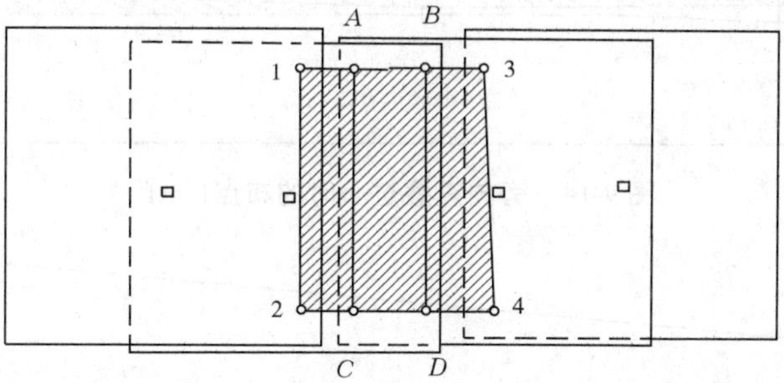

图9-11　航向重叠过小的布点

3. 像片旁向重叠过大或过小的布点

1）旁向重叠过大的布点

当有三条以上航线连续旁向重叠过大，如图9-12所示，经检查1航线与3航线接边处的重叠部分有不小于15%的重叠度，则2航线可以抽掉。

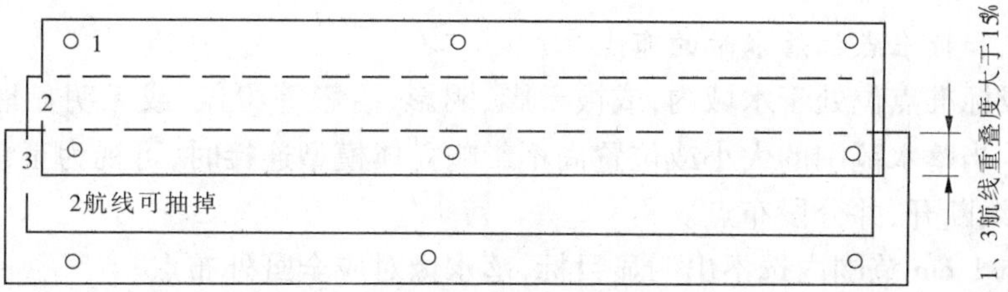

图9-12　旁向重叠过大时的布点（一）

当区域网布点，旁向重叠过大但又不能抽掉航线，控制点布在旁向重叠中线附近，离开方位线的距离不能满足大于4 cm（23 cm×23 cm）时，应分别布点。如图9-13所示。

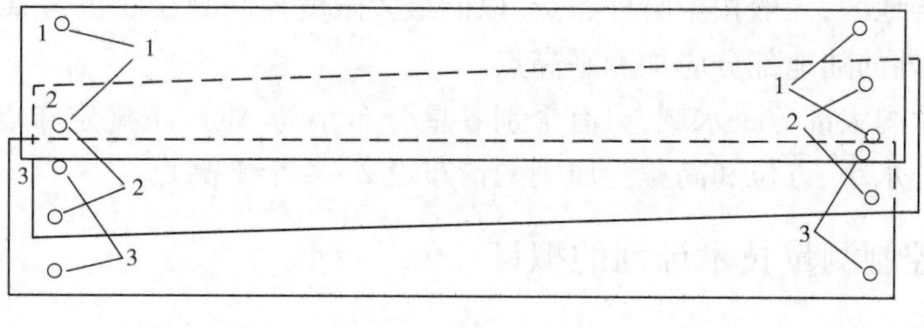

图9-13　旁向重叠过大时的布点（二）

2）旁向重叠过小时的布点

当旁向重叠虽较小，但未形成航摄绝对漏洞时，则应尽量选公用像控点，无法选出公用控制点时应分别布点，两控制点之间的垂直距离不得大于像片上2 cm（见图9-14）。

当旁向重叠过小，已形成航摄绝对漏洞时，其布点形式如图9-15所示，其中d_1离开像片边缘的距离，立体测图时，不得小于像片上1.0 cm，综合法测图时，不得小于像片上0.5 cm，d_2应小于像片上1 cm。

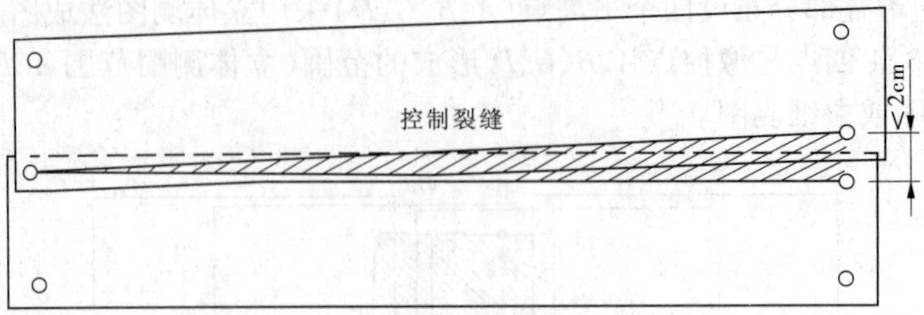

图 9-14　旁向重叠过小时的布点(一)

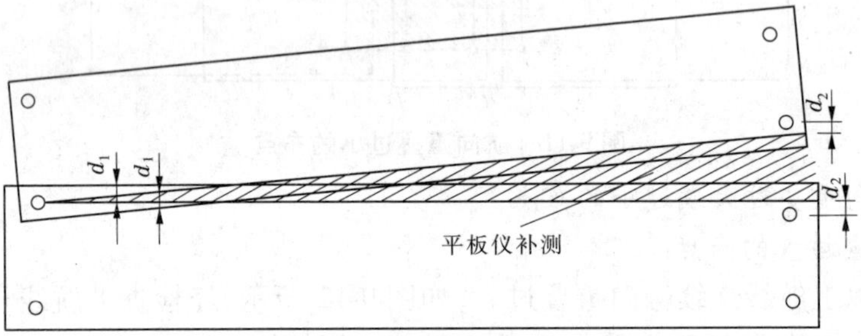

图 9-15　旁向重叠过小时的布点(二)

4. 像主点和标准点位落水时的布点

像主点或标准点位处于水域内,或被云影、阴影、雪影等覆盖,或无明显地物时,均视为点位落水。当落水范围的大小或位置尚不影响立体模型连接时,可视为正常航线布点。否则,视为航线断开,并分段布点。

当像主点 1 cm 范围内选不出明显目标,落水像对应全野外布点。

定向点的标准点位为落水区,这时如果在离开像主点 4 cm 以外的三片重叠范围内选不出连接点,则落水像对应全野外布点。

5. 水滨与岛屿的布点

水滨和岛屿地区,一般按全野外布点,以能最大限度控制测绘面积为原则。超过控制点连线 1 cm 以外的陆地部分应加测平高点。

当一张像片内大部分是水域,只有个别零星分布小岛,难以按规定布点时,外业布点以能控制岛屿的水小、方位和高程为原则酌情布设 2 ~4 个平高点。

三、像片控制测量技术计划的拟订

(一)资料的收集和分析

在拟订技术计划之前,首先要收集各种资料。要收集的资料包括两方面,一是控制成果资料,二是航摄资料。

(1)控制成果资料包括控制点的坐标、高程以及与使用这些成果有关的其他数据、文字材料、图件等。控制点是指国家等级的三角点、导线点、GPS 点和水准点。控制成果资料一般由各省测绘主管部门的资料馆统一分管。

控制成果资料是计算航外控制点平面坐标和高程的起算数据,是进行航外控制测量的基础，控制成果的精度和控制点分布的密度都直接影响航测成图的质量，因此收集和分析控制成果资料具有十分重要的作用。在收集控制成果资料时要注意资料的完整性，不能只是抄取成果，还要注意收取在使用成果时将要用到的其他资料，如技术总结、成果说明、点之记、三角点连测图、水准点路线图等，这些资料对于控制成果资料的使用可以提供很多帮助。

另外，还必须收集比测图比例尺小的、施测年代较近的地形图。因为测区原有的地形图（又称老图）是航外控制测量和调绘的重要工具，是我们制订任务计划、指导调绘工作、进行控制测量技术设计的基础图件，它给航测外业的各项工作带来很多方便。

(2)航摄资料主要包括航摄像片、像片索引图和航摄鉴定表。

分析检查航摄资料的目的是查明航摄的飞行质量和摄影质量，弄清航摄像片能否满足航测成图的要求；另外还可依据像片情况提出合理的施测方案，以及对航摄资料的某些质量问题提出具体处理办法。航摄资料的检查主要包括检查位于自由图边的像片是否满幅，检查像片的摄影质量和像片的飞行质量等内容。

（二）像片控制测量技术计划的拟订

1. 技术计划拟订的依据

(1)航空摄影测量外业规范。

(2)业务主管部门的技术设计书。

(3)收集和分析资料情况。

2. 拟订技术计划的程序和方法

1)在老图上标绘已知控制点和图廓线

在老图上标绘已知控制点分两种情况，如果这些大地点施测的年代较早，在老图上已经用相应的符号表示出来，这时只需根据它们的坐标、点之记、路线图或连测图检核其位置、名称或编号即可确定。如果这些控制点施测年代较近，在老图上没有表示，这时可根据坐标，对照老图上的公里格网，用展点的方法确定已知控制点在老图上的位置，再用点之记和连测图做检查。对于水准点，则可根据点之记和路线图与老图上的地物、地貌相对照，判定其概略位置，并用其相应符号标绘。

在老图上标绘图廓线可采用对称折叠和量算两种方法。一般情况下，老图比例尺比成图比例尺小，可根据老图比例尺与成图比例尺的比例关系，以老图的图廓线为准纵横等分折叠，沿折叠的痕迹线绘出图廓线，基本上可以满足在像片上标绘图廓线的要求。所谓量算法，是指用直尺量出老图四周图廓线的长度，将每条图廓线边长等分，得出等分点，然后以对称点为准纵横连线，得出所需的图廓线的位置。

2)在航摄像片上转标图廓线和控制点

在像片上选点需要考虑图廓线、大地点的位置，因此还需要将老图上标出的图廓线和大地点转标到航摄像片上。转标前应将像片按航线和像片右上角的编号进行清点和排列，然后用老图所表示的地物、地貌符号和航摄像片相应的影像对照判读，在像片上判出图廓线和大地点的位置并用红、绿（或蓝）玻璃铅笔以相应的符号把它们标注出来。

为了考虑像片控制点在像片上的位置是否满足规范的有关规定，选点前还应用铅笔标出像主点、像片编号、方位线以及过像主点垂直于方位线的直线等内容。

3)在像片上选点

像片选点就是指在满足规范各种要求的情况下在像片上初步圈定野外像片控制点的大概位置。选点是拟订技术计划的基础,选点的质量直接影响成图的精度,同时也直接影响内外业测量工作,因此必须耐心细致全面地考虑问题,才能获得最好的位置。像片选点一般应考虑以下问题:

(1)选点必须满足布点方案的要求。

(2)选点应满足野外控制点在像片上的基本位置要求。

(3)选点应考虑刺点目标的要求。

(4)选点应考虑实际施测的可能。

(5)选点还应考虑已有大地点的利用。

4)制订野外控制测量连测计划

制订控制点连测计划一般在老图上进行,因此在像片上选出控制点后,还要将这些控制点转标到老图上(转标的方法和前面所讲在像片上转标图廓线和大地点的方法类似)。然后在老图上,根据大地点和控制点的分布情况,结合地形特点、控制点的性质和精度要求,综合考虑,比较合理地制订全部控制点的平面和高程连测计划。

连测计划包括连测方法的选择和按规定确定具体的连测图形或连测路线。

当测区内通视良好,大地点较多且分布均匀,一般宜采用测角交会的方法进行连测,即根据具体情况分别采用单三角形、前方交会、侧方交会和后方交会等各种图形进行连测,也可采用 GPS 定位技术测定各控制点坐标。

在测区平坦、隐蔽,通视困难的情况下,可采用全站仪测距导线施测。由于全站仪测距精度高,通视条件容易满足,这种方法方便、灵活,是当前对付隐蔽地区的主要施测手段。

控制点的高程连测是航外控制测量的重要组成部分,像片上设计的高程点、平高点均须测定其高程。根据地形条件不同,控制点的高程连测一般采用测图水准、经纬仪水准、高程导线、三角高程导线、独立交会高程点等方法。

5)绘制野外像片控制点连测计划图

在老图上按上述各项要求拟订野外像片控制点连测计划,一般用铅笔草绘。在连测计划拟订之后,另外用方格纸或其他质量较好较厚的白纸进行转绘并按规定的符号和颜色整饰。连测计划图的比例尺应等于或大于老图比例尺;连测计划图上的大地点、控制点的位置是概略标定的。

四、野外像片控制测量的实施

(一)像控点的实际选定

在室内拟订像片控制点连测计划后,已经在像片上确定了这些控制点的概略位置,但我们的目的是要在实地测定这些控制点的坐标和高程,以提供内业加密或测图使用,因此还必须在实地找到这些控制点的相应位置,到实地落实连测方案并最后选定像控点。另一方面,在像片上室内预选的像控点和在已有地形图上室内拟定的连测方案,只是主观上所计划在纸上的东西,不一定都能符合实际情况,必须到野外去对预选的像控点一一实地核实确定，对拟定的连测方案的可行性一一现场落实。对存在问题现场纠正，实际选点时应着重考虑以下问题：

(1)首先勘察已知控制点，以熟悉测区已知控制点的情况。

(2)根据像片上预选像控点的影像，经实地判读，反复对照，辨认出所预选的像控点在地面的位置，并核对点位是否符合刺点目标的要求，以及摄影后刺点目标有无变动和破坏。

(3)根据拟订的连测方案在该像控点上有哪些观测方向，并逐个观察所有方向是否通视。若所有方向都通视，则像控点就被最后选定，连测方案就被落实。

(二)刺点目标的选择要求

为保证刺点准确和内业量测精度，对刺点目标应根据地形条件和像片控制点的性质进行选择，以满足规范要求。

平面控制点的刺点目标，应选在影像清晰、能准确刺点的目标点上，以保证平面位置的准确量测。一般应选在线状地物的交点或地物拐角上，如道路交叉点、固定田角、场坝角等。此时线状地物的交角或地物拐角应在30°~150°，以保证交会点能准确刺点。在地物稀少的地区，也可选在线状地物端点，尖山顶和影像小于0.3 mm的点状地物中心。弧形地物和阴影等均不能选做刺点目标，原因是摄影时的阴影与工作时的阴影不一致，而弧形地物上不易确定其准确位置。

高程控制点的刺点目标应选在高程变化不大的地方，这样，内业在模型上量测高程时，即使量测位置不准，对高程精度的影响也不会太大。因此，高程控制点一般应选在地势平缓的线状地物的交会处、地角、场坝角；在山区，常选在平山顶以及坡度变化较缓的圆山顶、鞍部等处。狭沟、太尖的山顶和高程变化急剧的斜坡等，均不宜选做刺点目标。

平高控制点的刺点目标，应同时满足平面和高程两项要求。

(三)像片控制点刺点精度和要求

野外像控点的目标选定之后，应根据像片上的影像，在现场用刺点针把目标准确地刺在像片上，刺点的精度直接关系着航内加密成果的精度和在仪器上测图的精度。刺点时要注意以下几点。

(1)应在所有相邻像片中选择影像最清晰的一张像片用于刺点。

(2)刺孔要小而透。针孔直径不得大于0.1 mm。

(3)刺孔位置要准，不仅目标要判读准确，而且下针位置也要准确，刺点误差应小于像片上0.1 mm。

(4)同一控制点只能在一张像片上有刺孔，不能在多张像片上有刺孔。

(5)同一像片控制点在像片上只能有一个刺孔，不允许有双孔，以免内业无法判断正误。

(6)所有国家等级的三角点、水准点及小三角点均应刺点。当不能准确刺出时，水准点可按测定碎部点的方法刺出，三角点、埋石点在像片正反面的概略位置上用虚线以相应符号表示，并说明点的位置和绘点位略图。

(7)像片控制点的刺点必须经第二人在实地检查。

五、野外像控点的整饰

刺在控制像片上的野外像控点(连同三角点、水准点等),需用彩色颜料在刺孔像片的正面进行整饰和注记。根据刺孔用规定符号标出点位(对不能精确刺孔的点,符号用虚线绘),用分数形式进行注记,分子为点号或点名,分母为该点的高程。控制片正面整饰,符号的形状、尺寸、颜色(以 1∶5 000、1∶10 000 成图为例)如表 9-4 所示。

表 9-4　控制像片正面整饰的符号规定

类别	三角点	五等小三角点	埋石点	水准点	平面点、平高点	高程点
符号	△	▽	□	⊗	○	○
边长或直径(mm)	7	7	7	7	7	7
颜色	红	红	红	绿	红	绿

按照规范规定,控制像片正面的整饰格式如图 9-16 所示。像片所在的图幅编号应注于像片的北部中央。像片所在图幅内的航线编号写在图幅号下面,由北向南用阿拉伯数字 1,2,3,…方式编写,后跟一短线,短线后的数字为像片号。

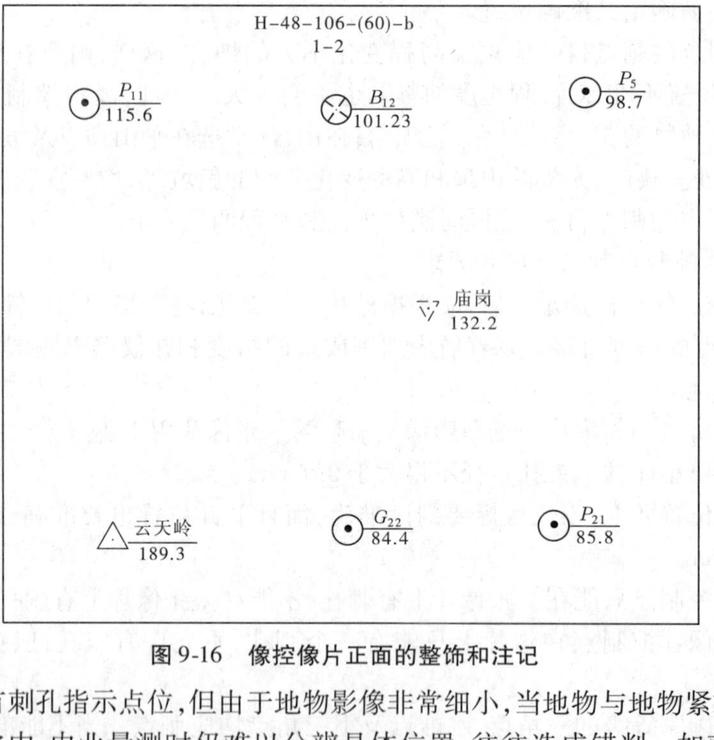

图 9-16　像控像片正面的整饰和注记

控制点虽有刺孔指示点位,但由于地物影像非常细小,当地物与地物紧靠在一起或点处于复杂地形之中,内业量测时仍难以分辨具体位置,往往造成错判。如刺在田角上的点,分不出是哪一块田角;刺在山顶上的点,也容易找错小山包。因此,像片控制点在刺点后还必须根据实际情况加以简要说明;如文字说明仍不能确切表达,则应在实地加绘详细的点位略图。这些说明和略图一律写绘在像片反面,因此这些工作又叫做控制点的反面整饰。

控制像片的反面整饰用黑色铅笔写绘。在像片反面控制点刺点位置上,以相应的符号标出点位,注记点名或点号及刺点日期,刺点者、检查者均应签名,以示负责。三角形、正方形、圆圈的边长或直径均为 7 mm,若为水准点应在圆圈中加“×”。控制点的片反面整饰格式如图 9-17 所示。

点位说明应简明扼要,清楚准确,同时应与所绘略图一致。刺点略图应模仿正面影像图形绘制,与正面影像的方位、形状保持一致,这样内业判读时比较方便。绘制略图时可根据实际情况和各人方便,采用色调和符号两种形式表示。如山头上无明显地物,则可用等高线表示。略图大小以 2 cm×2 cm 为宜,图中应适当突出刺点目标周围的地物、地貌。

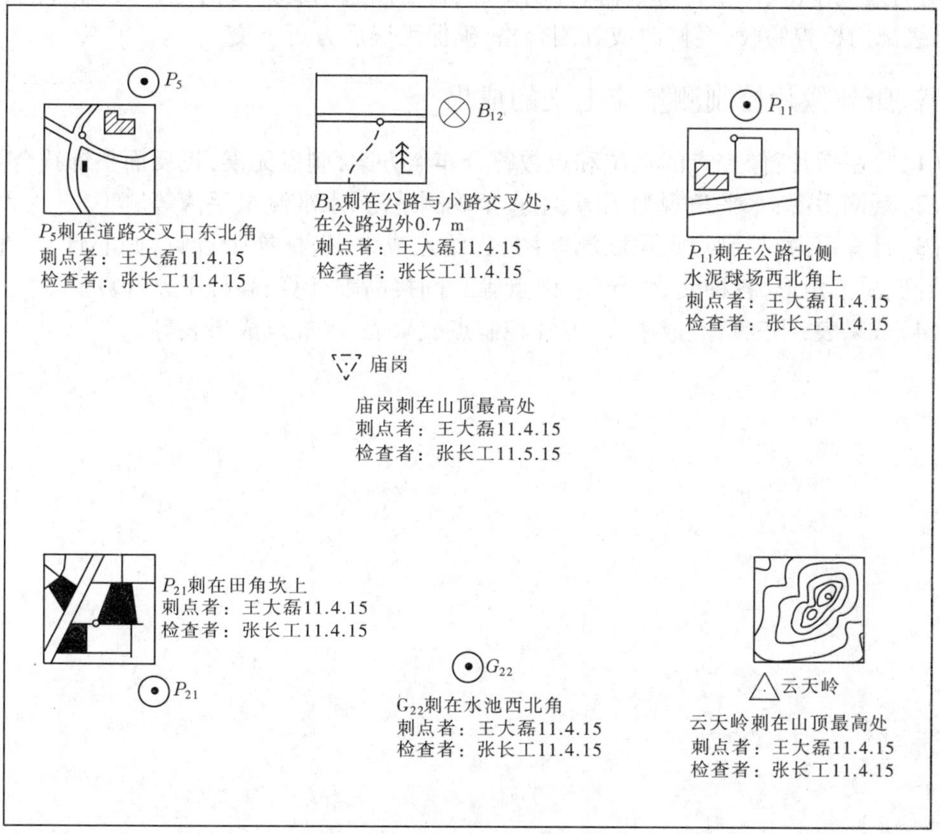

图 9-17　控制点的反面整饰

六、像控点平面坐标和高程的施测

在施测像控点平面坐标的方法中,其他施测像控点平面坐标的方法,在控制测量或地形测量中已讲过,前面有关章节也已提及,不再赘述。

七、控制点接边

控制测量结束以后,要对成果资料进行认真整理,控制测量成果整理工作完成以后,应及时与相邻图幅或区域进行控制接边，控制接边工作主要包括以下内容：

（1）邻幅或邻区所测的像片控制点，如果为本幅或本区公用，则应检查这些点是否满足本幅或本区的各项要求；如果符合要求，则将这些控制点转刺到本幅或本区的控制像片上，同时将成果转抄到计算手簿和图历表中。同样，如果按任务分配，本幅或本区所测的控制点应提供给邻幅或邻区使用，亦应按同样的程序和方法转刺、转抄成果。

（2）自由图边的像片控制点，应利用调绘余片进行转刺并整饰，同时将坐标和高程等数据抄在像片背面，作为自由图边的专用资料上交。

（3）接边时应着重检查图边上或区域边上是否因布点不慎产生了控制裂缝，以便补救。

所有观测手簿、测量计算手簿、控制像片、自由图边以及接边情况，都必须经过自我检查，上级部门检查验收，经修改或补测合格，确保无误后方可上交。

八、野外像片控制测量应上交的成果

（1）控制像片：像控点的点位和点数符合布点方案，刺点无误，正反面整饰符合要求。

（2）观测手簿：水平角观测手簿、垂直角观测手簿、水准测量手簿等。

（3）计算手簿：控制点点位联测略图、起给点成果、坐标换带计算，归心计算、坐标计算（锁网、单三角形，各种交会、导线、引点等），间接高程计算、高程平差计算。

（4）成果表：小三角点成果表、像片控制点成果表，水准点成果表等。

第十章 摄影测量应用简介

第一节 数字高程模型及应用

一、概述

传统的摄影测量中,大多数情况下都是将地面上的信息(地貌、地物以及各种名称)用线划图形与注记的方式表示在图纸上,这种方法比较直观,便于人工使用和阅读,但是不便于管理,无法满足现代工程设计自动化的要求。随着计算机科学、图形学等的发展,传统的模拟地图逐渐被数字化产品所取代,常用的数字化产品有数字正射影像(DOM)、数字高程模型(DEM)、数字栅格地图(DRG)、数字线划地图(DLG)。

数字高程模型(DEM)是数字地面模型的一个分支,数字地面模型(DTM)这一概念,首先是由美国麻省理工学院摄影测量实验室主任 Chaires · L · Miller 教授于 20 世纪 50 年代提出的。最初的提出是用在高速公路的自动设计项目中,此后,由于它所产生的显著经济效益和对工程设计带来的便利,被迅速应用于各种线路(铁路、公路、输电线)的设计及工程面积、体积、坡度的计算,任意两点间的通视性判断及绘制任意断面图,正射影像图的制作,地形图的修测,遥感图像的分类以及飞行器导航与定位等。

数字地面模型可以定义为:数字地面模型是利用一个任意坐标场中大量选择的已知 X、Y、Z 的坐标点对连续地面的一个简单的统计表示,或者说,DTM 就是地形表面简单的数字表示,包括地形、自然资源、环境、土地利用、人口分布、国民收入、地区经济等多种信息分量的定量或者定性描述。数字高程模型(DEM)是数字地面模型的一个子集,即只考虑了 DTM 的地形分量。

(一)数字高程模型的概念

数字高程模型 DEM 能比较准确地表示地形表面的形态,它表示区域 D 上地形的三维向量有序列

$$\{V_i = (X_i, Y_i, Z_i), \quad X_i, Y_i \in D, \quad i = 1, 2, \cdots, n\}$$

其中,X_i,Y_i,表示平面位置,Z_i 是相应的高程。当该序列中各向量的平面点位是规则格网排列时,则其平面坐标(X_i,Y_i)可省略,此时的 DEM 就可以简化为一维向量序列$\{Z_i, i=1,2,\cdots,n\}$。需要注意的是,虽然在实际应用中许多人习惯将 DEM 称为 DTM,但实质上它们是不完全相同的。

(二)数字高程模型的数据源

DEM 数据包括平面和高程两种信息,可以直接在野外通过全站仪、GPS、激光测距仪等进行测量,也可以间接地从航空影像或者遥感图像以及现有地形图上得到。具体采用何种数据源,一方面取决于源数据的可取性,另一方面也取决于 DEM 的分辨率、精度要

求、数据量大小和技术条件等。常用的数据来源有以下几种。

(1)航空或航天光学遥感数据。这是最基本的数据源,利用影像立体像对,通过解析摄影测量或数字摄影测量方法进行采样处理得到,利用该数据源可以快速地获取或者更新大面积 DEM 数据,从而满足数据现势性的要求。

(2)机载与星载雷达影像数据。合成孔径雷达(SAR),特别是干涉合成孔径雷达(INSAR)数据,通过干涉测量或差分干涉测量能有效地提取 DEM。

(3)机载激光扫描获取的数据。机载激光扫描测高技术直接获取地面的三维位置,可以快速生成 DEM,是获取 DEM 的重要手段。

(4)现有地形图。主要利用数字化仪对已有地图上的地物与地貌信息进行数字化,利用专门软件对各类数据进行分层矢量化,得到地形矢量数据。

(5)地面实测数据。利用地面测量设备(GPS、全站仪等)获取地面点观测数据,经适当变换处理后建成数字高程模型,一般用于小范围详细比例尺的数字地形测图和土方计算。

(三)数字高程模型的主要形式

DEM 有多种表示形式,主要包括规则格网模型(Grid)和不规则三角网模型(Triangulated Irregular Network,TIN)。

1. 规则格网模型(Grid)

规则网格将区域空间切分为规则的格网单元,每个格网单元对应一个数值,数学上可以表示为一个矩阵,在计算机实现中则是一个二维数组,每个格网单元或数组的一个元素对应一个高程值。

规则格网方式可以利用一系列在 X、Y 方向上都是等间隔排列的地形点的高程 Z 表示地形,其任意一点 A_{ij}的平面坐标可根据该点在 DEM 中的行列号 i、j 及存放在该 DEM 文件头部的基本信息推算出来。这些基本信息应包括 DEM 起始点(一般为左下角)坐标(X_0,Y_0),DEM 格网在 X 方向和 Y 方向的间隔 dx、dy 及 DEM 的行列数 NY,NX 等。点 A_{ij}的平面坐标(X_i, Y_i)为(见图 10-1)

$$\left.\begin{aligned} X_i &= X_0 + i\mathrm{d}x \quad (i = 0,1,2,\cdots,NX-1) \\ Y_i &= Y_0 + j\mathrm{d}y \quad (j = 0,1,2,\cdots,NY-1) \end{aligned}\right\} \tag{10-1}$$

规则格网数据便于数据的检索,可以用统一的算法完成检索和插值。但它在建立过程中,格网点高程是原始采样点高程的派生值,因此由于内插过程的误差,会损失原始高程的精度。规则格网用于不规则边界区域时,边界处需要特殊处理。此外,当格网点与地貌特征线不重合时,不能准确表示地形的结构与细部,因此基于格网 DEM 生成的等高线不能准确的描述地形。为克服其缺点,还需要附加特征地形数据,如地形特征点、山脊线、山谷线、断裂线等,从而构成完整的 DEM。但由于规则格网 DEM 存储量最小,可以方便的进行压缩存储,非常便于使用而且容易管理,因而是目前应用较广泛的一种形式。

2. 不规则三角网模型(TIN)

不规则三角网(Trlangulated Irregular Network,TIN)是另外一种表示数字高程模型的方法,不规则格网是以原始数据的坐标位置作为格网的结点,组成不规则形状格网。它既减少规则格网方法带来的数据冗余,同时在计算(如坡度)效率方面又优于纯粹基于等高线的方法。

可见,不规则三角网数字高程模型由连续的三角面组成,三角面的形状和大小取决于不规则分布的测点,或节点的位置和密度。不规则三角网与规则格网方法不同之处是随地形起伏变化的复杂性而改变采样点的密度和决定采样点的位置,因而它能够避免地形平坦时的数据冗余,又能按地形特征点如山脊线、山谷线、地形变化线等表示数字高程特征。

3. Grid – TIN 模型

上面的两种数字高程模型各有优缺点。Grid 结构十分简单,数据存储量很小,各种分析与计算也非常方便有效;但是 Grid 在地形简单的地区存在大量冗余数据,因为其格网单元大小固定,对地形复杂的区域描述不够精细,而且因为栅格过于粗略,不能精确表示地形的关键特征。TIN 克服了 Grid 冗余数据的问题,它可以根据地形的复杂度来确定采样点的密度和位置,即当表面粗糙或变化剧烈时,TIN 的数据量大,但当地面相对平坦时,TIN 则只需要最少的数据点。不过,正是这些优点导致其在数据存储与操作的复杂性,而且由于 TIN 是不规则排列的,计算每一个点的高程值的实时性不如 Grid 网络模型。

为了充分利用这两种形式 DEM 的优点,德国 Enber 教授等提出了基于规则格网——不规则三角网混合形式的 DEM(Grid-TIN)(见图 10-2)。它一般使用矩形格网数据方式,而且可以根据地形采取不同密度的格网,沿地形特征附加采用三角网。这样既可以避免数据冗余,还可以较好的表示地形特征。

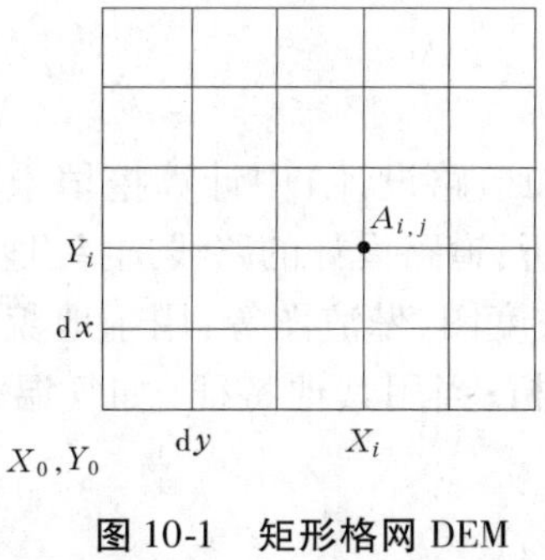

图 10-1　矩形格网 DEM

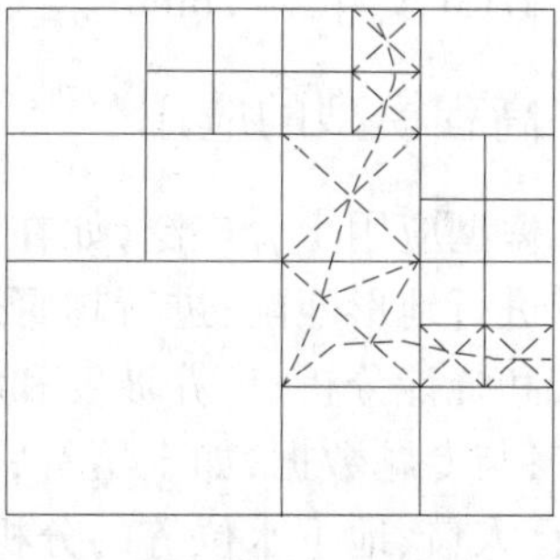

图 10-2　规则格网三角网混合 DEM

(四)利用 VirtuoZo 软件生成 DEM

VirtuoZo 有两种方法可以生成 DEM,一种是自动生成 DEM,另一种是利用 DEMMaker 制作 DEM。

1. 自动生成 DEM 的作业流程

(1)自动空中三角测量或定向处理。

(2)生成核线影像。

(3)影像匹配和匹配结果处理。

(4)生成模型的 DEM。

VirtuoZo 系统根据影像匹配后产生的视差数据、定向处理后得到的结果参数以及用户定义的 DEM 参数等,自动建立 DEM。生成的文件中扩展名为. dtm 的文件是指将匹配后的视差格网投影于地面坐标系所生成的不规则高程网。系统对该 DTM 进行插值计算，所建立的规则格网（矩形格网）即为数字高程模型 DEM。产生的结果文件分别为匹配点地面坐标文件"<立体像对名>. dtm"和矩形格网点坐标文件"<立体像对名>. dem"。

2. 利用 DEMMaker 生成 DEM 的作业流程

（1）数据准备。

（2）调用 DEMMaker 模块。在 VirtuoZo 主界面中单击产品 → 生成 DEM → DEMMaker 菜单项，调用 DEMMaker 工具。

（3）装载立体模型。

（4）量测地物，编号特征文件。

（5）引入第三方 DEM（即由非 DEMMaker 模块生成的 DEM 文件）或利用自动匹配的结果所生成的 DEM。

（6）自动匹配效果不好时，可加测部分特征地物，进行局部匹配。

（7）其他区域可用三角网直接内插 DEM 格网。

（8）编辑 DEM 格网点。

（9）生成该区域的 DEM。

（10）退出 DEMMaker 模块。

注意：在进行 DEM 生成前需要进行数据准备，需要准备以下数据：

（1）必备数据。包括该模型的定向数据、核线影像对。

（2）可引入数据。包括数字高程模型"*. dem"、Lidar 数据文件"*. xyz"、测图文件"*. xyz"以及 DTM 文件"*. dtm"。

二、数字高程模型的应用

数字高程模型应用十分广泛，如在工程项目（如道路设计）中计算挖填土石方量；为武器精确制导进行地形匹配；进行越野通视情况分析；道路设计的路线选择、地址选择；不同地形的比较和统计分析；计算坡度和坡向，绘制坡度图、晕渲图等；用于地貌分析，计算浸蚀和径流等；与专题数据，如土壤等，进行组合分析；当用其他特征（如气温等）代替高程后，还可进行人口、地下水位等的分析。

（一）基于 DEM 的信息提取

1. 坡度、坡向计算

地面坡度（简称坡度 Slope）是对地面倾斜程度的定量描述，也是一个基本的地貌形态指标。坡度反映曲面的倾斜程度，定义为曲面上一点 P 的法线方向与垂直方向（即天顶）Z 之间的夹角。在数值上等于过该点的地表微分单元的法矢量 $\boldsymbol{n}$ 与 z 轴的夹角，即

$$Slope = \arccos \frac{\boldsymbol{z} \cdot \boldsymbol{n}}{|\boldsymbol{z}| \cdot |\boldsymbol{n}|} \tag{10-2}$$

进行坡度提取时通常采用简化的差分公式

$$Slope = \arctan \sqrt{f_x^2 + f_y^2} \times 180/\pi \tag{10-3}$$

式中 f_x——x 方向高程变化率；

f_y——y 方向高程变化率。

而坡向(Aspect)是斜坡面对的方向,定义为 P 的法线正方向在平面的投影与正北方向按顺时针方向的夹角,如图 10-3 所示。其数学表达式为

$$Aspect = \arctan \frac{f_y}{f_x} \tag{10-4}$$

对于地面任何一点来说,坡向表征了该点高程值改变的最大变化方向。在输出的数据中,坡向值有如下规定:正北方向为 0°,按顺时针方向计算,取值范围为 0° ~ 360°。

基于 DEM 的坡度提取通常在 3 × 3 单元的栅格分析窗口中(见图 10-4),采用数值微分方法或局部曲面拟合方法进行计算。分析窗口在 DEM 数据矩阵中连续移动后完成整个区域的计算工作。在 3 × 3 的分析窗口中,如果中心栅格是 No Data 数据,则此栅格的坡度值也是 No Data 数据;如果相邻任何栅格是 No Data 数据,它们被赋予中心栅格的值再计算坡度值。

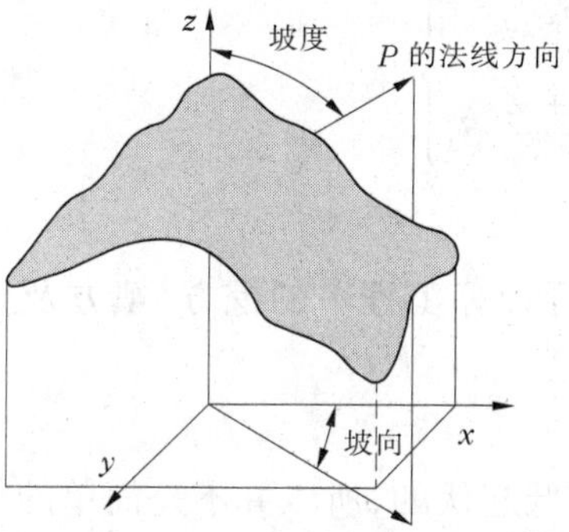

注:x 轴的方向为正北方向。

图 10-3 坡度、坡向定义

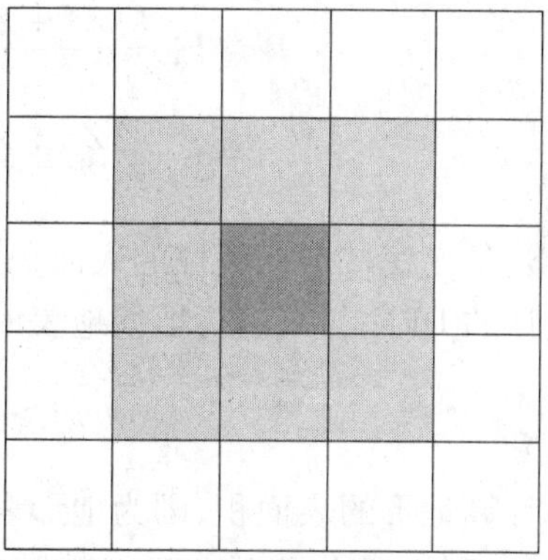

图 10-4 DEM3 × 3 分析窗口

在计算出各地表单元的坡度后,可对不同的坡度设定不同的色彩,得到坡度图。在计算出每个地表单元的坡向后,可制作坡向图(见图 10-5)。通常把坡向分为东、南、西、北、东北、西北、东南、西南 8 类,再加上平地,共 9 类,用不同的色彩显示,即可得到坡向图(见图 10-6)。

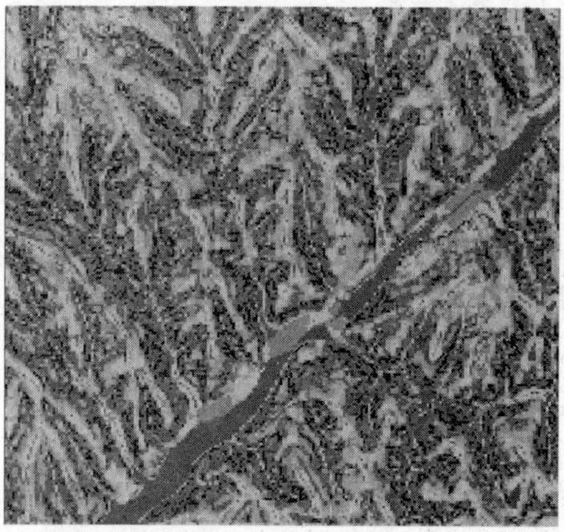

图 10-5 由 DEM 提取的坡度图

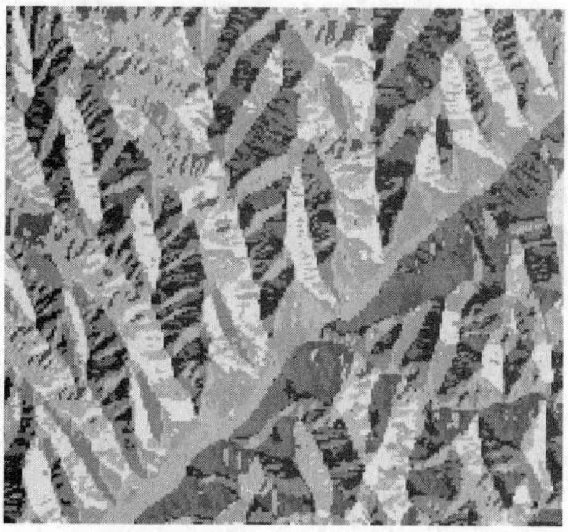

图 10-6 由 DEM 提取的坡向图

2. 面积、体积的计算

1)剖面积

根据工程设计的线路,可计算其与 DEM 各格网边交点 $P_i(X_i, Y_i, Z_i)$,则线路剖面积为

$$S = \sum_{i=1}^{n-1} \frac{Z_i + Z_{i+1}}{2} D_{i,i+1} \tag{10-5}$$

其中,n 为交点数,$D_{i,i+1}$ 为 P_i 与 P_{i+1} 的距离

$$D_{i,i+1} = \sqrt{(X_{i+1} - X_i)^2 + (Y_{i+1} - Y_i)^2} \tag{10-6}$$

同理,可计算任意横断面及其面积。

2)体积

DEM 体积由四棱柱(无特征的格网)与三棱柱体积进行累加得到,四棱柱体上表面用双曲抛物面拟合,三棱柱体上表面用斜平面拟合,下表面为水平面或参考平面,计算公式为

$$\left.\begin{aligned} V_3 &= \frac{Z_1 + Z_2 + Z_3}{3} S_3 \\ V_4 &= \frac{Z_1 + Z_2 + Z_3 + Z_4}{4} S_4 \end{aligned}\right\} \tag{10-7}$$

其中,S_3 与 S_4 是三棱柱与四棱柱的底面积。

根据设计的 DEM 与未进行填挖地表的 DEM 可计算工程中的挖方、填方及土壤流失量。

3)表面积

在实际计算地形的表面积,因为地形表面是高低起伏的,所以并不是简单的将每个格网的面积相加,因为那样得到的不是三维地形的表面积,只是平面面积。为了更加精确地计算三维地形的表面积,应对格网依据地形特征进行拆分,对于含有特征的格网,将其分解成三角形,对于无特征的格网,可由 4 个角点的高程取平均即中心点高程,然后将格网分成 4 个三角形,由每个三角形的三个角点坐标(x_i, y_i, z_i)计算出通过该三个顶点的斜面内三角形的面积,最后累加就得到了实地的表面积。

(二)绘制等高线

用格网方法绘制等高线图的一般流程是:直接在格网边上作线性内插得到等值点,然后按一定的法则追踪出一条等值线的全部离散点(等高线跟踪),最后利用曲线光滑算法完成等值线的绘制。用三角网绘制等高线图的一般流程是:首先生成 TIN,然后在此基础上内插等值点,再按一定法则追踪出一条等高线的全部离散点,最后利用曲线光滑算法完成等高线的绘制。下面具体介绍基于格网 DEM 自动绘制等高线。

根据格网 DEM 绘制等高线主要有两个步骤,首先是利用 DEM 格网点的高程内插出格网边上的等高线点,并将这些等高线点排序,这个过程可以是对一条等高线边内插边排序,也可以内插出全部等高线点,再逐一对每条等高线点进行排序。具体步骤如下。

1. 确定等高线高程

为了在整个区域内等高线的绘制完整性,首先根据 DEM 中的最低点高程 $Z_{\min}$ 与最高点的高程 $Z_{\max}$ 计算最低等高线高程 $z_{\min}$ 与最高等高线高程 $z_{\max}$

$$z_{\min} = INT(\frac{Z_{\min}}{\Delta Z} + 1)\Delta Z$$

$$z_{\max} = INT(\frac{Z_{\max}}{\Delta Z})\Delta Z \tag{10-8}$$

其中,ΔZ 为等高距,INT 为取整运算。当 $z_{\max} = Z_{\max}$,则 $z_{\max} = Z_{\max} - \Delta Z$,则各等高线高程为

$$z_k = z_{\min} + k\Delta Z \quad (k = 0,1,\cdots,n),其中,n = (z_{\max} - z_{\min})/\Delta Z$$

2. 等高线点内插

等高线点的坐标一般采用线性内插的方法。格网(i, j)水平边上等高线点坐标(X_p, Y_p)为

$$X_p = X_i + \frac{z_k - Z_{i,j}}{Z_{i+1,j} - Z_{i,j}}\Delta X$$

$$Y_p = Y_j \tag{10-9}$$

其中:$X_i = X_0 + i\Delta X$;$Y_i = Y_0 + i\Delta Y$;(X_0, Y_0)为 DEM 起点坐标;ΔX、ΔY 为 DEM 中 X 方向与 Y 方向的格网间隔(见图 10-7)。格网在任一竖直边上等高线点坐标(X_q, Y_q)为

$$\left.\begin{aligned} X_q &= X_i \\ Y_q &= Y_j + \frac{z_k - Z_{i,j}}{Z_{i,j+1} - Z_{i,j}}\Delta Y \end{aligned}\right\} \tag{10-10}$$

3. 等高线光滑

等高线内插得到是一系列离散的等高线点,即等高线与 DEM 格网边及特征线的交点,若将这些离散点依次相连,那得到是一条不光滑的折线。为了获得一条光滑的等高线,在这些离散的等高线点之间还必须插补(即加密)。加密的方法需要满足以下条件:

(1)曲线应通过已知的等高线点;

(2)曲线在节点处光滑,即其一阶导数(或二阶导数)是连续的;

(3)相邻两个节点间的曲线没有多余的摆动;

(4)同一等高线不能相交。

当已知的等高线点分布不均匀或稀疏时,很多插补法很难满足后两个条件。利用“张力样条”函数的插补方法可以解决曲线的多余摆动,不过因为数字高程模型的格网较密,离散等高线点分布比较均匀和密集,所以一般用分段三次多项式插补方法也可以满足后两个条件(见图 10-8)。

(三)地形三维可视化表达

由数字高程模型生成地形三维再现,是 DEM 的一个重要应用,也是现在很热门的研究方向。地形三维图可以更好的反映地形的立体形态,非常直观,更加接近人们的直觉视觉。特别是随着计算机技术的发展及屏幕显示系统的发展,立体图形的制作更加形象,具有更大的灵活性。由 DEM 到地形的三维再现需要以下几个步骤:

(1)DEM 的三角形分割(TIN 不需要此步)。

(2)透视投影变换。建立地面点与三维图像点之间的透视关系,由视点、视角、三维图形大小等参数决定。

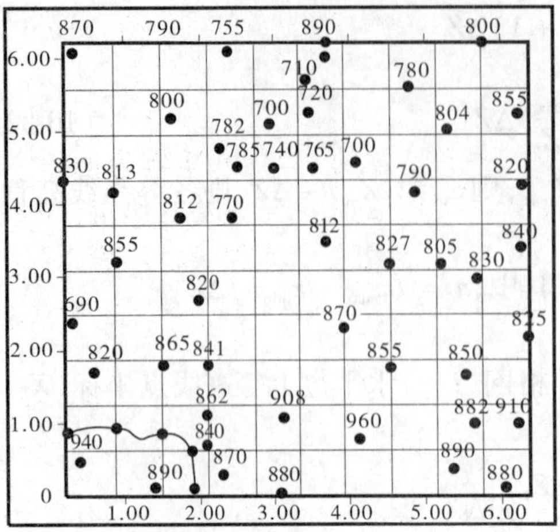

图 10-7　格网 DEM

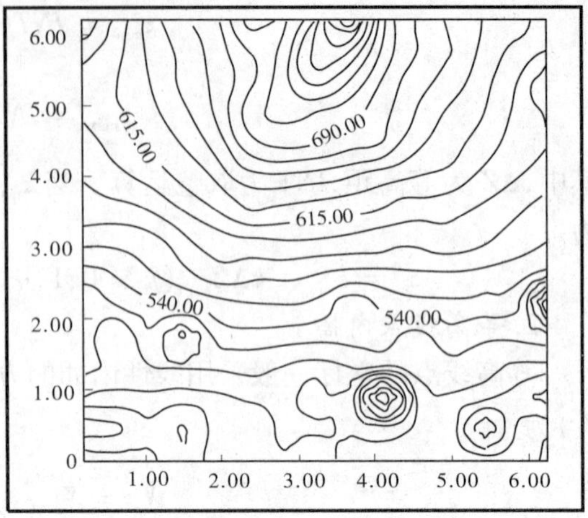

图 10-8　基于格网 DEM 的等高线

(3)光照模型。建立一种能逼真反映地形表面明暗、彩色变化的数学模型,计算出每个像素的灰度和颜色。

(4)消隐和裁剪。消去三维图像中实际不可见部分,裁剪掉图形范围之外的部分。

(5)地物叠加。在三维地形图上,叠加各种地物信息或者遥感影像等数据可形成更加逼真的三维地形景观。

常用的地形三维表达方法有立体等高线图、线框透视图、立体透视图以及各种地形数据与图像数据叠加而成的地形景观等。

(四)DEM 的其他应用

以上的应用是 DEM 最基本的应用功能,它主要是通过对 DEM 栅格单元(或者 TIN 中的三角形顶点)的各种运算,以下是 DEM 在不同领域的应用。

1. DEM 在工业、工程中的应用

在工业、工程领域,数字高程模型主要是辅助工作来帮助决策和设计,如在电信、导航、航空、各种工程建设等的应用。

电信部门中信号传播环境是影响通信信号质量的关键因素,如地形、建筑物、植被等对信号的影响。DEM 配合其他信息如植被、建筑物等进行通信设备如电台、天线、发射机等的辅助选址、通信网络的规划设计等。如在无线通信网络规划中,宏蜂窝常常采用 100 m 分辨率的 DEM、微蜂窝采用 5 ~ 10 m 的 DEM 数据并在地物数据的配合下进行无线发射台和网络的规划设计。而且随着网络通信技术的发展,电信、无线网络等越来越重视网络信号传播模型与环境的匹配问题。

在航空工业中,DEM、地物数据是建立飞行管理调度系统、地形辅助导航系统、飞机防撞系统、地面接近警告系统的基本数据源。通过 DEM 数据可真实的模拟飞行环境,加上 GPS,空中飞行更加安全。

DEM 最早就是在道路工程的应用中提出来的,在公路、铁路等的勘测设计中,通过高精度的 DEM,设计人员可以进行平面、纵断面的交互定线,横断面的自动生成,土方计算与调整,道路的多方案选择比较,并通过设计表面模型与 DEM 相叠加,实现道路景观模型及动画显示，进行设计方案的质量评价与选择。经过延伸与发展，DEM 还可以应用到管线、输电线、渠道等工程的设计辅助工作中。

2. DEM 在军事中的应用

地形图对于军事作战来说起着非常重要的作用，在数字化的今天，DEM 作为地形图的替代品，在作战指挥、战场布置、导航定位、目标确定等方面都发挥了重要的作用，成为了数字化战场的重要工具。如由 DEM 生成的三维地形可视化，可以虚拟战场环境，对作战计划进行辅助作用；为作战部队提供作战地图；基于地形匹配的导引技术，如导弹的飞行模拟、陆基雷达的选址等。

3. DEM 在防灾抗灾中的应用

在洪涝灾害的灾区的洪水态势、灾区受害程度、灾情监测和预报方面遥感研究起着重要的作用，但这种研究需要丰富的信息量才能得到有效的信息以便采取有效的防治和救治措施。在这些信息中，DEM 有着独特的作用。例如，将洪水期遥感图像的解译信息与 DEM 数据进行复合，可以估算淹没面积和淹没深度；根据 DEM 数据可求出洪水期的总水量；根据该区域排水能力及估算的淹水量可计算出该地区的淹水历时。

滑坡、落石、坍塌等是常见的自然灾害，数字高程模型与地质、植被、土壤等信息相结合，可有效地进行此类灾害的预测与防治。例如，对于滑坡，通过得到的滑坡的内部数据结构，含水层、软弱结构面等信息加上由滑坡的 DEM 数据表达的滑坡表面形态，在这些条件下可假设滑坡的启动条件，从而实现滑坡的动态模拟，进而进行滑坡的预测与防治工作。

第二节　摄影测量在水利建设工程中的应用

摄影测量经过多年的发展，已进入实用化阶段，并逐步形成生产能力。本节以工程项目为实例，浅谈摄影测量技术在水利建设工程中的应用。

一、航空摄影测量在水利建设工程中的应用实例

（一）黄河下游河道清障遥感监测信息系统建设

1. 概述

项目采用 ADS40（Airborne Digital Sensor）数字航测相机对黄河下游河道范围获取滩区高分辨率彩色航空影像（见图 10-9）。ADS40 采用线阵列推扫成像原理，能同时提供 3 个全色与 4 个多光谱波段数字影像，其全色波段的前视、下视和后视影像能构成 3 对立体以供观测；相机上集成了 GPS 和惯性测量装置（IMU），可以为每条扫描线产生较准确的外方位初值，可以在四角控制或无地面控制的情况下完成对地面目标的三维定位，为摄影测量自动化开辟了崭新途径。ADS40 相机的主要参数为：镜头焦距 62.5 mm，CCD 像元大小 6.5 μm，全色波段线阵 2 × 12 000 像元，呈半个像元交错排列，RGB 和近红外波段线阵为 12 000 像元。

利用 ADS40 有如下优势：

（1）任何时间、任何地方数据获取能力，卫星获取影像则为固定的周期和轨道，这方

面 ADS40 更为灵活。

(2)较卫星影像更好的几何分辨率和影像品质,垂直方向卫星影像更无法与其相比,可获取黄河下游河道高分辨率的数字地面模型和全色、真彩色、近红外多波段正射影像。

(3)线阵推扫方式可以连续获取地面无缝的宽像幅影像,既保证了定位精度,又提高了作业效率。

(4)利用 GPS + IMU 的组合数据精确求解航空摄影时刻传感器的地理位置坐标和姿态,可以最大程度地摆脱对地面控制点的依赖,只需极少地面控制点即可获得较高的几何精度。

(5)生产效率高,下游全河段正射影像生产在一个月内完成。

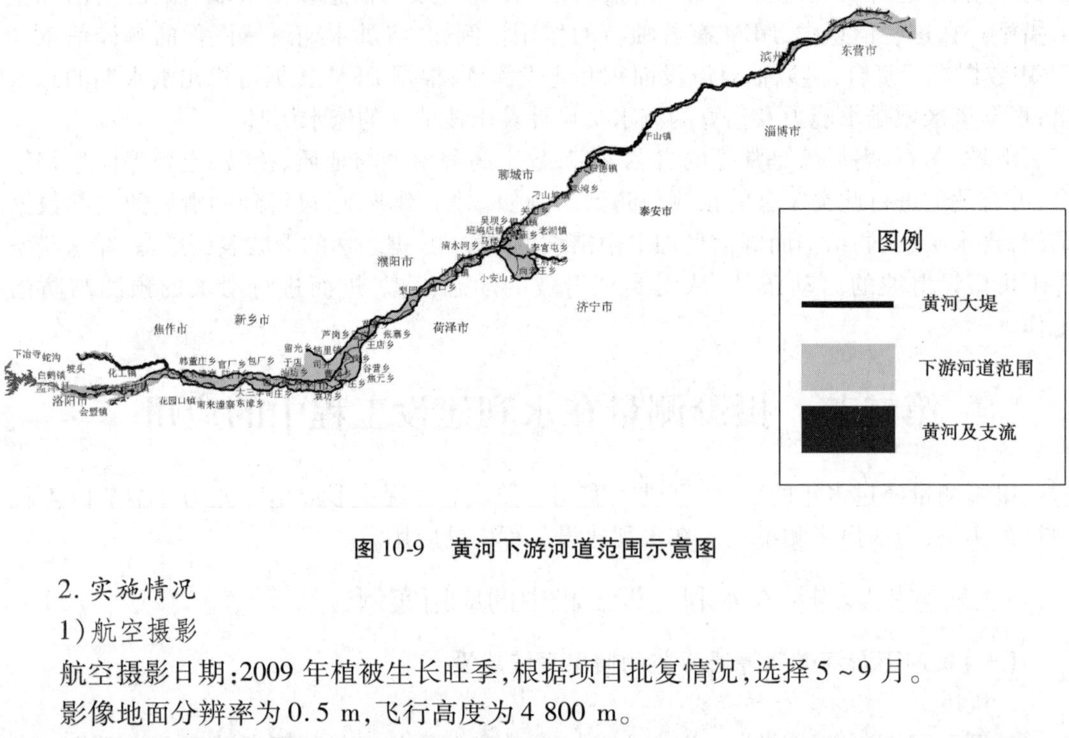

图 10-9　黄河下游河道范围示意图

2. 实施情况

1)航空摄影

航空摄影日期:2009 年植被生长旺季,根据项目批复情况,选择 5 ~9 月。

影像地面分辨率为 0.5 m,飞行高度为 4 800 m。

获取影像数据包括全色、真彩色、近红外多波段,提交合成正射影像和数字高程模型数据。

平面坐标系统采用 2000 国家大地坐标系,高斯 - 克吕格投影。

高程系统采用 1985 国家高程基准。

2)正射影像图制作

采用全数字摄影测量系统,对航空摄影获取的立体像对数据进行处理,首先自动生成数字高程模型(DEM),再利用 DEM 对影像进行数字微分纠正,制作数字正射影像图(DOM)。DOM 主要技术指标如下:

成图比例尺:1∶1万。

像元大小:0.5 m×0.5 m。

影像类型：真彩色。

数据格式：Geotiff。

3）影像解译

解译内容包括：片林、生产堤、建筑物、高秆作物等洪障信息。

解译软件：采用 Definiens Developer 7.0 或其他遥感解译软件。

最小解译单元：片林 400 m^2，生产堤 40 m，建筑物 20 m。

解译方法：首先对各解译对象设计空间特征，如影像色调深浅及色相、空间大小、位置关系等，然后采用自动分类和人工交互判读相结合的方式进行解译。为了核实内业解译精度，防止错漏，确保图斑空间位置和属性的准确性，解译完成后需要进行外业调查验证。为了更好地对遥感监测精度进行评估，需要在野外测量一定数量的样本图斑面积。外业调查完成后，根据调查结果对先前解译提取的图斑进行修改，主要包括剔除伪信息、补充遗漏图斑等。最后制作洪碍物位置分布图，进行面积、数量等统计汇总，对监测结果进行精度评定。

解译精度指标：采用定性、定位的正确程度表示。

定性精度：图斑、线划表示要素的正确率≥95%。

定位精度：图斑、线划的平面位置中误差≤5 m。

4）工艺流程

项目工艺流程如图 10-10 所示。

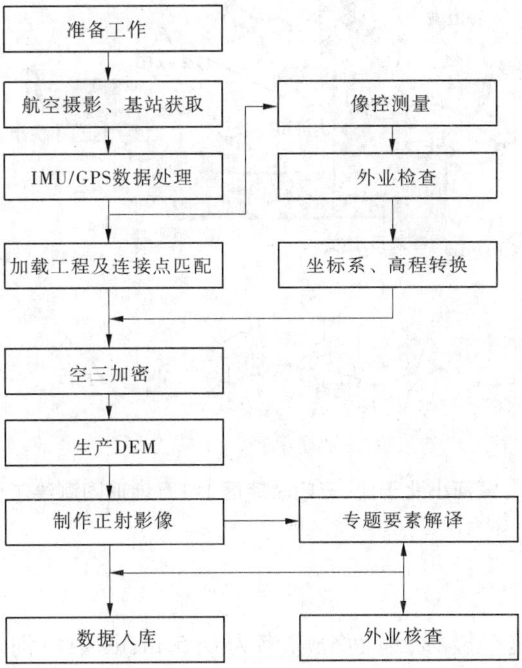

图 10-10　项目工艺流程

3. 结论

综合采用航空、航天和地面现场移动定位、激光测距、影像、视频采集等多种技术平台，进行滩区本底数据遥感调查和动态遥感变化监测，及时、快速、准确地获取黄河下游河道内的违章片林、生产堤、违章建筑等行洪障碍物内容的现状和变化信息，利用数据库技术，通信网络技术建立黄河下游滩区河道清障监测信息系统，实现黄河下游历史和现状洪障信息的计算机管理，并以网络的方式提供信息查询服务，为水政清障分析、预警、决策、执法、跟踪监督、效果评价提供支持。

（二）黄河小北干流、三门峡库区 1∶1万地形图测绘项目

1. 概述

黄河小北干流河道范围为甘泽坡至潼关河段，河道长约 145 km，宽达 3 ~ 18 km。河道穿行于渭汾盆地谷凹地区，沿程有汾河、濠水河、涑水河、渭河等支流汇入，两岸为高出河床 50 ~ 200 m 的黄土台塬。河道宽浅，水流散乱，主流游荡不定，冲淤变化剧烈，属淤积性游荡型河道。三门峡库区河段位于黄河三门峡库区，西起潼关铁桥，东至三门峡大坝（见图 10-11）。

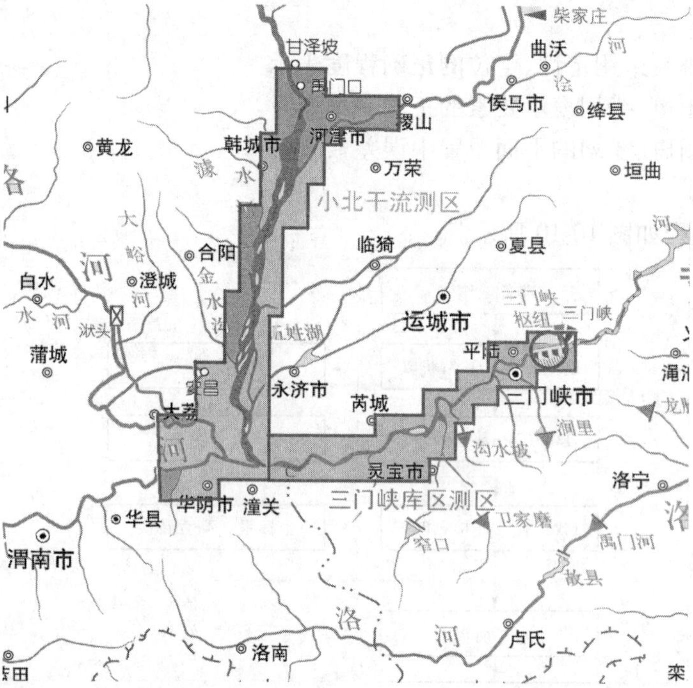

图 10-11　黄河小北干流、三门峡库区 1∶1万地形图测绘工作范围图

2. 实施情况

1）航空摄影

采用 ADS80 数字航空摄影，地面分辨率为 0.5 m，其中黄河小北干流河段约 4 300 km^2；黄河三门峡库区约 1 600 km^2，共计摄影面积约 5 900 km^2。

ALS60 激光雷达扫描，高程精度≤0.14 m、地面点间隔≤1.5 m，扫描面积为 1 500 km^2。

2）地形图测绘

成图比例尺为1∶1万，采用全数字摄影测量系统，测绘数字线划地图（DLG），主要工作量如下：黄河小北干流河道测图面积计3 100 km^2，涉及1∶1万比例尺地形图计117幅；三门峡库区测图面积计1 020 km^2，涉及1∶1万比例尺地形图计47幅。两个测区成图面积共计4 120 km^2，涉及1∶1万比例尺地形图计164幅。

3. 结论

项目属于大型测绘项目，成果的主要用户是黄河水利委员会所属各单位，与黄河的治理开发结合紧密，工作范围大，历时时间长。其水上部分采用ADS80数字航空摄影，既可以克服陡峭山区人员无法到达的困难，减少项目实施中的危险性，又可以提高工作效率，节约外业数据采集的成本。并且采用的ADS80机载数字航空摄影测量系统是目前最先进的推扫式机载数字航空摄影测量系统，技术成熟，完全能够满足项目的精度要求。目前，该项目正在紧张实施中。

（三）三峡工程库区后续工作规划1∶2 000数字地形图测量项目

1. 概况

三峡库区地处我国地势第二级阶梯的边缘。主要地貌类型有中山、低山、丘陵、台地、平坝，山地、丘陵分别占库区总面积的74.0%利21.7%，河谷平原占库区总面积的4.3%。东西部海拔高程一般为500～900 m，中部海拔高程一般为1 000～2 500 m。库区水系发达，江河纵横，除长江干流河系和嘉陵江、乌江外，区域内还有流域面积100 km^2以上的支流152条，流域面积1 000 km^2以上的支流有19条。

三峡工程后续工作规划的主要目标是：在移民安稳致富及库区发展方面，建立促进库区稳定发展的长效机制，完成库区经济结构调整和社会转型，全面解决移民安稳致富问题。本项目为满足上述规划提供技术数据。

2. 完成情况及效果

测区包括三峡库区重庆市辖区内生态屏障区（指坝前水位175 m回水线以上至第一层山脊区域），涉及湖北宜昌市、秭归县、兴山县、重庆万州区、忠县、巫山县、开县等市县区，测绘总面积3 000余km^2。项目采用数字航空摄影测量的方法，测绘1∶2 000比例尺数字地形图，较好地完成了预期要求。

（四）其他案例

航空摄影测量在其他水利建设工程中也被广泛应用，例如长江中下游重要堤防工程武汉堤段1∶5 000比例尺航测地形图测量，完成测图面积450余km^2；三峡水利枢纽工程航测成图项目，仅用240天时间就完成了长江三峡东段的航测任务，而且超额完成了长江三峡西段8条航线的航测任务，及时、准确地为长江三峡大移民提供了地形、水文和移民的重要资料，为国家节约移民经费约2.5亿元人民币；南水北调中线黄河北至漳河南渠段地形图测量部分区段采用航测数字法测图，大大提高了工作效率；淮河最大的支流——沙河河道航空摄影测量，共完成摄影面积1 000 km^2；江苏省通扬线运河航道工程带状地形图测量，总面积270 km^2，从航空摄影到提供1∶2 000比例尺地形图，仅用了3个月时间。速度快、周期短、效率高。

二、航天摄影测量在水利建设工程中的应用实例

(一)洪涝灾害遥感监测

我国国土辽阔,自然地理条件复杂,降水在时空分布上十分不均,因此洪涝灾害发生频繁。"八五"以来,我国组织多个部门联合攻关,攻克了灾害信息提取、快速评估、数据库建立和系统集成等关键技术难题,建立了运行系统,在重大洪涝灾害监测中发挥了重要作用。

1998 年夏,我国长江流域、嫩江 - 松花江流域发生特大洪涝灾害。抗洪救灾期间,科技人员采用多光谱尤其是具有云层穿透能力的微波雷达成像技术,通过 6 颗卫星,对灾区进行全方位遥感监测,共处理全国范围的气象卫星数据近百个时相,接收加拿大、日本、美国等国家及欧洲空间局的遥感卫星数据 12 次,对各灾区进行了 5 ~ 7 次覆盖,总面积达 765 万 km^2。同时,利用国家 863 计划机载雷达系统、国家攻关计划机 - 星 - 地系统、国家测绘局航测遥感系统,飞行 20 多架次,获取数十万 km^2 灾区实况图像,形成遥感监测图像 100 多幅、灾情分析报告近 100 篇,迅速送往国家和受灾各省有关部门,有力支援了抗洪救灾工作。这些珍贵的遥感图像,也为灾后重建规划和以后的水利规划与防洪工程建设提供了服务。图 10-12 为洞庭湖洪水遥感图像监测图。

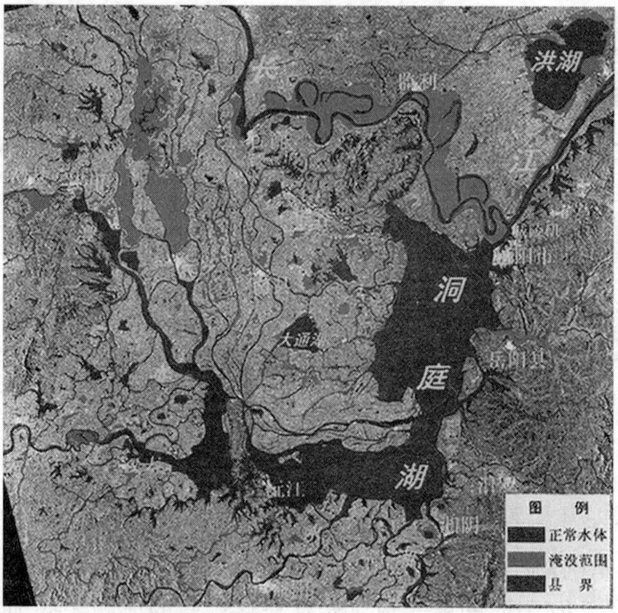

图 10-12 洞庭湖洪水监测图

(二)中荷合作基于卫星的黄河流域水监测与预报系统建设

黄河源头地区来水直接决定着黄河的水资源丰枯,其监测、计算、预报及分析十分重要。近年来,黄河河源区降水量减少,径流量偏枯,源头河段断流次数增多,断流时间延长,水文特征及规律发生了较大变化。与此同时,河源区湖泊、沼泽、湿地面积锐减,草场退化、沙漠化日趋严重,再加之河源区过载放牧、资源性掠夺等因素影响,风灾、旱灾、鼠害等自然灾害频繁出现,已对河源地区的社会经济可持续发展形成了制约,对黄河的可用水

量也发生了较大的影响。所有这些,使黄河河源区成为政府和社会各界关注的焦点。加强对河源的水文监测和水文预测预报,为掌握河源区水文情态变化、研究水文规律、科学管理水资源、保护河源区生态环境等提供基本支持的要求也更为突出。为适应这种要求,黄河水利委员会水文局提出了开展"黄河河源地区水文水资源测报系统建设"的项目建议。

为充分利用国际先进技术,研究开发高水平的水资源监测预测系统,黄河水利委员会将"黄河河源地区水文水资源测报系统建设"中的"水资源监测系统"部分内容列为国际合作项目,即建立基于卫星的河源区水资源监测预报系统,在常规观测基础上,利用卫星遥感为监测手段,采用空间数据采集技术,对河源区进行有效的时空连续的降雨、蒸发、径流、旱情及河道水体等监测,并在此基础上开发以分布式水文模型为核心的径流预报系统,对唐乃亥等水文站日径流进行预测预报(见图 10-13)。系统完成后,将实现黄河流域时间、空间连续的基于气象卫星的降雨、蒸发、干旱监测,河源区连续径流预报,经扩展后可实现水体、荒漠化、森林、植被、土壤含水量等方面的空间监测。

基于卫星的水监测和河流预报系统包括气象卫星接收处理系统(郑州、兰州)、大口径闪烁仪观测数据接收处理系统、流域降雨蒸发旱情监测系统、河源区水资源预测预报系统和产品发布系统。

经中荷技术人员的共同努力,项目正在顺利进行,并已取得了阶段性成果。

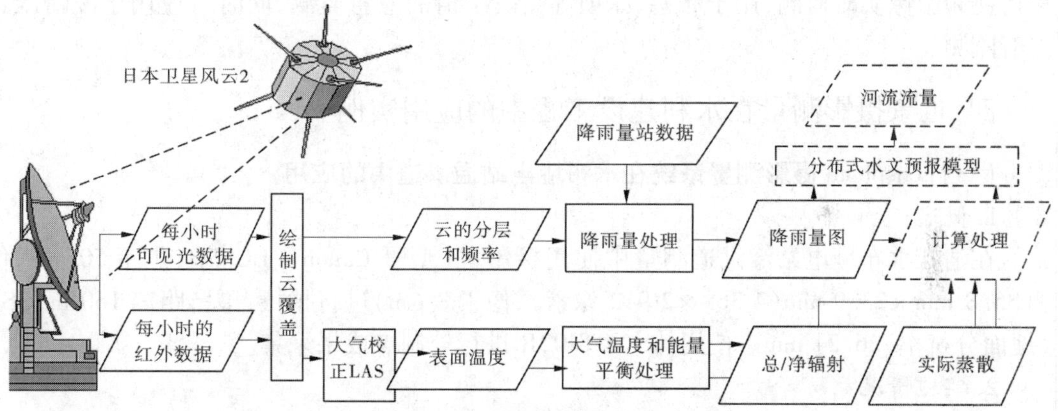

图 10-13　系统工作流程图

三、低空无人机在水利建设工程中的应用实例

(一)无人机数码摄影测量在乌东德水电站坝址区测量中的应用

为了克服乌东德坝址区地形条件困难,获得大比例尺地形图和高清晰度的 DEM 模型,为地质编录、解译工作提供有效的工作平台,长江水利委员会三峡院与瑞格测量科技(北京)有限公司、国家测绘局重庆测绘院、中测晟图有限公司合作开展乌东德坝址区地形无人机航空摄影测量工作,解决了测区摄影测量明显地物稀少问题,提高了作业效率。

(二)无人机在黄河凌情应急遥感监测中的应用

在内蒙古开河关键期,为了进一步做好黄河防凌工作,快速、准确地了解内蒙古河段

图 10-14 低空无人机起飞

开河期间凌情变化，为黄河防凌指挥调度决策提供信息支持，2011 年 3 月，黄河水利委员会应急监测小组在关键河段进行无人机悬停监测（见图 10-14），把凌情视频实时在线传送至黄河防总，初步实现了黄河凌情实时应急遥感监测。本次应用是在 2009 年首次利用固定翼无人机成功实现内蒙古凌情实时应急监测的基础上，针对空中悬停需求而进行的凌情视频影像实时监测，用于冰塞、冰坝等突发凌情的应急监测，同时可应用于凌情跟踪巡航监测。

四、近景摄影测量在水利建设工程中的应用实例

（一）Lensphoto 摄影测量系统在水布垭电站溢洪道中的应用

1. 概述

在清江水布垭电站溢洪道测量中使用摄影机（型号 Canon – EOS5D，焦距 50 mm，像幅 35. 8 mm×23. 9 mm（4 368×2 912 像素），像素 8 μm）进行拍摄，摄影距离 160 m，GSD（地面分辨率）26. 24 mm。使用徕卡 DT402R 进行控制点成果采集。

2. 实施情况

（1）摄影方式为 4 个摄站，每个摄站旋转拍摄 5 张影像，影像分布如图 10-15。

（2）外业共布设控制点 19 个，近景摄影测量系统可以通过地面摄影和少量的控制点，经过影像匹配、空中三角测量和前方交会，得到所摄目标的密集点云。进而通过点云可以生成 DEM 和正射影像，并能自动生成等高线和建立立体模型，利用数字测图模块进行测图。

3. 结论

Lensphoto 软件可以通过地面摄影和少量的控制点，经过影像匹配、空中三角测量和前方交会，得到所摄目标的密集点云。进而通过点云可以生成 DEM 和正射影像，并能自动生成等高线；建立立体模型利用数字测图模块进行测图，且精度可靠。

Lensphoto 软件改变了传统的近景摄影测量的手工量测方法，实现了近景摄影测量的数字化、自动化，大大提高了生产效率、降低了劳动强度，将对库区建设、滑坡监测、土方计

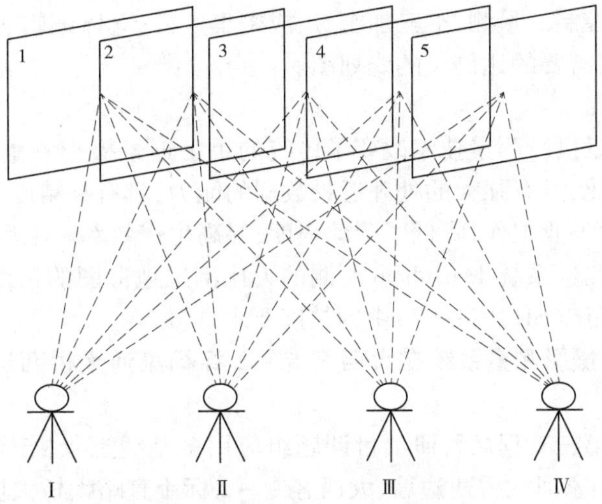

图 10-15　摄影机布设示意图

算、锻制复杂外形物体工程等发挥重要的作用。图 10-16 为 Lensphoto 摄影测量系统作业流程图。

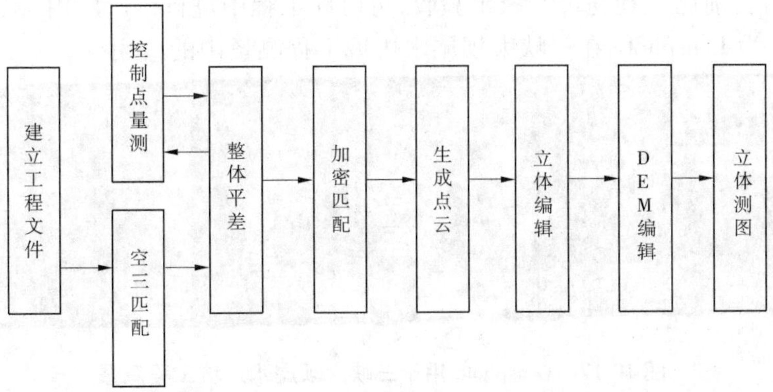

图 10-16　Lensphoto 摄影测量系统作业流程

(二)Lensphoto 摄影测量系统在闫家沟水库坝址大比例尺地形图测绘中的应用

1. 概述

测绘区域选在陕西省淳化县闫家沟水库坝址下游右岸,测区宽 44 m,高 100 m 左右。被摄影区域为荒坡,植被较少,测区中间为陡崖,无法攀登。摄站距被摄区域近距约 180 m,远距约 300 m,远近景之差约为 120 m。应用多基线近景摄影测量软件系统 Lensphoto 进行 1∶500 大比例尺地形图测绘。

2. 实施情况

像片拍摄使用尼康 D300 单反数码照相机进行。根据测区情况,摄站选在对面半山坡上,摄距为 180 m 左右,4 个摄站手持旋转拍摄,摄站间距 20 m 左右,每个摄站拍摄 8 张影像,影像间重叠度 60% 以上,总计拍摄 32 张像片。整个测区均匀布设 12 个控制点,每个控制点设立标志牌,标志牌尺寸为 50 cm × 50 cm。控制点测量采用 GPT－3002N 全站仪,用免棱镜采集标志牌中心位置坐标。

通过内业进行控制点量测、空三加密、生成密集点云、立体编辑、DEM 编辑、立体测图等步骤，最终生产出需要的比例尺的线划图。

3. 结论

多基线数字近景摄影测量技术改变了传统的手工近景摄影测量方法，实现近景摄影测量的数字化自动化，具有强大的处理近景数据的能力，具有高精度、高自动化、高效率等特点，可以大大减少外业工作，降低了劳动强度，提高生产效率。工程实践结果表明：用多基线数字近景摄影测量系统 Lensphoto 所测的大比例尺地形图的精度较高，完全满足《水利水电工程测量规范》（SL 197—97）中的精度要求。

（三）Lensphoto 摄影测量系统在大西客专 -2 标杨家河大桥西边坡测量等项目中的应用

中国水利水电第三工程局科研项目课题组应用多基线近景摄影测量 Lensphoto 系统对大西客专 -2 标杨家河大桥西边坡、大西客专 -2 标小直峪大桥大坡段黄土区域进行的摄影测量，将成果和全站仪实测数据进行对比分析，其成果精度较高，与实际地形吻合较好；对内蒙古呼和浩特抽水蓄能电站下水库出水口边坡石方区域的摄影测量，成果与全站仪实测数据进行比较，在地形变化复杂地段，等高线高程中误差满足国家测量规范要求。上述科研项目目前已顺利通过专家组验收，可以在工程中进行推广应用。

图 10-17 为 Lensphoto 在三峡大坝尾水边坡工程测量中的应用。

图 10-17　Lensphoto 用于三峡大坝尾水边坡工程测量

第三节　摄影测量在公路建设工程中的应用

一、概述

摄影测量技术自 20 世纪 70 年代末期在我国公路勘察设计领域引进和应用以来，使公路勘察设计技术从野外实测定线阶段进入了纸上定线技术作业阶段。随着摄影测量技术不断进步与发展，摄影测量以其可大规模和高效率地获取地面信息的作业模式，有力地推动了我国公路勘察技术的进步与发展。

公路建设的本质是对原始地面与周围环境的认知、适应和改造的过程，设计人员首先是对地面信息的理解与认识，通过分析、规划、设计和优化来协调工程建设与地形景观和人文环境之间的关系。因此，以计算机视觉为基础的公路三维设计与方案优化的前提是：大规模、宽域度范围内自动获取设计走廊带的数字化地面信息，并对这类信息在计算机中予以恰当地描述和表示,以及通过数学方法自动获取未知点位的地面信息。

摄影测量能够快速、高效和大规模地获取设计走廊带数字化地面信息,并对这种数字化信息在计算机中进行合理描述,使之能被计算机系统和设计人员接受和应用;通过数字影像与数字地面模型合成建立设计成果景观模型,产生设计结果的计算机视觉效果;通过自动化和数字化可以使公路勘察与设计作业协同化。摄影测量新技术的应用将从整体上改善现有的公路勘察设计模式,提高公路测设整体技术水平与效率,形成公路勘察设计协同作业体系,使公路勘察设计技术向三维化、数字化和优化设计等现代化方向发展。

二、数字摄影测量系统

(一)数字摄影测量系统的硬件系统

在公路建设勘察设计中,常用的数字摄影测量系统的硬件系统包括网络系统、影像扫描系统、数字摄影测量工作站系统、数字摄影测量微机系统、常规航测仪计算机联机改造后的计算机辅助数字测图系统、数字地图编辑系统、图形、图像输出设备等。这些设备或系统在网络系统和相应技术标准的支持下,构成规模化的协同作业体系,用于快速的地面数据和数字化测绘产品生产。其系统硬件配置结构如图 10-18 所示。

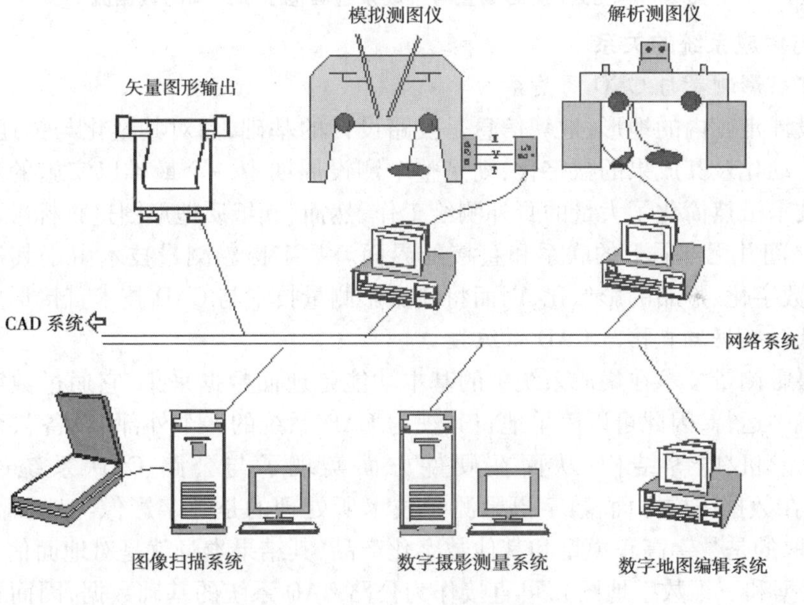

图 10-18 数字摄影测量硬件系统结构

(二)接口界面与数据流

在“GPS、航测遥感、CAD 集成系统”中,数字摄影测量所涉及的数字接口界面与数据流包括:

(1)数字摄影测量系统接收 GPS 空中三角测量数据或野外控制测量数据。

(2)数字摄影测量向遥感系统提供地面数据。

(3)数字摄影测量向 DTM/CAD 系统提供地面数据。

(4)数字摄影测量向 CAD 系统和设计人员提供数字地图。

(5)数字摄影测量向设计人员提供影像地形图。

(6)数字摄影测量产生数字影像与设计路线模型和数字地面模型叠加,产生公路虚拟景观,产生可视化的设计成果等。

数字摄影测量与集成系统其他子系统间的数据流如图10-19所示。

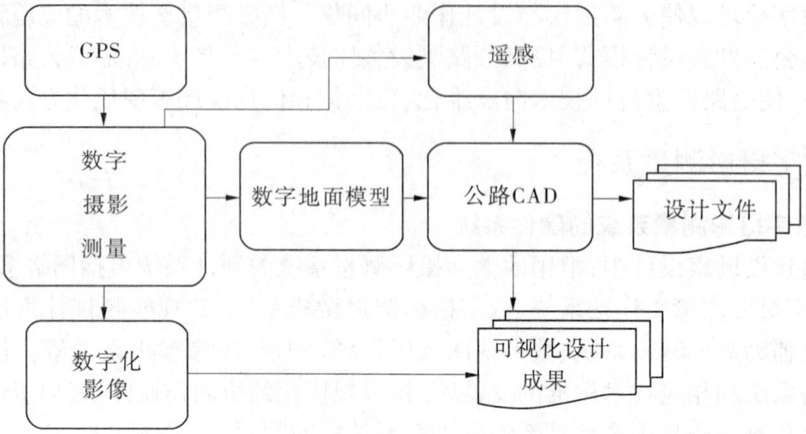

图10-19　数字摄影测量与集成系统其他子系统间的数据流

(三)与集成系统的关系

1.数字摄影测量与CAD的关系

公路设计走廊内的地形、地貌信息是公路设计的基础,而对其量化与描述,即公路勘察过程的自动化及其成果的数字化,则是整个测设周期中一个最难以实施的环节。常规摄影测量技术虽然简化了大量的野外测绘工作,然而,其纸质地形图这种标准输出成果与CAD技术之间并无本质上的联系和直接的界面。数字摄影测量技术由于其过程的自动化、成果的数字化、产品的影像化,因而将使摄影测量技术与CAD技术直接形成联系。

2.硬件和数据流直接与CAD系统接口

数字摄影测量技术在集成系统中的基本功能是地面数据采集,它通过数字化方式直接在计算机中运行,因此可以简单地将其视为CAD系统的一个外部"设备",而无需考虑其内在的光/机/电等结构,从而在硬件方面实现了与公路CAD系统的统一(见图10-18)。在数据结构方面,数字摄影测量技术所处理的是数字影像与地面高程的相关关系,所获取的是数字高程模型和其他数字化产品,其结果本身就是对地面信息的数字表示(DTM数据和三维数字地图),可直接作为公路CAD系统的基础数据,因而在数据流上同样与公路CAD系统实现了统一(见图10-19)。

三、摄影测量系统的功能

(一)CAD系统中引入三维数字地图

大比例三维数字地形图既有对地形信息的空间位置描述,又有地物属性的分类描述,同时,其符号化的矢量图形表示方法与常规地形图一样,同样是可量算、可定位的。数字地图的空间信息和属性信息可用于CAD系统建立数字地面模型,而其矢量化的符号化图面表示则可被设计人员用于路线、互通、桥位等平面图的计算机辅助设计与制图,从而能大大提高后续设计工作的效率。

(二)数字影像地形图用于勘察设计

数字摄影测量具有快速、丰富的数字影像处理功能,可提供正射影像图、地面景观图、影像地形图等。带高程信息的正射影像地形除地物信息采用影像表示外,其投影、定位、高程信息和地图精度均与常规地形图一样,其真实的影像信息具有更强的现势性、真实性和可靠性,用于路线平面方案布线、大型人工构造物的布置,以及用于勘察设计的野外调查作业,可快速地为公路勘察设计提供具有真实影像的地面信息,用于可视化设计过程和设计成果描述(见图 10-20)。

图 10-20　地形景观影像透视

(三)公路虚拟景观影像

数字影像与道路模型和数字地面模型叠加,产生模拟工程建设后的地面立体综合景观,即所谓"虚拟的现实"。通过地面模型、设计模型和数字影像模型进行旋转透视等图像处理和漫游浏览,设计人员可实时看到设计成果及其与周围环境的协调关系,从而合理地评判其设计质量。这种动态全景的真实地面现场景观为工程设计的质量控制、工程建设的美化与整体评价、人文活动与环境的协调评估等提供了客观依据和直观效果(见图 10-21)。

(四)勘察设计协同作业能力

公路勘察设计协同作业体系一直是公路测设人员追求的目标。在常规勘察设计作业模式下,勘察与设计并无直接的联系。而采用数字摄影测量技术,其自动化作业过程和数字化测绘成果,将使这一追求目标成为现实。

1. 快速提供数字地面模型

采用数字摄影测量技术可在设计阶段按精度要求自动生成设计走廊带的各种类型的数字地面模型数据,用于快速建立设计范围内的数字地面模型。对于大的比较方案,只需在工程可行性研究阶段提供宏观设计走廊带范围,数字摄影测量技术即能根据需要在极短的时间内提供地面数据,从而形成大型数字化设计走廊带。

2. 范围宽广的设计走廊带

由于自动化技术的实施,地面信息采集的有效宽度不再取决于测验作业能力的限制,

图 10-21　设计景观效果

大大超越了现有 500 ~600 m 的实际设计走廊带宽，可达航带设计的最大有效宽度，通常能达到 1 500 ~2 000 m，因而使设计方案能在更宽广的范围内进行更全面的优化比选，使公路整体设计质量大为提高。

3. 快速提供数字影像地形图

采用数字摄影测量技术能使数字影像地形图的生产效率较线划地形图提高 3 ~5 倍。对于初步设计，首先以原有的 1/5 周期快速产生带等高线、高程点等高程信息的大比例数字影像地形图，其比例尺和所需带宽完全取决于设计人员的需要，使设计人员迅速获取设计走廊带的第一手地形资料，并同期提供合适精度的数字地面模型，使之快速展开路线设计、互通布置、桥隧布置等设计作业，同时快速组织野外勘察、经济调查等作业，并在设计人员野外工作期间，测绘人员又可进行高精度的三维数字化地形图生产，用于更精密的详细设计作业，从而形成良好的勘察设计协同作业模式。

4. 精密的三维数字地图

大比例尺三维数字地图中除含有等高线、高程点等地形信息外，还包括大量的道路边线、水线、陡坎等地形结构线信息，以及房屋、水域等属性信息，同时可根据野外勘察资料对地面信息进行修测和补充，因而建立起高精密数字地面模型，用于更精密细致的细部设计和施工图设计。

从以上分析可以看出，采用数字摄影测量技术，无论在设计走廊带范围、DTM 合适精度、地形图资料、地图比例尺等方面均可与 CAD 技术和公路勘察设计技术形成良好的协同作业关系。

(五)与集成系统其他模块的关系

1. 与 GPS 的关系

1)像片控制测量

数字摄影测量直接采用 GPS 野外测量获取的三维像片控制点测量数据，可用于全能法摄影测量定向作业和空中三角测量加密计算，GPS 无需测点间的通视，并可一次测量获取量测点的三维坐标，因而特别适用于航测外业像片控制测量作业。GPS 快速的作业效率，能提高航测整体作业效率；GPS 高精度测量结果，能提高航测作业及其成果的整体精度。

2）机载 GPS 辅助空中三角测量

数字摄影测量系统可进行自动化的空中三角测量加密点量测，且具有可视化的模型联接立体界面和控制点自动点位转刺与匹配功能，无需人工编号与转刺点。利用这一技术与机载 GPS 辅助空中三角测量结合，即时获取航片摄影瞬间的空中位置，可实现快速的空中三角测量，减少 50% 以上的摄影测量野外控制作业工作量，同时大大加快摄影测量内业加密工作效率，从而提高摄影测量空三作业的整体技术水平和作业效率。

2. 与遥感系统的关系

1）图件资料数字化

已有地形图、地质图等遥感图件资料的数字化也是一种目前国内常用的地面信息数字化方式，是一种简单易行的数据采集手段。地形图扫描矢量化和数字化系统不仅能用于对大比例尺地形图、工程设计图进行数字化，而且还能对小比例尺的地形图、地质图进行三维数字化。该系统除提供大比例尺地形图矢量化工具外，还提供了适合遥感应用的中小比例尺地形图、地质图和遥感卫片数字化工具，其三维地面数字信息可直接提供给遥感系统。

2）利用航天遥感像片直接提供数字地面模型

对于具有一定重叠度的航天遥感影像，数字摄影测量系统可直接形成数字化立体，通过数字摄影测量手段，直接产生遥感系统所需要的数字表面模型，用于遥感系统建立三维地表景观和地质模型。

四、摄影测量在公路勘察设计中的应用

（一）网络化协同作业集成系统

交通部第二勘察设计研究院将数字摄影测量技术引入“GPS、航测遥感、CAD 集成系统”，为公路设计与 CAD 系统提供了高效、快速、规模化、标准化获取地面数据的生产方式和作业模式。

该系统用于地面数据和数字化测绘产品生产的硬件配置结构如图 10-18 所示。根据各子系统机器的硬件配置、软件功能和各道工序自动化程度，其作业内容和功能如表 10-1 所示。

表 10-1　网络协同作业子系统功能

子系统名称	子系统功能
数字摄影测量工作站系统	解析空中三角测量、影像匹配、DEM 拼接、多模型影像拼接、矢量图形拼接等
数字摄影测量微机系统	匹配数据编辑、DEM 生成与编辑、地形特征线、地物量测、数字化测图
常规航测仪数字测图系统	地物量测、数字化测图
地形图扫描矢量化系统	作为补充手段，对已有地形图进行矢量化和数字化
数字地图编辑系统	地形地物测图数据叠加、数字地图混合编辑、分幅、图廓整饰、图形、图像输出等

系统中各种测图与编辑图形支撑环境均为 MicroStation 95；协同作业共享文件及其与 CAD 系统的数据交换文件格式为 MicroStation 的.DGN 图形文件、AutoCAD 的.DXF 文件和集成系统通用数据格式的.GDF 文件；数字影像文件格式为 VirtuoZo 正射影像文件格式.ORM（RAW 格式带 128 字节文件头信息）和 Windows 通用图像文件.BMP 及定位信息文件.CNT。采用协同作业方式完成地面数据采集和三维数字地图生产最根本的保证是不同的作业系统采用相同的作业技术标准和数据资源的共享方案。

在实际生产项目中应用的结果表明，此集成系统可完成每工作日 10～15 km DTM 数据，或 3～4 km 三维大比例尺数字地图，或 7～8 km 大比例尺等高线正射影像地形图的生产能力。生产效率与常规航测方式相比，地面数据采集生产能力提高 5 倍以上，数字地图生产效率提高 3 倍以上，带等高线影像地形图生产能力提高 10 倍以上。系统可为 CAD 系统和设计人员快速提供多种类型、多种格式的地面资料。

（二）三维数字地形图应用

常规测绘产品通常是一种纸质线划二维地形图，曾对我国“纸上定线”公路测设模式的建立和应用起到过积极作用，但随着计算机应用的不断发展、CAD 技术的日臻成熟，这种纸质媒介传递的符号化图像信息已不能满足全数字技术的要求。

三维数字地形图是一种重要的地面数据表现形式，其表现形式与常规地形图一样，但其内容均为属性化、符号化、矢量化的三维信息，是一种内容信息丰富、属性描述合理的纯电子地形图文档。这种数字地形图上的三维地理信息和属性信息均可直接为 CAD 系统提供地形处理数据，用于建立数字地面模型；其矢量符号化图形又是道路设计必需的重要图纸，用于设计和文件出版。

目前，全数字摄影测量系统可生成三维 1∶500～1∶5 000 各类大比例尺数字地形图，对于 1∶2 000 数字地形图，根据地形复杂程度，每工作日可提供 2～4 km 的三维数字地形图。数字地形图目前已广泛地应用于道路设计生产任务，表 10-2 是部分应用数字地形图的道路设计生产项目。

表 10-2　数字地形图应用工程

工程	面积/里程	比例尺	说明
鄂州—黄州公路大桥	$72\ km^2$	1∶1 000 1∶2 000	城区 桥梁工程
山西霍州至临汾公路	100 km	1∶2 000	道路工程
上瑞丽国道湘潭至韶阳段	48 km	1∶2 000	道路工程
当阳—宜昌高速公路	110 km	1∶2 000	道路工程
宁—靖—盐高速公路	58 km	1∶2 000	道路工程
重庆市长寿—梁平段	100 km	1∶2 000	道路工程
京—珠国道湘境、粤境	90 km	1∶2 000	道路工程
山西黄河大桥	$40\ km^2$	1∶2 000	桥梁工程
襄阳—十堰高速公路	110 km	1∶2 000	道路工程
深圳西通道	20 km	1∶1 000	高架公路

数字地形图的生产效率较常规纸质地形图生产效率有较大幅度的提高，更为重要的是，数字化地形图对于公路勘察设计和CAD的应用有无可替代的效果。

（1）数字地形图的生产效率较常规纸质地形图提高3倍以上，数据源可多样化，适用于不同设计要求。

（2）数字地形图图形表达与比例尺无关，可进行任意比例尺的输出。

（3）三维数字矢量地形图可输出DTM地面数据，较常规离散点、格网点方式具有更丰富的地形结构线信息，有利于提高DTM精度。

（4）矢量符号化图形用于公路设计，可进行任意剪裁、切割、拼幅等，能适用于路线设计、互通设计、桥位布置等各种需要。

（5）数字地形图本身和以此为基础的设计文件无需再次描图，减少了人为精度损失和粗差，设计文件出图效率提高5倍以上。

（三）数字正射影像地形图应用

数字正射影像地形图与常规地形图的差别仅仅在于其地物是以航摄像片的数字影像为背景，其余信息与表示方法等均与常规地形图一样，可在数字正射影像地形图上进行量算、定位等各种操作。因此，这种以影像方式表示的地形图产品较线划地形图具有更多的直观性和信息丰富等特点，地形起伏、道路、水系、村舍、林木、农作物等一目了然，在工程可行性研究、路线选线、人工构造物布设、经济调查等方面有广阔的应用前景。

在上海—瑞丽国道主干线湘潭至韶阳段90 km的初步设计中，由于大规模应用正射影像地形图等数字化测绘成果，使得该工程项目得以按进度要求顺利完工。上海—瑞丽国道主干线是一条重要的国道主干线，其中湘潭（株州）至邵阳段是从我国东部平面丘陵区向西部云贵高原山区过渡的地区，地形上属重丘区——山岭区。根据测设任务要求，需要在短时间内向设计人员提供设计走廊带内的地形资料，供初步设计选线和野外勘察、野外调查之用。

该项目任务紧、时间急，短时间内需提供全部走廊带地形资料，常规地形图测图至少需要80工天。由于采用了数字摄影测量系统，及时地制作了正射影像图并同期提供DEM数据，使设计人员迅速地获取了设计地带的地形资料（见图10-22）。在实际生产中，平均每工作日完成8 km的1∶2 000正射影像地形图制作和DEM数据生产，全线90 km共15个工天即全部完成，是常规地形图生产效率的4倍以上。由于其具有影像清淅、信息丰富、精度准确、地物类型一目了然，以及带有等高线等高程信息等特点，在实际路线选线和野外调查等公路勘察设计作业中取得了良好的效果，深受设计人员的欢迎，其用图效率较常规地形图高40%以上。

（四）公路虚拟景观影像漫游系统

公路虚拟景观影像的建立与漫游系统是为扩展数字影像在公路CAD中的应用范围，应用数字影像与公路设计模型和设计桥梁叠加，建立公路影像景观模型，它可以进行静态透视和动态漫游，为设计人员对公路设计成果评价、工程环境评估和路线比选优化提供直观可视化的视觉依据。基于DTM、公路设计模型与数字影像叠加后，具有可进行动态漫游、地面属性查询和设计资料多媒体演示等功能，是一套以真实景观来反映客观设计效果的系统，如图10-23所示。

图 10-22　上海—瑞丽国道 1∶2 000 正射影像地形图

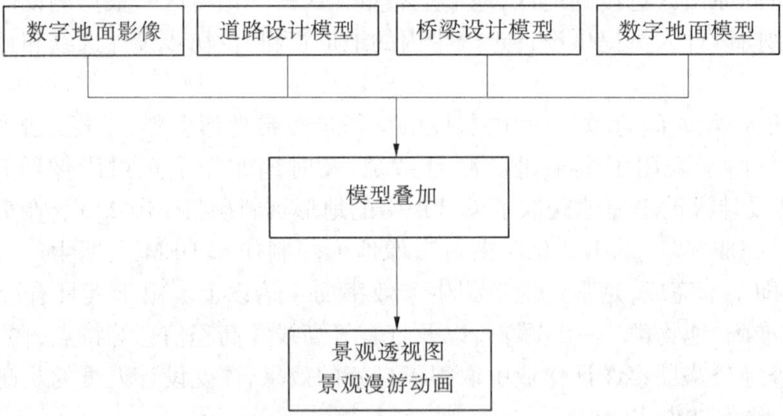

图 10-23　景观叠加模型数据图

1. 系统功能

(1)可以在设计路线的任意需要地方插入、查询或链接其他说明信息,包括图片、文本、表格、声音、幻灯和电影等多媒体文件。

(2)可建立用户材质库,并能根据用户需要交互式粘贴道路和地面材质。

(3)地面影像能用航片(包括扫描航片和正射影像)、图片(地面摄影像片)和一般色彩或纹理等方式贴图。

(4)空间物体交互式编辑功能:可任意放置和编辑空间物体,可定义和修改空间物体的属性和体积大小,用于布置场景。

(5)对于长、大路线(可达 100 km 以上)可分段处理,管理数据不受内存限制,分段过渡区显示景观画面和漫游时画面连续,无明显的时间跳跃。

(6)具有一般 DTM 处理功能,可进行坐标、距离、方位、坡度、面积查询,具有高程夸张、洪水淹没分析等 DTM 显示功能。

2. 数字影像叠加

利用 DTM 数据和地面纹理数据构造三维地形景观模型是公路虚拟现实的关键步骤,而用数字影像进行纹理映射则是建立逼真虚拟地形环境的重要手段,其实质就是把经过纠正后的数字影像"贴"到由 DTM 所构成的地面模型上。

(1)地面影像纹理映射。在虚拟景观系统中,先将离散的数据构造成连续的纹理函数,可用双线行内插确保影像的平滑过渡,然后进行映射,纹理映射涉及纹理空间(像片平面)、景物空间和图像空间(屏幕)。首先将纹理映射到三维地面,然后再映射到屏幕空间。从纹理空间到三维地面的映射,最精确的方法是根据中心投影原理建立纹理坐标到视见点坐标的直接映射,就是从像点坐标到大地坐标的直接线性变换 DLT。建立此映射关系至少需要 4 个已知其纹理坐标和视见坐标的控制点。

(2)屏幕投影、透视、消隐。将具有纹理特征的三维地面映射到屏幕空间的投影是利用具有消隐功能的逆映射—屏幕空间扫描法描绘深度排序的三角面,根据每个三角形顶点的屏幕坐标和视见点坐标内插出三角形内部的各点的视见坐标。有了视见坐标,就可以根据上面的直接线性变换 DLT 计算每个像素点对应的纹理坐标。

(3)数据动态装载技术。考虑到计算机内存的限制及公路数据量的巨大,可采取分段处理的技术,为了保证段与段之间的连续显示,不产生停滞,段与段之间的 DEM 应有一定的重叠度。在系统显示前一段时,由辅助线程将下一段调入系统内存。

(4)光照模型。在光照模型下可以得到较具有真实感的三维地形实景图像,尤其是地面采用纯色贴图时,通常用一个圆球来模拟光源,只要转动圆球,就可以实时改变光源照射的方位。

(5)实时交互功能。采用 OpenG 优化三维算法和双缓存技术,在微机上就能实现三维景观的实时显示,并可通过键盘、鼠标等交互工具,观察者能自由地出入虚拟的三维空间中,对所关心的设计成果从不同侧面、角度、方位进行实时动态观测,并且可以模拟汽车驾驶员沿选定的路线驾驶,有加速、减速、暂停甚至倒退的功能键。这些都给设计人员以身临其境的感觉,为设计方案的可视化评判提供了有利的条件。

图 10-24 是以三峡地区山区三级试验公路进行动态景观漫游产生的一幅照像静止画面,路线、桥梁、真实地面景观、人工场影像布置、背景和路基人工材质贴图均历历在目,真实地表达了设计思想和工程建设环境。此外,甘肃兰州—临洮 32 km 高速公路也进行了应用。

公路虚拟景观影像动态漫游系统与 3DMAX 不同的是,它以摄影测量真实的地面景观影像来表现公路建设后的虚拟景观;能快速地建立路线模型、桥梁模型、地面模型并使

图 10-24　山区二级公路虚拟影像景观

之叠加；能快速自如地进行场景布置；能进行 DTM 和公路属性要素查询，能在需要的地方插入和查询其他说明文件；克服了数字地面模型系统等纯表面模型不可能建立桥（尤其是跨线桥）、墩、柱等空间实体的缺陷，从而有可能突出、细腻地表现路桥及其附属物的结构特征。

公路虚拟景观影像动态漫游系统实现了地面模型、设计模型与数字影像的结合，并解决了交互动作、三维动画、动态漫游等技术问题。它将图像处理技术、模型理论、多模型叠加技术、可视化技术、面向对象技术、多线程处理技术紧密而有机的结合在一起，较一般的三维造型和影像处理软件能更有效、更快捷、更方便灵活地表现公路设计成果和真实现场景观，为公路设计人员提供了一种全新的可视化设计手段。

（五）数字摄影测量在公路勘察设计中的效益

数字摄影测量技术的开发与应用，使长期以来作为公路测设现代化瓶颈的地面数据采集技术实现了自动化、标准化和数字化，极大地促进了传统测设方式的改善。

（1）设计人员可迅速得到带高程信息的正射影像地形图，资料获取较常规地形图方式缩短 2/3 时间，可迅速进行平面选线、组织野外勘察、经济调查工作等作业；同期还能获取合适精度的地面数据，用于建立数字地面模型，进行路线方案比选。

（2）根据设计要求精度标准，快速生成标准格网、离散点、断裂线、等高线、断面线等 DTM 数据，用于 DTM/CAD 系统，快速产生纵横断面地面线和土石方工程数据，进行初步设计多方案比选，减少 90% 以上的野外断面测量工作。

（3）宽域度范围的数字化设计走廊带，使路线方案比选能在更为广阔的空间进行全方位优化设计。结合 CAD 应用，能使各方案完全做到同等精度比选，减少反复测量工作，使方案比选效率提高 4 倍以上。

（4）数字化地形图的三维地理信息和属性信息建立的高精密数字地面模型，可用于局部重点工程的详细设计；其矢量符号化图面信息可用于 CAD 系统和基础背景，进行精确的路线平面设计、互通设计、桥位布置等设计作业；数字地形图可用于设计文件的制图与出版，较常规纸质地形图应用提高效率5倍以上。

（5）公路虚拟景观影像漫游系统使摄影测量影像与公路设计模型进行叠加，建立起设计模型的真实景观影像模型，并具有实时动态漫游功能，为设计结果的质量控制、设计成果的优化比选、工程建设的环境评估等提供直观可视化依据。

（6）全电子化的测绘成果，便于测绘资料的保密和归档管理。

参考文献

[1] 王之卓. 摄影测量原理[M]. 北京:测绘出版社,1979.
[2] 李德仁,周月琴,金为铣. 摄影测量与遥感概论[M]. 北京:测绘出版社,1999.
[3] 王佩军, 徐亚明. 摄影测量学[M]. 武汉: 武汉大学出版社, 2005.
[4] 张祖勋,张剑清. 数字摄影测量学[M]. 武汉:武汉大学出版社,2002.
[5] 朱肇光, 孙护, 崔炳光. 摄影测量学(修订本)[M]. 北京: 测绘出版社, 1995.
[6] 张永生. 数字高程模型[M]. 北京:解放军出版社,1997.
[7] 陈鹰. 遥感影像的数字摄影测量[M]. 上海:同济大学出版社,2004.
[8] 张剑清,潘励,王树根. 摄影测量学[M]. 武汉:武汉大学出版社,2009.
[9] 汤国安,李发源,刘学军. 数字高程模型教程[M]. 北京:科学出版社,2010.
[10] 耿则勋. 数字摄影测量学[M]. 北京:测绘出版社,2010.
[11] Toni Schenk 著. 数字摄影测量学[M]. 郑顺义,苏国中 译. 武汉:武汉大学出版社, 2009.
[12] 张胜利,殷海霞,刘强. 多基线数字近景摄影测量系统的应用分析[J]. 测绘技术装备,2009,11(1).
[13] 何秀国,武吉军,高何利. Lensphoto 摄影测量系统在水布垭溢洪道中的应用[J]. 人民长江,2007,38(10).
[14]《摄影测量与遥感在中国》编委会. 摄影测量与遥感在中国[M]. 北京:测绘出版社,2008.